U0199097

普通高等教育“十二五”规划教材

电工电子实验课程系列教材

电工学实验教程

第2版

主　编　王宇红

参　编　吴建强　廉玉欣　王　猛

机 械 工 业 出 版 社

本书由从事多年实践教学的教师编写，侧重于对学生实践操作能力及综合设计能力的培养。

内容包括电路基础实验、电动机及其控制实验、模拟电路基础型实验、数字电路基础型实验及电子电路综合设计。

本书可作为高等院校非电类本科生“电工学”课程的实验教材，也可供相关专业的工程技术及科研人员参考使用。

图书在版编目（CIP）数据

电工学实验教程/王宇红主编．—2版．—北京：机械工业出版社，2013.6

普通高等教育“十二五”规划教材．电工电子实验课程系列教材

ISBN 978-7-111-42558-8

Ⅰ.①电… Ⅱ.①王… Ⅲ.①电工学-实验-高等学校-教材 Ⅳ.①TM1-33

中国版本图书馆CIP数据核字（2013）第104834号

机械工业出版社（北京市百万庄大街22号 邮政编码100037）

策划编辑：贡克勤 责任编辑：贡克勤 徐 凡

版式设计：霍永明 责任校对：张 媛

责任印制：乔 宇

北京机工印刷厂印刷（三河市南杨庄国丰装订厂装订）

2013年7月第2版第1次印刷

184mm×260mm·11.25印张·273千字

标准书号：ISBN 978-7-111-42558-8

定价：24.00元

凡购本书，如有缺页、倒页、脱页，由本社发行部调换

电话服务 网络服务

社服务中心：（010）88361066 教材网：http：//www.cmpedu.com

销售一部：（010）68326294 机工官网：http：//www.cmpbook.com

销售二部：（010）88379649 机工官博：http：//weibo.com/cmp1952

读者购书热线：（010）88379203 **封面无防伪标均为盗版**

第2版前言

电工学实验是面向高等工科院校非电类专业本科生开设的电类基础实践课，是重要的实践教学环节。该题材教材很多，但随着科技的发展，社会需求更倾向于动手能力强、综合素质高并具有一定工程能力的学生。另外，随着实验教学形式的开放改革，在教学中发现学生更渴求包含更多解决实际操作问题的实验教材。基于以上原因，特编写了《电工学实验教程》，融入我们的实践教学心得，希望能给读者更多帮助。

相对第1版，本书作了如下修改：

(1) 总结实践经验，补充完善实验操作注意事项，以帮助学生更易理解实验过程。

(2) 适当增加仪器仪表的使用练习，以保证学生更高质量地完成实验操作。

(3) 添加技术先进的仪器，如三相电能质量分析仪的使用说明及相关实验内容，提高学生的工程实践技能。

(4) 添加部分实验项目，为学生提供更多实验选择。

本书吸取了哈尔滨工业大学电工电子实验教学中心所有教师的实践教学经验，并在大家的支持与指导下完成，由王宇红担任主编，负责全书的统稿。参加本书编写工作的有廉玉欣（第3、4、5章）、王猛（第2章2.1、2.2、2.3节及全书附录）、吴建强（第2章2.4、2.5节）和王宇红（绪论及第1章）4位老师。本书实验内容丰富，不同院校教师可根据学生专业、水平等实际情况选用。

由于编者水平有限，书中难免有错误和不妥之处，敬请读者提出宝贵意见，以便于本教程的修订和完善。

编　者

第1版前言

电工学实验是面向高等工科院校非电类专业本科生开设的电类基础实践课，是重要的实践教学环节。该题材教材很多，但随着科技的发展，社会需求更倾向于动手能力强、综合素质高并具有一定工程能力的学生。另外，随着实验教学形式的开放改革，在教学中发现学生更渴求包含更多解决实际操作问题的实验教材。基于以上原因，特编写了《电工学实验教程》，融入了编者的实践教学心得，希望能给读者更多帮助。

本教程具有如下特点：

(1) 参编教师均为实验教学的一线教师，具有丰富的实践教学经验。

(2) 内容由浅入深，循序渐进，既易于学生接受，又达到增强学生实践能力的目的。

(3) 实验项目中的注意事项及思考题，是参编教师多年教学经验的总结。不仅有利于学生对理论知识的消化吸收，而且对实践操作具有直接指导意义。

(4) 强化对学生动手能力的培养，例如第2章加大电动机的控制实验的篇幅。

(5) 侧重对学生综合设计能力的培养，例如专设第5章电子电路综合设计。

(6) 注重对学生工程技能的培养，例如教程中编入可编程序控制器的实验。

本教程吸取了哈尔滨工业大学电工电子实验教学中心所有教师的实践教学经验，并在大家的支持与指导下完成，由王宇红担任主编，负责全书的统稿。参加本书编写工作的有廉玉欣（第3、4、5章）、王猛（第2章2.1节、2.2节、2.3节及全书附录）、刘广萍（第2章2.4节、2.5节）和王宇红（绪论及第1章）。本书实验内容丰富，不同院校教师可根据学生专业、水平等实际情况选用。

由于编者水平有限，书中难免有错误和不妥之处，敬请读者提出宝贵意见，以便于本教程的修订和完善。

编　者

目　　录

绪　论

0.1 实验安全与规则

1. 安全常识

在实验室使用的各种电工及电子仪器仪表都是在动力电下工作的。为避免用电事故的发生，有必要在进行实验前了解一些安全用电常识。

1）一般地，实验室使用的动力电是频率为50Hz、线电压为380V、相电压为220V的三相交流电源。

2）实验仪器的工作电压一般为交流220V。为避免由于仪器漏电而对操作人员造成的安全隐患，实验时要求将使用的所有仪器的金属外壳连在一起，并与大地相接，即“共地”，因此在实验室需引入一条与大地连接良好的保护地线。此线可以是PE线（交流低压三相五线供电系统）或PEN线（交流低压三相四线供电系统）。

3）保护地线与零线有着本质的区别。首先，二者接地的地点不同。保护地线在电源中性点处和在用电器中性点出线端接地，零线在变压器二次侧端接地。其次，保护地线只有在产生漏电时才出现漏电流，正常情况下电流为零，而零线电流不等于零，为3条相线中电流的矢量和。在实验室的各种测量是以大地（保护地线）为参考点的，而不是零线。

4）实验仪器的工作电压从实验台的电源接线盒中引出。按照电工操作规程，两芯插座的左孔接零线，右孔接相线。3芯插座除了左孔接零线，右孔接相线外，中间孔接保护地线。

5）触电时，电流会对人体造成伤害，其程度与通过的电流大小、频率、持续时间等因素有关。工频（50Hz）交流电对人体伤害最大，我国规定的安全工频电流为30mA。另外，电压越高，电流越大，一般情况下规定安全电压为36V，但在潮湿闷热的环境中，安全电压则被规定为12V。

2. 安全规则

为保证人身及设备安全，在实验时须遵守如下规则：

1）严禁带电接线、拆线或改接线路。

2）不准擅自接通电源。接好实验电路后，必须经过指导教师检查同意后方可接通电源。

3）通电后不得触及任何带电部位，不得带电操作，严格遵守“先接线后通电”、“先断电后拆线”的操作规程。

4）在做电动机实验时，避免触及转动的电动机。切断电源后，若电动机尚未停止转动，不准用手制动电动机。

5）所有实验仪器均应了解其注意事项后方可使用。例如电流表内阻很小，必须串联接入电路。若将电流表误当做电压表使用，会因流过大电流而烧毁电流表。同样，功率表的电流线圈也必须串接使用。

6）实验过程中发现异常现象，如设备发热、异常声响、焦糊气味等，应立即关断电源，保持现场，报告指导教师。

0.2　实验流程与要求

一个完整的实验过程包括实验预习、实验操作及实验总结。

1. 实验预习

实验预习是指在实验操作前对本次实验涉及的理论知识、仪器操作的熟悉。对于进行开放性实验的同学来说，此环节尤为重要。在本实验教学中心的网站中，针对各种实验内容均有全面的预习要求、理论阐述及仪器使用介绍的视频文件。应充分利用网络资源，做好预习工作。

1）回顾实验原理。复习实验内容涉及的理论知识，用理论能解决该次实验内容。

2）了解实验目的。实验是巩固并加深理解“电工学”课程理论知识的手段，并通过它培养学生用理论知识分析和解决实际问题的能力及严肃认真的实验习惯和严谨的科学工作作风。在实验过程中，教会学生连接电路、排查故障的实验技巧；熟悉常用电工电子仪器的使用方法；掌握实验数据的采集与记录，实验曲线的测试与绘制及各种实验现象的分析方法等。各实验对以上目的的侧重不同，因此同学们应在预习的过程中加以明确。

3）掌握仪器操作。每一实验均应用多种测量仪器，在实验进行前通过网络视频文件观看并掌握所涉及的各种仪器的使用方法。

4）明确实验任务，预测实验结果。预先按照各项实验任务计算其理论值，以备与实验测试值进行比较。对于设计性实验，应事先绘制好设计电路。

2. 实验操作

正确合理的实验操作方法是实验顺利进行的有效保证。实验操作时，应注意如下事项：

(1) 检查实验仪器

实验前，首先按照实验指导书清点实验台上提供的实验仪器，并按照预习时网络视频或实验指导书的讲解内容检查仪器是否完好，如有问题及时向指导教师提出。

(2) 连接线路

按照实验报告提供的实验电路或自己绘制的设计电路接线时，应遵循如下要求：

1）接线前，调节电源至实验要求值后关闭。接线过程中，保持电源为关闭状态。

2）对于较为复杂的实验电路，应按照“先并联后串联”，“先主路后辅路”的顺序进行。

3）为避免接触不良，应尽量避免在一个接点连接3根以上的导线。

4）接好线路后，对照实验电路图，从左到右仔细检查。对于强电或可能造成设备损坏的实验电路，在自查的基础上，应再请指导教师复查后，方可接通电源。

(3) 排查故障

当电路出现故障时，可按照以下方法排查：

1）断电检查法。关闭电源开关，用万用表的欧姆挡对电路中的接点进行逐一测试，根据被检查点的电阻值是否异常找出故障点。

2）通电检查法。不需关闭电源，用万用表的电压挡对电路中的接点进行逐一测试，根据被检查点的电压值是否异常找出故障点。

（4）测试数据

1）首先进行预测，此过程不必仔细读取数据，而只是概略地观察被测量的变化趋势及测量仪表的读数变化范围。

2）根据预测结果选定仪表的适当量程，对实验电路进行正式测量。为保证绘制曲线的精确度，注意在曲线的拐点处多取几组数据。

3）测试完毕后先自查，看是否与理论预测结果相近。再经指导教师复核无误后，方可拆除接线。

（5）整理实验台

完成所有实验内容后，将仪器、导线等所用实验器具按原样摆放，确保所有仪器的电源为关闭状态。经老师允许后，方可离开实验室。

3. 实验总结

实验总结通过实验报告的形式进行。除实验操作外，实验报告的撰写也是教师考核学生实验效果的重要部分。规范的实验报告要求学生用通顺的文字及清晰的图表总结实验目的、过程、结果等信息，并对实验结果进行正确、简要的分析。

综上所述，只有认真对待以上每个实验环节，才能保证获得高质量的实验效果。

0.3 电量测量与数据处理

测量是通过与已知标准量进行比较，从而确定被测量数值的过程。我们所做的电量测量，是借助各种电工、电子测量仪器仪表而对电磁量进行的测量。

1. 测量的过程

测量的过程一般包括以下3个阶段：

1）测量准备。确定被测量，设计测量方法并选择合适的测量仪器仪表。

2）测量操作。严格遵照测量仪器仪表的使用注意事项进行操作并认真记录测试数据。

3）数据处理。通过计算和分析，得出测试结果。

2. 测量的方法

大体上，测量的方法可分为直接测量和间接测量。

1）直接测量是指可直接从测量数据中得出测量结果的方法。例如用电压表测量电压值，用电流表测量电流值等。

2）间接测量是指不能直接从测量数据中获得，而需将测量数据带入运算公式，通过计算求得测量结果的方法。例如欲测量某电阻消耗功率时，需先通过电压表和电流表测得电阻的电压、电流值，再通过公式 $P=UI$ 计算得出功率值。

3. 测量的误差

通过实验方法获得的被测量测量结果与其真值存在一定差异，即测量误差。测量误差不可能彻底消除，它与仪器精度、测量方法及测量人员技能等因素有关，但我们可以通过学习测量误差相关知识、选用合适的测量仪器、设计合理的测量方法、提高测量技能等途径降低测量误差，获得尽可能接近真值的测量结果。

（1）绝对误差

被测量的测量值 A 与真值 A_0 之间的差称为绝对误差。

$$\Delta A = A - A_0$$

(2) 相对误差

绝对误差 ΔA 与被测量的真值 A_0 的比值称为相对误差，通常用百分数表示。

$$\gamma = \frac{\Delta A}{A_0} \times 100\%$$

(3) 仪表准确度

仪表在正常工作条件下测量时可能产生的最大绝对误差 ΔA_m 与仪表量程 A_m 的比值称为仪表的准确度，通常用百分数表示：

$$\alpha = \frac{\text{最大绝对误差}(\Delta A_m)}{\text{满刻度量程}(A_m)} \times 100\%$$

由上式可知，α 越小，仪表准确度越高。我国直读式仪表的准确度分为 0.1、0.2、0.5、1.0、1.5、2.5、5.0 共 7 个级别。通常 0.1 级和 0.2 级仪表作为标准表以校正其他低等级的仪表，并可进行精密测量；0.5 ~ 1.5 级仪表用于实验室测量；1.5 ~ 5.0 级仪表一般用于工程测量。

另外，仪表测量时，由于最大相对误差可表示为

$$\gamma_m = \frac{\text{最大绝对误差}(\Delta A_m)}{\text{被测量的真值}(A_0)} = \text{准确度等级}(\alpha) \times \frac{\text{满刻度量程}(A_m)}{\text{被测量的真值}(A_0)}$$

因此可知，当被测量的真值一定时，相对误差决定于仪表的准确度等级 α 与其满刻度量程的乘积。若仪表量程相同，准确度等级越高（α 值越小），相对误差越小；若仪表准确度相同，量程越小，相对误差越小。

例：设直流电流源输出电流 $I = 80\text{mA}$。今用一只 0.5 级多量程直流毫安表的 100mA 量程和 200mA 量程分别进行测量时，产生的最大相对误差如下：

1）用 100mA 量程测量时

$$\gamma_m = \alpha \frac{A_m}{A_0} = \pm 0.5\% \times \frac{100}{80} = \pm 0.625\%$$

2）用 200mA 量程测量时

$$\gamma_m = \pm 0.5\% \times \frac{200}{80} = \pm 1.25\%$$

由上例可以看出，即使采用同一块电流表测量同一被测电流，使用不同的电流量程，所产生的相对误差也是不同的。被测量值愈是接近所选挡位的满刻度量程，产生的相对误差就愈小，测量的结果就愈准确。所以，在实验过程中，应根据被测量值的大小选择适当的仪表量程，使仪表的读数尽可能接近满刻度量程（仪表指针指示于满量程的 2/3 以上区域），以减小测量误差。

4. 测量数据的处理

由于测量误差不可避免，因此测量值仅是一个近似值，测量数据的处理过程便是一个近似计算的过程，为了记录数据的准确方便，需要了解有效数字的概念。

有效数字由可靠数字和欠准数字组成。假设用电流表测量电流，若指针指示于 8.2 与 8.3 之间，不同的测量人员可能会读取不同的数据，如 8.24、8.25 或 8.26 等。这些数据的

前两位是确定的，称为可靠数字。而后一位估计数字是不确定的，称为欠准数字。从数据左侧第一个非0数字开始的所有可靠数字再加一位欠准数字均为有效数字，有效数字的个数称为有效位数。

记录有效数字应遵循如下规定：

1）有效数字只包含一位欠准数字。

2）有效数字的位数与小数点无关，例如1234、1.234、12.34都是4位有效数字。

3）第一个非0数字前的0不算有效数字，例如0.45、4.5均为两位有效数字

4）位于非0数字之间及之后的0为有效数字，例如4.05为3位有效数字，40.50为4位有效数字。

5）对于末尾含若干个0的整数，若无特别说明，则所有数字均为有效数字，有效位数即为该整数的位数。例如45000为5位有效数字。利用科学计数法，可将该数字表示成不同位数的有效数字，如4.5×10^4为两位有效数字；4.50×10^4为3位有效数字；4.500×10^4为4位有效数字。用科学计数法表示有效数字时需注意，左侧第一位应为非0数字。

第1章　电路基础实验

本章包括直流电路实验和交流电路实验，是电工与电子技术实验的基础。直流电路部分侧重于对基本概念、基本定理的验证，培养学生正确测量、数据分析及排查故障的基本能力。交流部分侧重于对各种电路现象的观察、分析和总结，加深同学们对较为抽象的交流电路现象的理解。认真完成本章实验，是高质量完成全部电工学实验的必要条件。

1.1　电工仪器仪表的使用

1. 必备知识

电工仪器仪表的正确使用是顺利完成电工学实验的前提条件。

测量前应根据被测量属性选择直流仪表或交流仪表。直流电路通常由直流稳压电源提供输入信号，电路中的电流用直流毫安表测量，电压用数字万用表测量。数字万用表还可用于测量低频交流电压，但对于本教程交流部分实验经常用到的1kHz以上高频信号，若用万用表测量会产生很大误差，此时应该使用交流电压表进行测量。交流电路的输入信号通常由函数信号发生器提供，电流用交流毫安表测量，输入、输出电压的频率和峰峰值用示波器来观测，而交流电压表测得的数值是正弦交流电压的有效值。

实验中应注意：

1）无论直流稳压电源还是函数信号发生器均不可将其输出端短路，并且万万不可将两种电源的输出端直接短接在一起，否则极易烧毁仪器。

2）根据预先估算结果选择测量仪表的合适量程，若无法估计，应选择较大量程。

3）电流表须串联于被测支路。

4）进行交流测量时，所有仪器应保证“共地”，即将所有仪器测试线的地端接在一起。

5）直流稳压电源与信号发生器的输出显示可能与万用表或示波器、交流电压表的测量值不符，应以实际测量值为准。

2. 实验目的

1）掌握电工仪器仪表的使用方法。

2）掌握数据测量、数据记录及误差分析的方法。

3. 仪器与设备

1）直流稳压电源	1台
2）直流毫安表	1块
3）数字万用表	1块
4）示波器	1台
5）信号发生器	1台
6）交流电压表	1块
7）交直流实验箱	1只

4. 预习要求

1）认真阅读实验教程的绪论部分，了解实验室安全、实验要求及实验测量等知识。

2）预习电工测量仪表的使用方法。

3）预先计算表1.1相关数据，以便实验测量时选择适当的仪表量程。

5. 注意事项

1）直流稳压电源及信号发生器的输出端不能短路。

2）严禁将直流稳压电源输出端与信号发生器输出端直接短接在一起。

3）直流毫安表须串联于被测支路。

4）进行电路测量时，所有仪器仪表应“共地”。

5）进行直流测量时须注意参考方向，测量结果应考虑是否添加“+”、“-”号。

6）直流稳压电源的输出以万用表的实测值为准。

7）信号发生器的输出以示波器或交流电压表的实测值为准。

以上注意事项也适合于今后的各种实验，参加每次实验都要有科学态度和安全意识，逐步养成良好的实验习惯。

6. 实验内容

（1）直流信号的测量

1）在万用表的监测下，调节直流稳压电源两路输出分别为 $U_{S1}=8V$，$U_{S2}=10V$（比较万用表的测量值与直流稳压电源的显示值是否一致，以万用表的测量值为准）。调好后关闭直流稳压电源待用。

2）按图1.1连接电路，其中 $R_1=200\Omega$，$R_2=510\Omega$，$R_3=200\Omega$。电路连接完毕并检查无误后，打开直流稳压电源开关。

3）按预先估算值选择适当量程，用直流毫安表测量各支路电流，用万用表测量各元件电压，并将测量结果填入表1.1中。

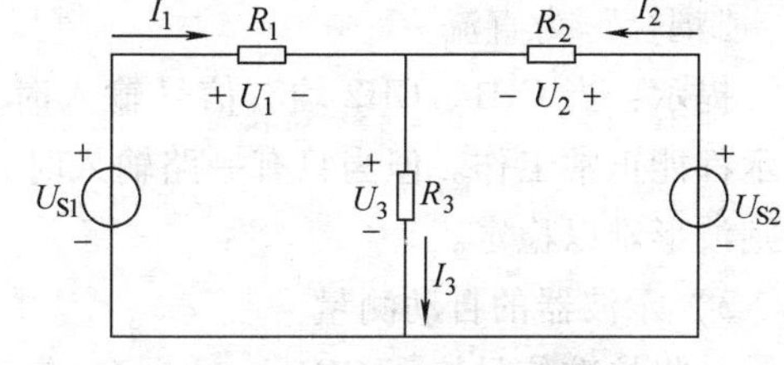

图1.1　直流信号的测量电路

表1.1　直流信号的测量数据

	U_{S1}/V	U_{S2}/V	U_1/V	U_2/V	U_3/V	I_1/mA	I_2/mA	I_3/mA
测量值								
计算值								

（2）交流信号的测量

只有熟练应用示波器、信号发生器、交流电压表，才能更好地完成交流电路实验。以下内容即围绕上述3种仪器的使用方法设置。

1）示波器功能检查

· 接通电源，仪器执行所有自检项目。

· 接入信号到通道1（CH1）。将输入探头和接地夹接到探头补偿器的连接器上，按 AUTO （自动设置）按钮，几秒钟内，可见到方波显示。

· 以同样的方法检查通道2（CH2）。

· 按 OFF 功能按钮，关闭CH1，按 CH2 功能按钮，打开通道2。

·在触发控制区（TRIGGER），启动MENU，按2号菜单操作键，设定“信源选择”为CH2。

·观察该通道波形。

提示：OFF按键具备关闭菜单的功能。当菜单未隐藏时，按OFF键可快速关闭菜单。如果在按CH1或CH2后立即按OFF，则同时关闭菜单和相应通道。

2）示波器触发系统的设置

·将校准信号接至CH1或CH2。

·使用LEVEL旋钮改变触发电平设置：

使用LEVEL旋钮，屏幕上出现一条黑色的触发线以及触发标志，随旋钮转动而上下移动，停止转动旋钮，此触发线和触发标志会在几秒钟后消失。

提示：要获得波形的稳定显示，必须保持触发线在信号波形范围内。

·使用MENU弹出触发操作菜单，改变触发的设置，一般使用如下设置：

“触发类型”为边沿触发；

“信源选择”为当前使用的信号通道；

“边沿类型”为上升沿；

“触发方式”为自动；

“耦合”为直流。

提示：当CH1、CH2均有信号输入时，被选中作为触发信源的通道无论其输入是否被显示都能正常工作。但当只有一路输入时，“信源选择”应该为有信号输入的那一路通道，否则波形难以稳定。

3）示波器的自动测量

·将校准信号接至CH1。

·按下MEASURE按钮，显示自动测量菜单。

·按下信源选择，选定相应的信源：CH1。

·按下电压测量，选择测量类型。

在电压测量类型下，可以进行峰峰值、最大值、最小值、平均值、幅度、顶端值、底端值、方均根值等参数测量。

·按下时间测量，选择测量类型。

在时间测量类型下，可以进行频率、时间、周期、上升时间、下降时间、脉宽、占空比等参数测量。

·测量校正信号波形的峰峰值、周期和频率，并将结果填入表1.2中。

4）示波器的光标手动测量

·将校准信号接入CH1。

·按下CURSOR按钮，选光标模式为手动。

·按下信源选择，选定相应的信源：CH1。

·选择光标类型为电压。

·转动垂直POSITION旋钮，使光标A上下移动。

·转动水平POSITION旋钮，使光标B上下移动。

·屏幕显示光标A、B的电位值及光标A、B间的电压差值，将所测数据填入表1.2中。

·选择光标类型为时间。

·转动垂直POSITION旋钮，使光标A左右移动。

·转动水平POSITION旋钮，使光标B左右移动。

·屏幕显示光标A、B的时间值及光标A、B间的时间差值，将所测数据填入表1.2中。

表1.2　示波器校准信号的测量

自动测量			光标手动测量	
峰峰值	周期	频率	峰峰值	周期

5）示波器垂直系统练习

·调节信号发生器，使输出频率为1kHz的正弦波信号，信号显示幅度按表1.3所给数值设置。

·将输入信号接至示波器的CH1或CH2通道。

·按下AUTO按钮，使波形清晰显示于屏幕上。

·转动垂直POSITION旋钮，显示波形上下移动。

·转动垂直SCALE旋钮，改变“Volt/div”垂直档位，观察波形变化。按下垂直SCALE旋钮，可设置示波器为细调功能，转动SCALE旋钮，观察波形变化。

·按CH1、CH2、MATH、REF，屏幕显示对应通道的操作菜单、标志、波形和档位状态信息，按OFF键，关闭当前选择的通道。

·按表1.3测量数据，并记录结果。

表1.3　垂直系统练习

信号发生器显示		示波器测量				交流电压表测量
频率/kHz	峰峰值/V	峰峰值/V	频率/kHz	周期/ms	有效值/V	有效值/V
1	1					
1	5					
1	10					

6）示波器水平系统练习

·调节信号发生器，使输出峰峰值为6V的方波信号，信号频率按表1.4中所给数值设置。

·将输入信号接至示波器的CH1或CH2通道。

·按下AUTO按钮，使波形清晰显示于屏幕上。

·转动水平SCALE旋钮，改变档位设置，观察波形的水平幅度变化。

· 转动水平 POSITION 旋钮，观察波形的水平位置变化。

· 按表 1.4 测量数据，并记录结果。

表 1.4 水平系统练习

信号发生器显示		示波器测量		
峰峰值/V	频率/kHz	频率/kHz	周期/ms	峰峰值/V
6	0.5			
6	5			
6	20			

7）观察方波信号

· 调节信号发生器，使输出频率为 2kHz，峰峰值为 3V，占空比为 20% 的方波信号。

· 将输入信号接至示波器的 CH1 或 CH2 通道。

· 按下 AUTO 按钮，使波形清晰显示于屏幕上。

· 调节信号发生器，改变方波幅度、频率及占空比，观察示波器显示波形的变化。

8）观察幅度较小的正弦波信号

· 调节信号发生器，使输出有效值为 10mV、频率为 1kHz 的正弦波。

· 将输入信号接至示波器的 CH1 通道。

· 按下 AUTO 按钮。

· 调节水平 SCALE 旋钮，设定档位为 500μs/div。

· 依次按以下各键 CH2 OFF 、MATH OFF 、REF OFF 。

· 按下信源选择，选相应信源CH1。

· 打开带宽限制为 20M。

· 采样选平均采样。

· 触发菜单中的耦合选高频抑制。

提示：观察小信号时，带宽限制为 20M、高频抑制的设定都是为了减小高频干扰；平均采样是指显示结果为多次采样的平均值，次数越多越清楚，但实时性较差。

9）观察两不同频率信号

· 调节信号发生器，使输出频率 1kHz，电压峰峰值 5V 的正弦波。将该输入信号接至示波器的 CH1 通道。

· 将示波器校准信号接至 CH2 通道。

· 按下 AUTO 按键。

· 调整水平、垂直档位直至波形显示满足测试要求。

· 按 CH1 按键，选通道 1，旋转垂直（VERTICAL）区域的垂直 POSITION 旋钮，调整通道 1 波形的垂直位置。

· 按 CH2 按键，选通道 2，调整通道 2 波形的垂直位置，使两通道波形既不重叠在一起，又利于观察比较。

提示：双踪显示时，可采用单次触发，得到稳定波形，触发源选择长周期信号，或是幅度稍大、信号稳定的那一路。

7. 实验报告要求

1）实验报告要求语言通顺，书写整洁，认真分析和讨论实验中的问题。以后各次实验报告的要求与此相同，不再重复。

2）比较表1.1的测量值与计算值，讨论产生误差的原因。

8. 思考题

1）用100mA量程、0.5级电流表测量电流时，可能产生的最大绝对误差为多少？

2）电流表准确度等级为0.5级，分别用其50mA及100mA量程测量实际值为40mA的电流，求其产生的相对误差。

3）若数字万用表仅在最高位显示“1”，是什么原因造成的？应该怎样操作？

4）测量交流信号时，所有仪器仪表必须“共地”，为什么？

5）用交流电压表测量正弦波信号时，表盘显示数值是波形的峰-峰值还是有效值？

1.2　电阻元件伏安特性的测定

1. 必备知识

电阻元件的特性是以该元件两端的电压 U 及流过该元件的电流 I 之间的关系来表征的，常以伏安特性 $U=f(I)$ 或 $I=f(U)$ 来表示。一般地，伏安特性曲线常以电流为横坐标，但在电子技术中，半导体器件的伏安特性曲线习惯上以电压为横坐标。线性电阻元件的伏安特性是通过坐标原点的一条直线，符合欧姆定律，即 $R=\frac{U}{I}=$ 常数。半导体稳压管是一种特殊的电阻元件，其伏安特性曲线如图1.2所示，电阻是非线性的，即 $\frac{U}{I}\neq$ 常数。显然，稳压管的电阻值不但随电压和电流的大小而改变，还与电流的方向有关。半导体器件的伏安特性对分析电子电路和确定电路的工作点具有重要的意义。

二极管的阴阳极可通过外观判断，大多数二极管表面用一个不同颜色的环表示阴极。也可通过数字式万用表判断，将万用表调至二极管档，红、黑表笔各接在二极管的一端。若数字式万用表有数值显示（二极管压降），则此时红表笔接的是二极管阳极，黑表笔接的是二极管阴极；若万用表没有数值显示，则红表笔接的是二极管阴极，黑表笔接的是二极管阳极。

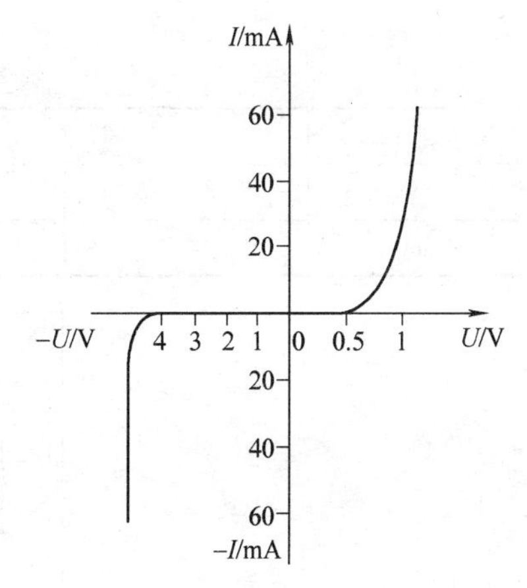

图1.2　稳压管伏安特性

2. 实验目的

1）测定线性电阻元件和非线性电阻元件的伏安特性。

2）学习使用仪表检查电路故障的方法。

3. 仪器与设备

1）直流稳压电源　1台

2）直流毫安表　1块

3）数字万用表　1块

4）交直流实验箱　1只

4. 预习要求

1）阅读实验教程，了解本次实验的内容和步骤。

2）复习教材中直流电路的相关理论。

5. 注意事项

1）直流稳压电源的输出端不能短路。

2）测量直流稳压电源输出时，以万用表的测量值为准。

3）在实验过程中，如需改接线路，或排查故障时，都应先关闭电源，严禁带电操作。

4）根据预先估算结果选择测量仪表的合适量程，若无法估计，应选择较大量程。

5）直流毫安表须串联于被测支路。

6）万用表用完后，应将旋钮置于“OFF”档。

6. 实验内容

（1）测定电阻元件和稳压管

1）选取数字万用表的合适档位，测定电阻元件的阻值。

2）选取数字万用表的合适档位，测定稳压管的阳极和阴极。

（2）线性电阻元件伏安特性的测定

将稳压电源的输出电压 U_S 调至0V，按图1.3连接电路，在万用表的监测下，按表1.5所列数值改变 U_S，测电阻两端的电压 U 及电阻上流过的电流 I 填入表1.5中，并画出线性电阻元件伏安特性曲线。

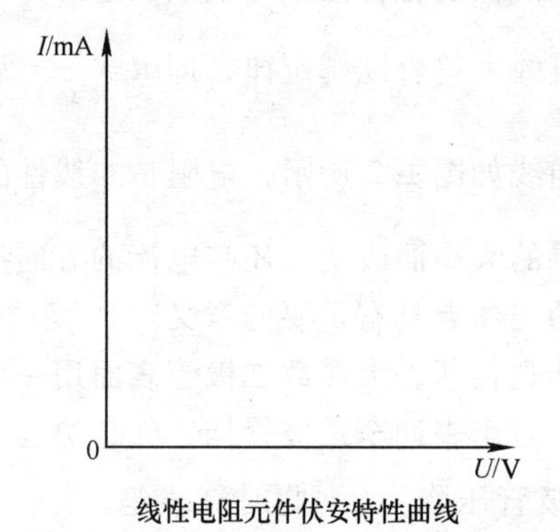

线性电阻元件伏安特性曲线

表1.5　线性电阻伏安特性数据

U_S/V	0	2	3	6	8
U/V					
I/mA					

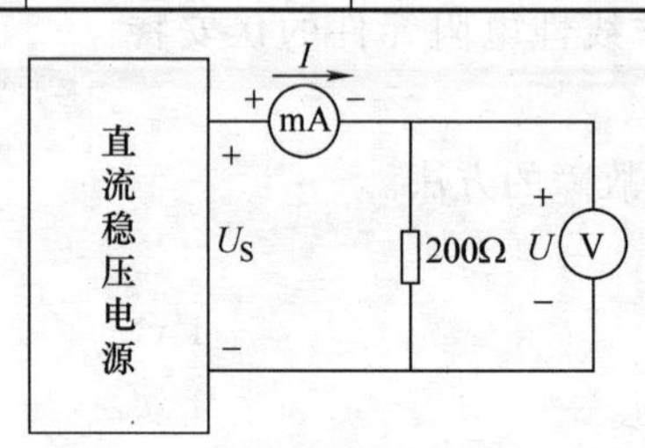

图1.3　线性电阻伏安特性测定

（3）稳压管伏安特性的测定

1）正向特性。按图 1.4 接线，在万用表的监测下，将稳压电源的输出电压 U_S 由 0V 调至 6V，用电流表测量电流 I，用万用表测量稳压管两端电压 U，并选取 8 组测量数据填入表 1.6 中。所选数据既要满足正向特性曲线的整体要求，又能反应曲线变化的细节。

表 1.6　稳压管正向特性数据

U_S/V								
U/V								
I/mA								

2）反向特性。按图 1.5 接线（只需将图 1.4 中稳压管反接即可）。在万用表的监测下，将稳压电源的输出电压 U_S 由 0V 调至 9V，用电流表测量电流 I，用万用表测量稳压管两端电压 U，并选取 8 组数据填入表 1.7 中。所选数据既要满足反向特性曲线的整体要求，又能反应曲线变化的细节。

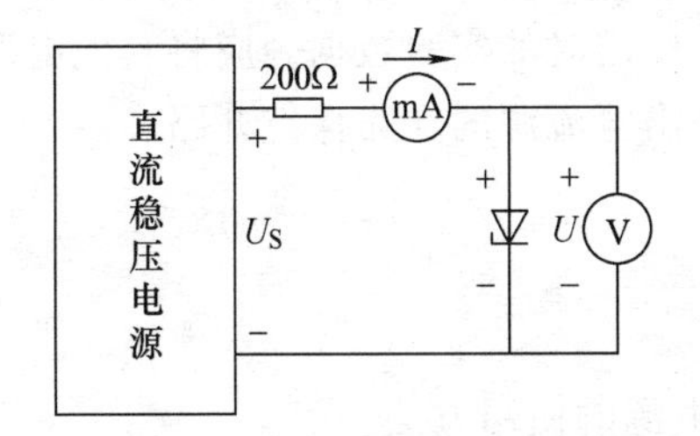

图 1.4　稳压管正向特性测定

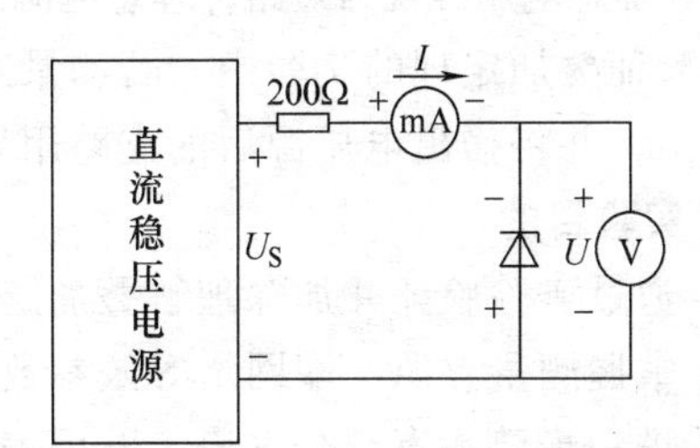

图 1.5　稳压管反向特性测定

表 1.7　稳压管反向特性数据

U_S/V								
U/V								
I/mA								

3）画出稳压管伏安特性曲线

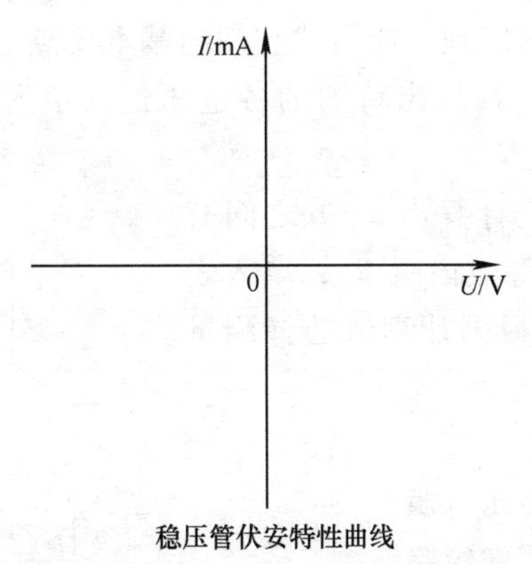

稳压管伏安特性曲线

7. 实验报告要求

1）根据实验所测的数据，在坐标纸上选取适当的比例尺，画出线性电阻及稳压管的伏安特性曲线。

2）讨论线性电阻和非线性电阻的伏安特性有何不同。

8. 思考题

1）测量数据前，如何设定电流表、万用表的挡位？

2）若电流表指针反偏，该怎样处理？

1.3　叠加定理和戴维南定理

1. 必备知识

叠加定理：在线性电路中，由多个独立电源共同作用产生于任一元件的电流或其两端的电压，均可看成是电路中各个电源单独作用时在该元件上产生的电流或电压的代数和。

戴维南定理：任何一个线性有源二端网络对外部电路的作用，都可以用一个电压源和电阻串联的支路来等效。其中电压源的电压等于该网络输出端的开路电压，电阻等于该网络中所有独立源置零（理想电压源视为短路，理想电流源视为开路）后，从输出端看进去的等效电阻。

在验证叠加定理的实验中，若测量某一电源单独作用时的实验数据，应将其他电源从电路中撤出，并将撤出电压源后的支路用导线短接，撤出电流源的支路保持开路。

2. 实验目的

1）通过实验验证并加深理解叠加定理和戴维南定理。

2）掌握测量有源二端网络等效参数的实验方法。

3）进一步熟悉直流毫安表、万用表、直流稳压电源的使用方法。

4）通过实验加强对参考方向的掌握和运用的能力。

3. 仪器与设备

1）直流稳压电源　1台

2）直流毫安表　1块

3）数字万用表　1块

4）交直流实验箱　1只

4. 预习要求

1）复习叠加定理和戴维南定理，能简述它们的基本要点。

2）根据图1.6所给参数，计算出待测的各电压值，填入表1.8中。进行实验测量时，可根据理论值选择测量仪表量程。

3）根据图1.7所给参数，计算出a、b之间有源二端网络的开路电压U_{OC}及等效内阻R_0，填入表1.9中。进行实验测量时，可根据计算值选择测量仪表量程。

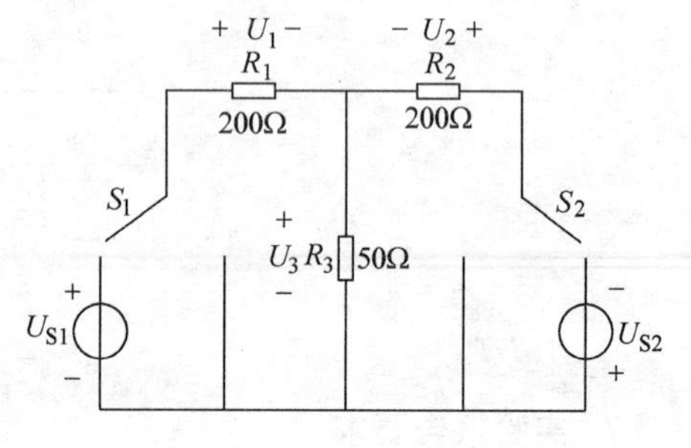

图1.6　叠加定理的验证

5. 注意事项

1）改接线路前，应首先关闭电源。

2）直流稳压电源输出端不准短路。

3）根据预习时计算的理论值选择测量仪表的合适量程，若无法估计，应选择较大量程。

4）记录数据时，应考虑测量值的正负。

5）用万用表直接测量 R_0 时，二端口网络中的独立源必须先置零，以免损坏万用表。

6. 实验内容

（1）叠加定理

1）调节双路直流稳压电源，使一路输出电压 $U_{S1}=9V$，另一路输出电压 $U_{S2}=6V$（用万用表的直流电压挡测定），然后关闭稳压电源，待用。

2）按图 1.6 所示电路接线。

3）分别在 U_{S1}、U_{S2}共同作用，U_{S1}单独作用及 U_{S2}单独作用时测量各电阻上的电压 U_1、U_2、U_3 之值，填入表 1.8 中。

4）将两个电压源单独作用的结果叠加，填入表 1.8 中，验证叠加定理。

（2）戴维南定理

1）调节双路直流稳压电源，使一路输出电压为 $U_{S1}=9V$，另一路输出电压为 $U_{S2}=5V$（用万用表的直流电压档测定），然后关闭稳压电源，待用。

2）按图 1.7 所示电路接线。

3）用实验的方法测定有源二端网络的开路电压 U_{OC}及等效内阻 R_0

表 1.8　验证叠加定理数据

实验数据 / 实验内容	理论值			测量值		
	U_1/V	U_2/V	U_3/V	U_1/V	U_2/V	U_3/V
U_{S1}、U_{S2}共同作用						
U_{S1}单独作用						
U_{S2}单独作用						
叠加结果						

①　方法一

开路电压 U_{OC}的测定：将图 1.7 中的 R_L 支路断开，用万用表的直流电压档测得电压 U_{ab}，即为开路电压 U_{OC}。

等效内阻 R_0 的测定：对于有源二端网络中的独立电压源，可将电压源取下，用短路导线代替电源；对于有源二端网络中的独立电流源，应断开电流源接线，并保持该支路开路。用万用表的电阻档测量该网络 a、b 两端间的电阻 R_{ab}，即为等效内阻 R_0。

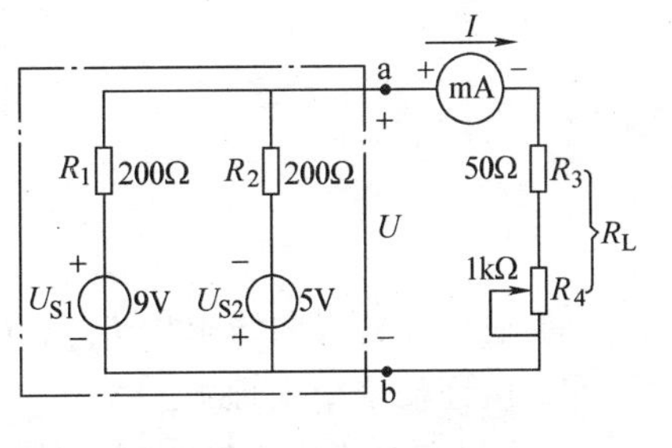

图 1.7　U_{OC}及 R_0 的测定

将测试结果填入表 1.9 中。

表 1.9　U_{OC}及 R_0 数据

理论值		测量值	
U_{OC}	R_0	U_{OC}	R_0

②　方法二

通过绘制有源二端网络的外特性曲线 $U=f(I)$，得到 U_{OC}及 R_0 值。如图 1.8 所示，外特性曲线与两坐标轴的交点为 U_{OC}和 I_{SC}。

其中 U_{OC} 为有源二端网络的开路电压；I_{SC} 为有源二端网络的短路电流。于是，得到有源二端网络的等效内阻

$$R_O = \frac{U_{OC}}{I_{SC}}$$

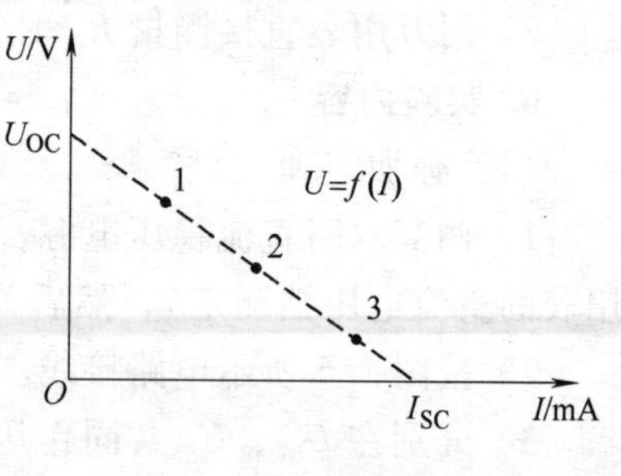

图 1.8　外特性曲线

实验步骤如下：

a）在图 1.7 所示电路中，调节负载 R_L 的电位器（R_4），用万用表的直流电压档和直流毫安表读取三四组电压 U 和电流 I 的数据，填入表 1.10 中。

表 1.10　外特性测量数据

测量值								由外特性求出值		
U/V				I/mA						
U_1	U_2	U_3	U_4	I_1	I_2	I_3	I_4	U_{OC}/V	I_{SC}/mA	R_O/Ω

b）按一定比例画出有源二端网络的外特性曲线 $U = f(I)$

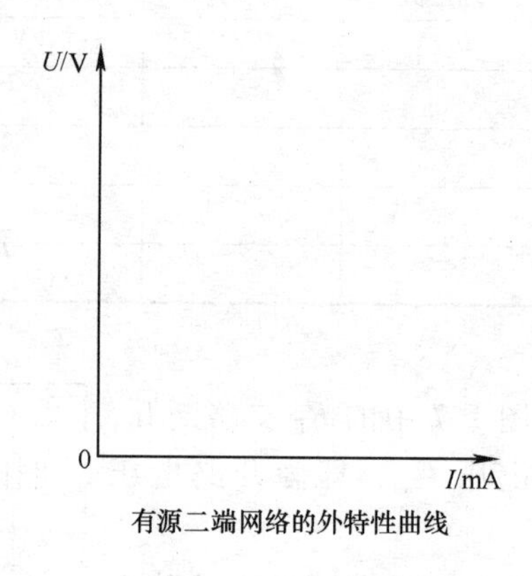

有源二端网络的外特性曲线

c）通过外特性曲线求出 U_{OC}、I_{SC} 及 R_O 值填入表 1.10 中。

4）验证戴维南定理

① 将双路稳压电源任何一路的输出电压调至 U_{OC} 值，关闭电源，待用。

② 按图 1.9a 所示电路接线，用万用表的电阻档测 a、a′两端电阻值，调节 R_6，令 $R_5 + R_6 = R_O$。

③ 按图 1.9b 接线。由 U_{OC} 与 R_O 组成一个新的电压源，它是图 1.7 电路中有源二端网络的戴维南等效电源。

④ 调节负载 R_L 的电位器 R_4，测出几组电压 U 及电流 I 的数据，填入表 1.11 中。

表 1.11　戴维南等效电源外特性数据

U/V						
I/mA						

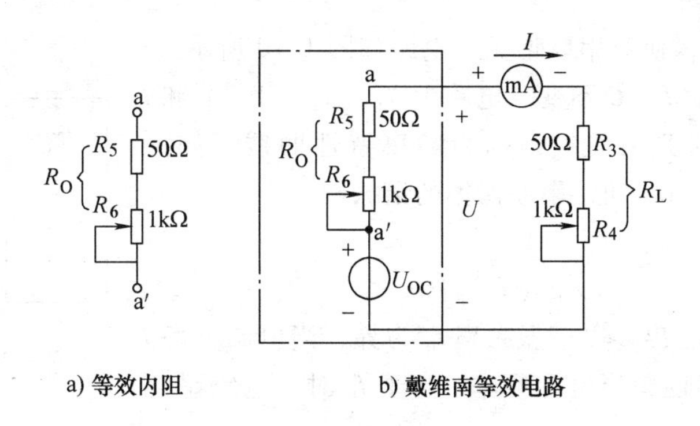

图 1.9 戴维南定理的验证

⑤ 根据实验数据按一定比例画出戴维南等效电源的外特性曲线，与有源二端网络的外特性曲线比较，验证戴维南定理。

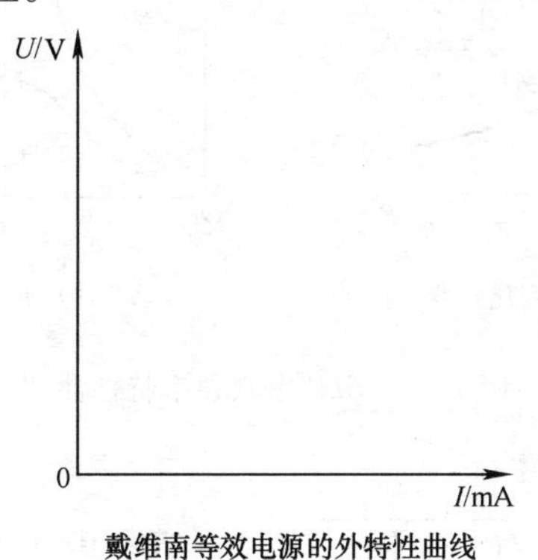

戴维南等效电源的外特性曲线

7. 实验报告要求

1）将按图 1.6 电路所测的数据与理论计算值进行比较，分析误差原因，验证叠加定理。

2）电阻上消耗的功率满足叠加定理吗？为什么？试根据实验数据的计算结果进行说明。

3）按图 1.7 电路所给的参数，计算出 U_{OC}、R_0 值，与实验测出的 U_{OC}、R_0 值进行比较，分析误差原因。

4）根据表 1.10 及表 1.11 绘制外特性曲线，验证戴维南定理。

8. 思考题

实验中，要将电路中的电压源置零，如何操作？可否直接将电压源输出端短接？若电路中包含电流源，应该如何将其正确置零？

1.4 *RLC* 电路的谐振

1. 必备知识

在一定条件下，含有电感和电容元件的电路可以呈现电阻性，即整个电路的总电压与总电流同相位，这种现象称为谐振。由于电路结构不同，谐振可分为串联谐振和并联谐振。

（1）串联谐振

RLC 串联电路产生的谐振称为串联谐振，条件是 $X_L = X_C$，即 $2\pi fL = 1/(2\pi fC)$，这说明电路是否产生谐振决定于电路的参数和电源的频率。本次实验是在保持电路参数不变的情

况下，改变电源频率，研究串联谐振，电路如图 1.10 所示。

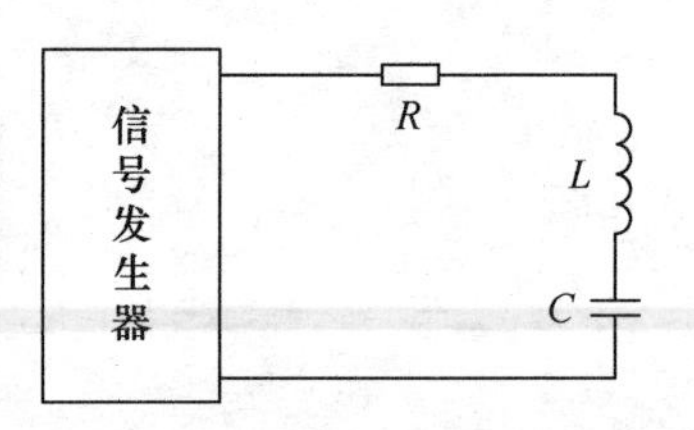

图 1.10　*RLC* 串联电路

保持电路参数 R、L、C 不变，电路中 X_L、X_C、$|Z|$ 和 I 等各量随频率变化的关系曲线，称为频率特性曲线，如图 1.11 所示。由理论分析可知，串联谐振的谐振频率为

$$f_0 = \frac{1}{2\pi\sqrt{LC}}$$

由图 1.11a 可以看出，以谐振频率 f_0 为界，当电源频率 f 低于 f_0 时，电路呈容性，当电源频率 f 高于 f_0 时，电路呈感性。

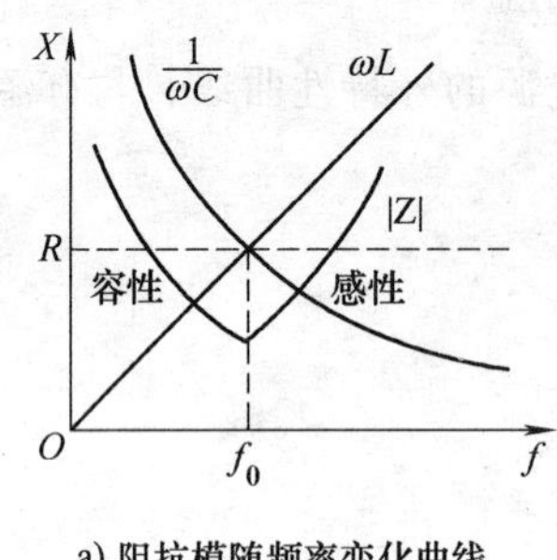

a) 阻抗模随频率变化曲线

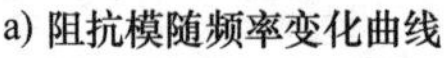

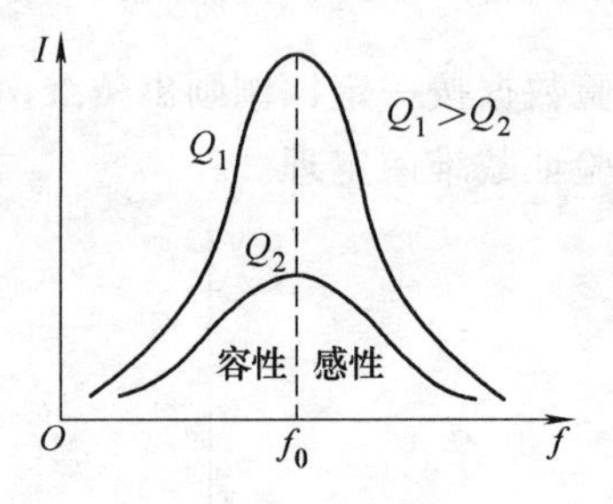

b) 电流谐振曲线

图 1.11　*RLC* 串联频率特性曲线

串联谐振电路具有如下特性：

1）电路的阻抗模 $|Z| = \sqrt{R^2 + (X_L - X_C)^2} = R$，其值最小。

2）电流值最大，电源电压与电流同相位，电路对电源呈现电阻性。

3）谐振频率仅由电路参数 L、C 决定，与电阻及外部条件无关。

图 1.11b 所示为电流 I 随频率变化的关系曲线，通常又称为电流谐振曲线。由电流谐振曲线可以看出，品质因数 Q 值越高，曲线越陡，选择性越好；Q 值越低，谐振曲线越平坦，选择性越差。所以，电路选择性的优劣取决于电路的品质因数 Q。Q 通常以谐振时 U_L 或 U_C 与 U 之比值来表示，即

$$Q = \frac{U_L}{U} = \frac{U_C}{U} = \frac{1}{\omega_0 RC} = \frac{\omega_0 L}{R}$$

（2）电路参数 R、L、C、R_L、R_C 的测定

理想电感元件和理想电容元件是不消耗有功功率的，而实际的电感线圈和电容器却并非如此。实验所用的电感线圈不仅存在感抗，它还含有线圈导线电阻（用 R_L 表示）。因此线圈的端电压可以表示为

$$\dot{U}_L = \dot{U}_{L_L} + \dot{U}_{L_R}$$

实际的电容器都存在介质损耗，消耗一定的有功功率，用 R_C 表示电容器的等效电阻（质量好的电容器，功率损耗极小，R_C 可以忽略不计）。因此，电容器的端电压可以表示为

$$\dot{U}_C = \dot{U}_{C_C} + \dot{U}_{C_R}$$

用万用表测量出串联电阻 R 及电感线圈的电阻 R_L 的数值。用交流电压表测出总电压及

电阻、电感线圈、电容器的端电压 U、U_R、U_L、U_C，由此可求得 R_C、L、C。

因为 $$I_0 = U_R/R$$

而 $$R + (R_L + R_C) = U/I_0$$

所以 $$R_C = U/I_0 - R - R_L$$

因为 $$X_C = \sqrt{(U_C/I_0)^2 - R_C^2}$$

$$X_L = \sqrt{(U_L/I_0)^2 - R_L^2}$$

所以 $$C = 1/(\omega_0 X_C) \quad L = X_L/\omega_0$$

（3）并联谐振

RLC 并联电路，或者电感线圈和电容器并联的电路产生的谐振叫做并联谐振。本次实验仅研究后一种电路的并联谐振，其电路如图 1.12 所示（R_L 为电感线圈电阻），谐振曲线如图 1.13 所示。

由理论分析可知，并联谐振的谐振频率为

$$f_0 = \frac{1}{2\pi}\sqrt{\frac{1}{LC} - \frac{R_L^2}{L^2}} \approx \frac{1}{2\pi\sqrt{LC}}$$

由图 1.13 可知，并联谐振时，电路的阻抗模 $|Z|$ 最大，电流值 I 最小。

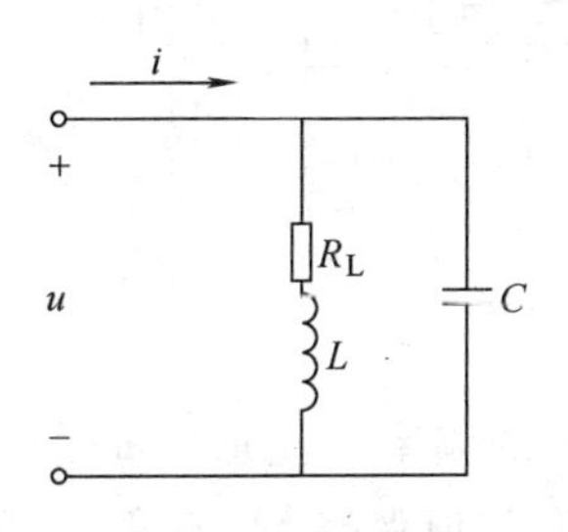

图 1.12 *LC* 并联电路

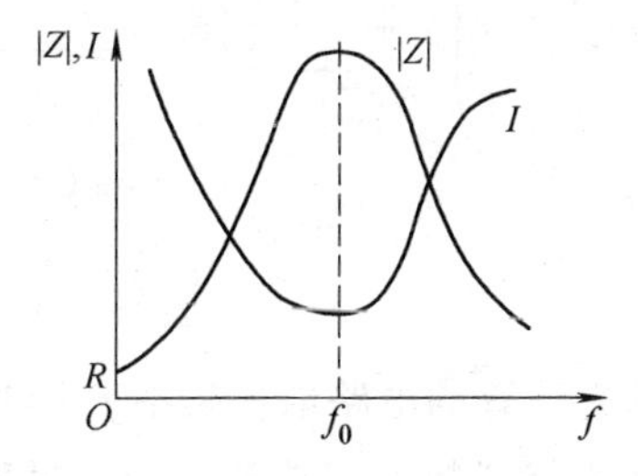

图 1.13 并联谐振曲线

2. 实验目的

1）了解 *RLC* 交流电路的串、并联谐振特性，掌握谐振曲线的测量方法。

2）熟练掌握交流电压表、信号发生器和示波器的使用方法。

3. 仪器与设备

1）信号发生器	1 台
2）示波器	1 台
3）交流电压表	1 块
4）交直流实验箱	1 个
5）数字万用表	1 块

4. 预习要求

阅读并熟悉实验内容，根据实验电路图所给参数，预先估算谐振频率。

5. 注意事项

1）信号发生器、交流电压表和示波器的“地”端应接在一起。

2）本实验中电压有效值的测量应该使用交流电压表，而不可使用万用表，因为交流电压表可测量高频交流信号的电压有效值，万用表交流电压档只能用于测量低频交流信号。

6. 实验内容

（1）串联谐振

1）将信号发生器调节到待用状态

① 选择信号发生器输出波形为正弦波；

② 在交流电压表监测下，调节信号发生器的“幅度”旋钮，令其输出的正弦波电压有效值为5V；

③ 关闭电源待用。

2）将示波器调到待用状态，熟悉各旋钮的作用。

3）按图1.14接线，电阻取 $R_1=200\Omega$。将a点（电源端）信号接至示波器的CH1通道，取总电压 u 的波形；将b点（电阻端）信号接至CH2通道，取 u_{R1} 的波形（因为电阻元件的端电压与电流同相位，所以 u_{R1} 可以反映电流 i 的波形）。将交流电压表两个信号端分别接至a点和b点，以便监测电压有效值 U 和 U_{R1} 的数值。

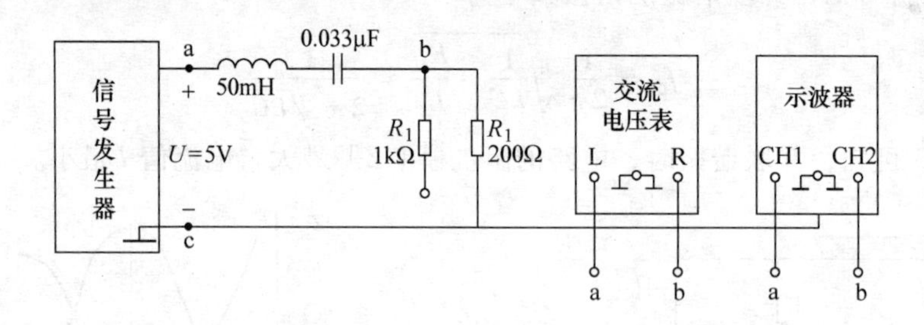

图1.14 *RLC* 串联电路

在预先估算的电路谐振频率 f_0 附近，改变信号发生器的频率（注意：每变化一次频率，都应重新调节“幅度”旋钮，使信号发生器的输出电压有效值保持5V不变）。用交流电压表监测 U_{R1}，同时观察示波器荧光屏上的电压与电流的波形。当电路总电压与电流同相位且电压表读数最大时，电路呈电阻性，达到谐振状态。信号发生器所指示的频率即为谐振频率 f_0，读出 f_0 及相应的 U_{R1} 值填入表1.12中（其中：R_L 为电感线圈电阻，其阻值可用万用表测量）。

表1.12 *RLC* 串联电路实验数据（$R_1=200\Omega$）

	序号	1	2	3	4	5	6	7	8	9	10
记录	f/kHz						f_0				
	U_{R1}/V										
计算	$I=\frac{U_{R1}}{R_1}$/mA										
	$X_L=\omega L/\Omega$										
	$X_C=\frac{1}{\omega C}/\Omega$										
	$\lvert Z\rvert=\sqrt{(R_1+R_L)^2+(X_L-X_C)^2}/\Omega$										

4）用交流电压表测量谐振状态时的电源电压 U 和电阻电压 U_{R1}、电感线圈电压 U_L、电容器电压 U_C 值，用万用表测量电阻 R_1、R_L 值填入表1.13中，并根据以上测量值，填写计算结果。

表1.13 *RLC* 串联电路频率特性比较

电路性质	测量值								计算值		
	U/V	U_{R1}/V	U_L/V	U_C/V	I/mA	R_1/Ω	R_L/Ω	φ	R_C/Ω	L/mH	C/μF
电阻性											
电感性											
电容性											

5）在0.5～10kHz范围内改变电源频率，取10个左右频率值，测出相应的 U_{R1} 值填入表1.12中（在 f_0 附近取点密一些），并按表中项目填写计算结果。

6）测量相位差：在上述实验过程中，当 $f<f_0$ 时，在示波器上能观察到电源电压 u 的波形在相位上滞后于电流 i 的波形，电路呈电容性。测量此时的电压 U、U_{R1}、U_L、U_C 值填入表1.13中，并将此时的电压和电流的相位差 φ 也填入表1.13中。

用示波器测定两个正弦量相位差的方法如图1.15所示。

调节CH1通道的“垂直位移”及CH2通道的“垂直位移”两个旋钮，使 u 及 i 两个波形都处在同一对称轴上，适当调节水平控制区“SCALE”旋钮，使波形的一个周期（T）在水平标尺上占满 N 格，例如图1.15所示波形一个周期占满12格，即 $N=12$，则每格所占电角度为 $360°/N=360°/12=30°$，以超前的信号波形 A 作基准信号，用水平控制区“POSITION”旋钮将 A 的零点调到与坐标原点重合，从荧光屏上即可读出波形 B 滞后波形 A 的格数为 n（3格），则相位差为

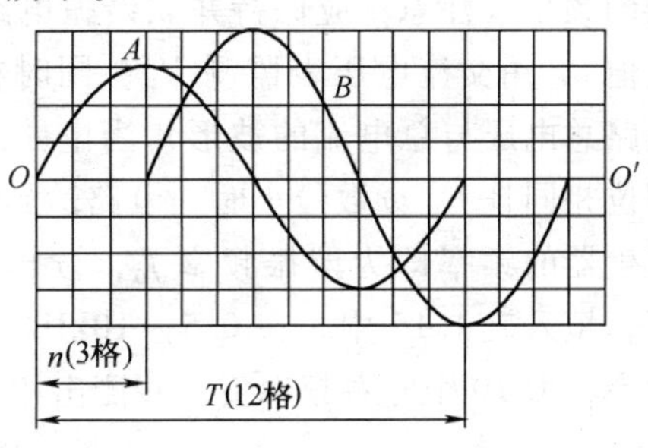

图1.15 相位差的测量

$$\varphi = n \times 360°/N = 3 \times 30° = 90°$$

当 $f>f_0$ 时，在示波器上能观察到电源电压 u 的波形在相位上超前于电流 i 的波形，电路呈电感性，测量内容同上，也填入表1.11中。

7）更换电阻，取 $R_2=1\text{k}\Omega$，重复 步骤4）和6），将数据填入表1.14中。

表1.14 *RLC* 串联电路实验数据（$R_2=1\text{k}\Omega$）

	序号	1	2	3	4	5	6	7	8	9	10
记录	f/kHz						f_0				
	U_{R2}/V										
计算	$I=\frac{U_{R2}}{R_2}$/mA										
	$X_L=\omega L$/Ω										
	$X_C=\frac{1}{\omega C}$/Ω										
	$\lvert Z\rvert=\sqrt{(R_2+R_L)^2+(X_L-X_C)^2}$/Ω										

8）分别画出以下各种曲线

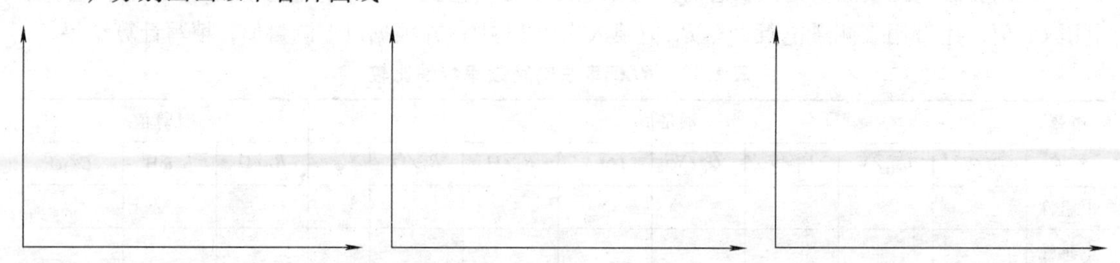

串联频率特性 $I=F(f)$ 曲线（$R=200\Omega$）　串联频率特性的 X_L、X_C、Z 曲线（$R=200\Omega$）　串联频率特性 $I=F(f)$ 曲线（$R=1k\Omega$）

（2）并联谐振

1）信号发生器的工作状态与串联谐振实验相同，用交流电压表监测其输出电压有效值为 5V。断电后，按图 1.16 实验电路接线（接入 R 是为了观测谐振电流的波形。R_L 为电感线圈的电阻，可用万用表测量其阻值），其中电阻 $R=2k\Omega$，电感 $L=50mH$，电容 $C=0.033\mu F$。再接入示波器观察波形。

2）在预先估算的谐振频率 f_0 附近，改变信号发生器的频率（注意：应保持并联谐振电路的端电压 U 为定值），用交流电压表监测 U_R，同时在示波器上观察电路总电压与总电流的波形，当电路总电压和总电流相位相同且 U_R 读数最小时，电路达到谐振状态。信号发生器的频率即为谐振频率 f_0，读出 f_0 及相应的 U_R 值，填入表 1.15 中。在 0.5～10kHz 范围内改变电源频率，取 10 个左右频率值，并测出相应的 U_R 值填入表 1.15 中（在 f_0 附近取点密一些）。

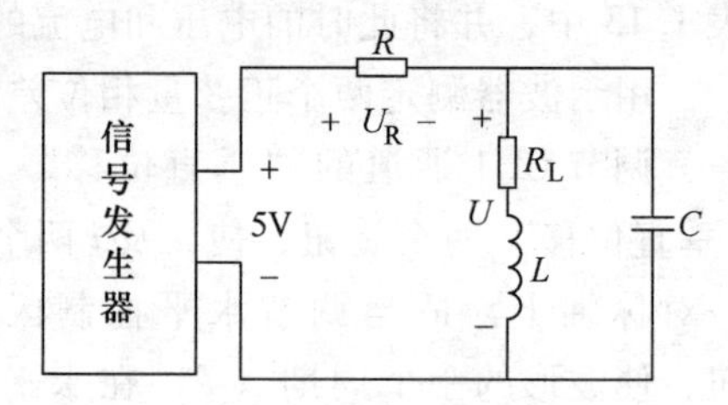

图 1.16　并联谐振实验电路

表 1.15　*LC* 并联电路实验数据

	序号	1	2	3	4	5	6	7	8	9	10
记录	f/kHz						f_0				
	U_R/V										
计算	I/mA										
	$\|Z\|$/Ω										

3）画出以下曲线

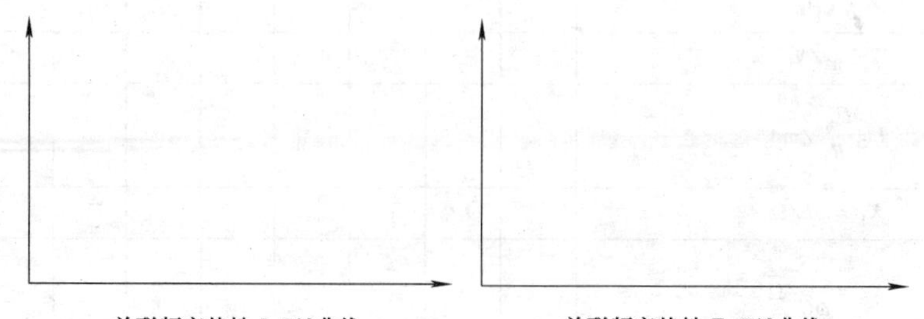

并联频率特性 $I=F(f)$ 曲线　　并联频率特性 $Z=F(f)$ 曲线

7. 实验报告要求

1）分别作出 $R_1=200\Omega$ 及 $R_2=1k\Omega$，串联谐振时的电流谐振曲线 $I=F(f)$，标明谐振

频率f_0的位置，并对两条曲线进行比较。

2）分别作出串联电路中$R_1=200\Omega$的频率特性曲线$X_L=F(f)$、$X_C=F(f)$及$Z=F(f)$，并标明f_0的位置。

3）分别做出并联谐振时的电流谐振曲线$I=F(f)$及$Z=F(f)$，并标明f_0的位置。

4）总结串联谐振的条件和主要特征。

8. 思考题

1）调节哪些参数可以使电路发生谐振，如何判断电路是否发生谐振？

2）能否用万用表测量本实验中各交流电压？为什么？

3）理论上，*RLC*串联电路达到谐振时，电阻电压U_R等于电源电压U，而在本实验中电路达到谐振时，电阻电压U_R却比电源电压U小，这是为什么？

1.5 *RC*电路的频率特性

1. 必备知识

在*RC*串联的正弦交流电路中，由于电容元件的容抗$X_C=1/(2\pi fC)$，它与电源的频率有关，所以当输入端外加电压保持幅值不变而频率变化时，其容抗将随频率的变化而变化，从而引起整个电路的阻抗发生变化，电路中的电流及在电阻和电容元件上所引起的电压也会随频率而改变。我们将*RC*电路中的电流及各部分电压与频率的关系称为*RC*电路的频率特性。

一般称输出电压$\dot{U}_o$与输入电压$\dot{U}_i$的比值为电路的传递函数，用$T(j\omega)$来表示，即

$$T(j\omega)=\frac{\dot{U}_o}{\dot{U}_i}=\frac{U_o}{U_i}(\omega)\underline{/\varphi(\omega)}=|T(j\omega)|\underline{/\varphi(\omega)}$$

式中，用$|T(j\omega)|$表示$\frac{U_o}{U_i}(\omega)$，是指输出电压有效值和输入电压有效值之比，称为电路的幅频特性；$\varphi(\omega)$称为电路的相频特性。两者统称为电路的频率特性。

（1）几种*RC*电路的幅频特性

1）高通滤波器。实验电路如图1.17a所示，它是由*RC*串联组成的电路，其输出电压取自电阻两端，即

$$\dot{U}_o=\dot{U}_R=\frac{R}{R+\frac{1}{j\omega C}}\dot{U}_i=\frac{j\omega RC}{1+j\omega RC}\dot{U}_i$$

则电路的传递函数为

$$T(j\omega)=\frac{j\omega RC}{1+j\omega RC}=\frac{\omega RC}{\sqrt{1+(\omega RC)^2}}\underline{/\left(\frac{\pi}{2}-\arctan(\omega RC)\right)}$$

其幅频特性为

$$|T(j\omega)|=\frac{U_o}{U_i}(\omega)=\frac{\omega RC}{\sqrt{1+(\omega RC)^2}}$$

或写成

$$T(f)=2\pi fRC/\sqrt{1+(2\pi fRC)^2}$$

其幅频特性曲线如图 1.17b 所示，其中 $f_0=\dfrac{1}{2\pi RC}$，称为截止频率，它所对应的 $T(f_0)=\dfrac{1}{\sqrt{2}}=0.707$。由幅频特性曲线可以看出：当 $f>f_0$ 时，$T(f)$ 变化不大，接近于 1，即 U_o 接近 U_i；当 $f<f_0$ 时，$T(f)$ 显著下降，因此这种电路具有抑制低频信号，而易通过高频信号的特点，故称为高通滤波器。

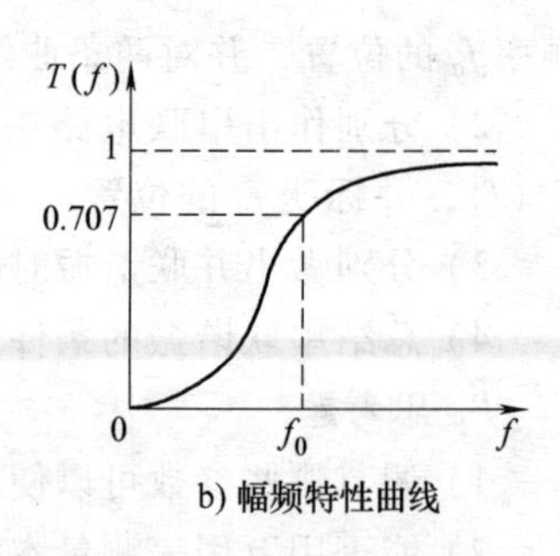

图 1.17 高通滤波器

2）低通滤波器。实验电路如图 1.18a 所示，它也是由 RC 串联组成的电路，其输出电压取自电容两端，即

$$\dot{U}_o=\dot{U}_C=\frac{\dfrac{1}{j\omega C}}{R+\dfrac{1}{j\omega C}}\dot{U}_i=\frac{1}{1+j\omega RC}\dot{U}_i$$

其电路的传递函数为

$$T(j\omega)=\frac{\dot{U}_o}{\dot{U}_i}=\frac{1}{1+j\omega RC}=\frac{1}{\sqrt{1+(\omega RC)^2}}\angle -\arctan(\omega RC)$$

其幅频特性为

$$|T(j\omega)|=1/\sqrt{1+(\omega RC)^2}$$

或写成

$$T(f)=1/\sqrt{1+(2\pi fRC)^2}$$

由此可做出幅频特性曲线，如图 1.18b 所示。其中 $f_0=\dfrac{1}{2\pi RC}$，称为截止频率，它所对应的 $T(f_0)=\dfrac{1}{\sqrt{2}}=0.707$。由幅频特性曲线可以看出：当 $f>f_0$ 时，$T(f)$ 显著下降；当 $f<f_0$ 时，$T(f)$ 接近于 1，即 U_o 接近 U_i。因此这种电路具有抑制高频信号，而易通过低频信号的特点，故称为低通滤波器。

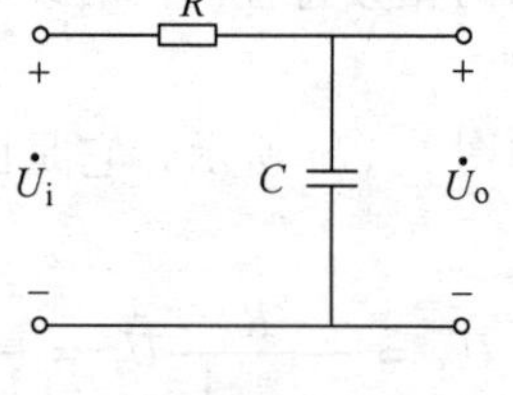

a) 实验电路

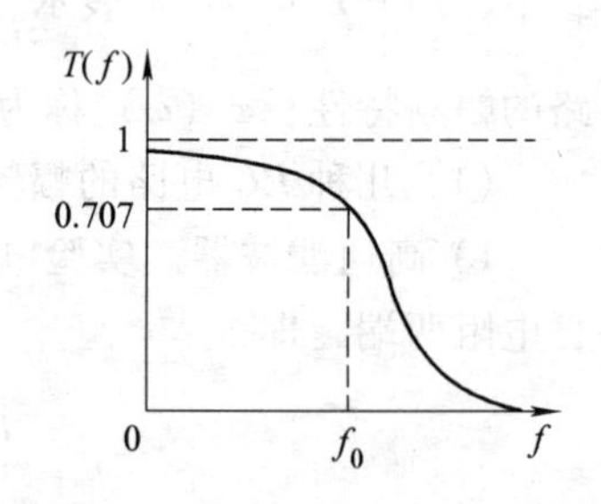

b) 幅频特性曲线

图 1.18 低通滤波器

3）RC 串并联选频电路。实验电路如图 1.19a 所示。取 $R_1=R_2=R$，$C_1=C_2=C$，则

$$T(j\omega)=\frac{\dot{U}_o}{\dot{U}_i}=\frac{1}{3+j\left(\omega RC-\dfrac{1}{\omega RC}\right)}$$

其幅频特性为

$$|T(\mathrm{j}\omega)| = \frac{1}{\sqrt{3^2 + \left(\omega RC - \frac{1}{\omega RC}\right)^2}}$$

或

$$T(f) = \frac{1}{\sqrt{3^2 + \left(2\pi fRC - \frac{1}{2\pi fRC}\right)^2}}$$

当$f_0 = \frac{1}{2\pi RC}$时，$T(f_0) = \frac{1}{3}$，而$\varphi(f_0) = 0$，即在f_0处，输出电压$\dot{U}_o$与输入电压$\dot{U}_i$同相位，且U_o达到最大值，为$\frac{1}{3}U_i$，因此这种电路具有选频特性，它的幅频特性曲线如图1.19b所示，可以看出，选频电路具有带通特性。

*RC*串并联选频电路多用于*RC*振荡电路及信号发生器中。

（2）频率特性曲线的测量方法

幅频特性曲线的测量通常采用"逐点描绘测量法"：保持信号发生器输出电压U_i不变，改变信号发生器的频率，用交流电压表测量对应不同频率的输出电压U_o，则传输电压比的模U_o/U_i随频率的变化关系即为电路的幅频特性。根据测试数据，以f为横轴，以U_o/U_i为纵轴可绘出幅频特性曲线。

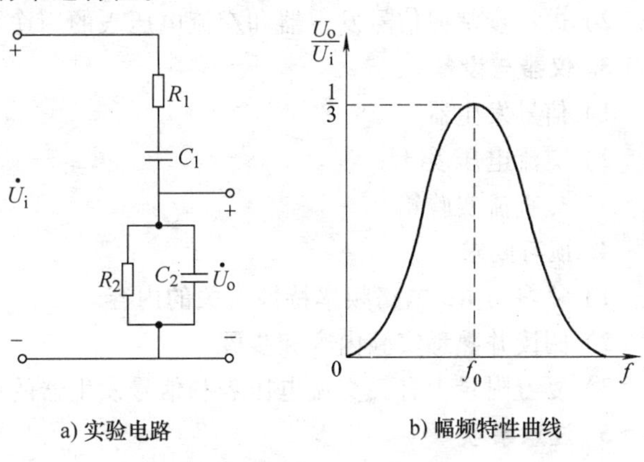

图1.19 选频电路

在测量过程中应注意，在频率改变的同时用交流电压表监测输入电压幅度，使之保持恒定。这是因为一般信号发生器都是非理想的，有一定的内阻，被测网络的阻抗会随着频率的变化而变化，从而引起被测网络输入电压的变化。如果不重新调节信号发生器的电压输出，使之保持恒定，就会导致测量误差加大。

（3）频率特性曲线的绘制方法

在绘制频率特性曲线时，频率轴坐标如果使用均匀刻度标志，在测试频率范围很宽时，由于刻度等分，轴长有限，则低频段不得不被压缩而挤在一起，难以将低频段曲线的细微变化反映出来。为此，频率轴引入对数标尺刻度，它能使低频段展宽而高频段压缩，这样在很宽的频率范围内能将频率特性清晰地反映出来。例如图1.20所示的高通滤波器幅频特性曲线为采用半对数坐标系所绘，其横轴为对数刻度，纵轴为均匀刻度。

在绘制曲线时，应特别注意一些特殊频率点的测试，如截止频率。

2. 实验目的

1）测*RC*电路的频率特性，并做出其频率特性曲线。

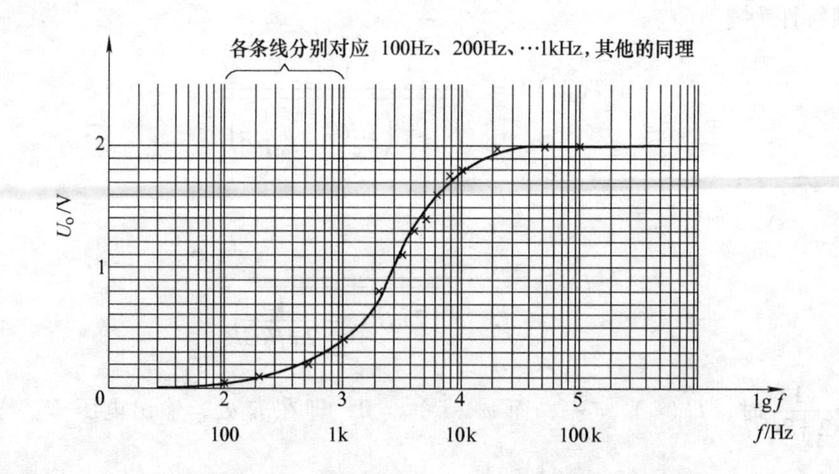

图 1.20 半对数坐标系

2）进一步掌握信号发生器和交流电压表的用途及使用方法。

3. 仪器与设备

1）信号发生器　1 台

2）交流电压表　1 块

3）交直流实验箱　1 个

4. 预习要求

1）复习与 RC 电路频率特性有关的内容。

2）阅读并熟悉实验内容和步骤。

3）复习附录中有关交流电压表和信号发生器的内容。

5. 注意事项

1）信号发生器、交流电压表和示波器的“地”端应接在一起。

2）本实验中电压有效值的测量应该使用交流电压表，而不可使用万用表。

6. 实验内容

1）调节信号发生器。用交流电压表监测，调节信号发生器“幅度”旋钮，使之保持 $U_i = 1V$。

2）高通滤波电路。按图 1.17a 接好电路。选 $R = 2.2k\Omega$，$C = 0.1\mu F$，计算 $f_0 = \frac{1}{2\pi RC}$的值，调节其输入信号的频率（调频的同时应监测信号发生器的输出电压，保证 $U_i = 1V$ 不变）。用交流电压表测出对应的输出电压 U_o，填入表 1.16 中。并在半对数坐标系上作出高通滤波器幅频特性曲线。

表 1.16 高通滤波器实验数据

次序	1	2	3	4	5	6	7	8	9	10
f/Hz	20	60	100	200	500	f_0	1k	2k	5k	10k
U_o/mV										

计算值：f_0 =　　　　测量值：f_0 =

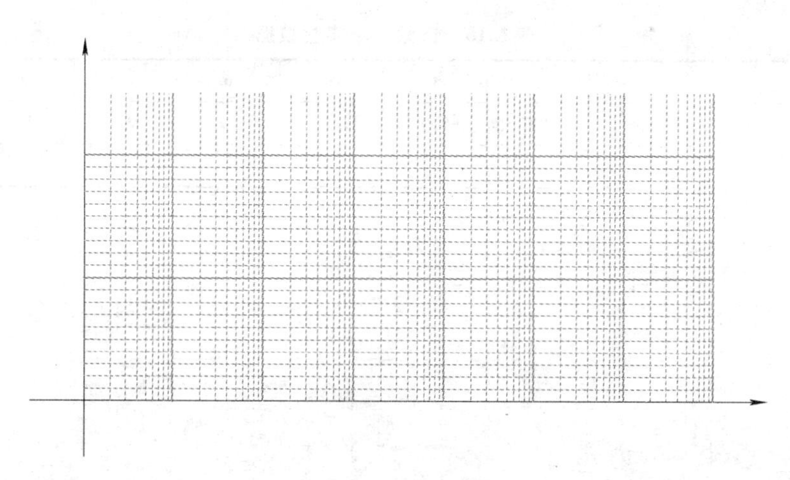

高通滤波器幅频特性曲线

3）低通滤波电路。按图1.18a接好电路。选$R=2.2\text{k}\Omega$，$C=0.1\mu\text{F}$，计算$f_0=\dfrac{1}{2\pi RC}$的值，调节其输入信号的频率（调频的同时应监测信号发生器的输出电压，保证$U_\text{i}=1\text{V}$不变），用交流电压表测出对应的输出电压U_o，填入表1.17中。并在半对数坐标系上作出低通滤波器幅频特性曲线。

表1.17　低通滤波器实验数据

次序	1	2	3	4	5	6	7	8	9	10
f/Hz	20	60	100	200	500	f_0	1k	2k	5k	10k
U_o/mV										

计算值：$f_0=$　　　　　　　　测量值：$f_0=$

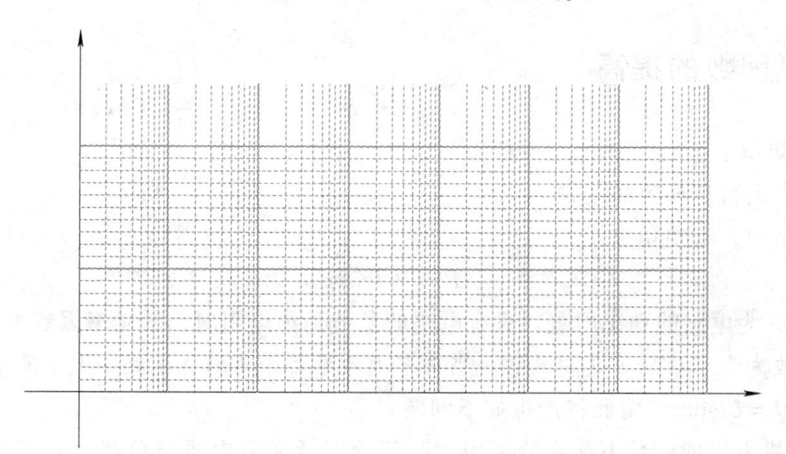

低通滤波器幅频特性曲线

4）RC串并联选频电路。按图1.19a所示接好电路。选$R_1=R_2=R=2.2\text{k}\Omega$，$C_1=C_2=C=0.1\mu\text{F}$，计算$f_0=\dfrac{1}{2\pi RC}$的值，调节其输入信号的频率（调频的同时应监测信号发生器的输出电压，保证$U_\text{i}=1\text{V}$不变），用交流电压表分别测出对应的输出电压U_o，填入表1.18中。并在半对数坐标系上作出RC串并联选频电路幅频特性曲线。

表 1.18 选频电路实验数据

次序	1	2	3	4	5	6	7	8	9
f/Hz	60	100	200	500	f_0	1k	2k	5k	10k
U_o/mV									

计算值：f_0 = 测量值：f_0 =

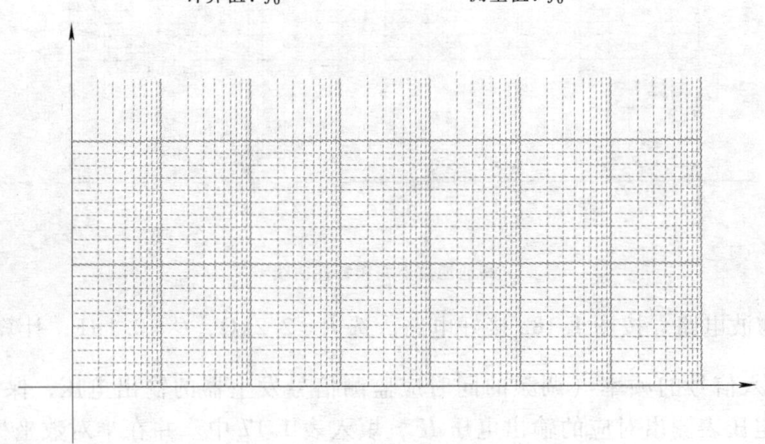

RC 串并联选频电路幅频特性曲线

7. 实验报告要求

整理实验数据，填入相应的表中，并绘出相应电路的幅频特性曲线，分析其特点。

8. 思考题

采用"逐点描绘测量法"测量频率特性曲线时，在改变电源频率的同时为何须用交流电压表监测输入电压？

1.6 功率因数的提高

1. 必备知识

(1) 功率因数低导致的问题

交流电路中，有功功率

$$P = UI\cos\varphi$$

其中 $\cos\varphi$ 为电路的功率因数。只有电路的负载为纯电阻时，其功率因数为 1，通常情况下，功率因数为介于 0 与 1 之间的数。当功率因数不等于 1 时，电路中发生能量转换，即出现无功功率 $Q = UI\sin\varphi$。由此将产生如下问题：

1) 发电机发出的能量不能充分利用。一部分能量在发电机与负载之间互换，从而导致发电效率不高。

2) 发电机绕组和线路阻抗的功率损耗增加。当发电机的电压 U 和输出功率 P 一定时，电流 I 与功率因数 $\cos\varphi$ 成反比，发电机绕组和电路阻抗的功率损耗与 $\cos^2\varphi$ 成反比。

(2) 功率因数的提高

实际生活中的负载多为感性负载，因此通常采用并联电容器的方法提高功率因数。

在感性负载两端并联电容器后，能量的互换主要或完全发生在感性负载与电容器之间，因此减少了电源与负载之间的能量互换，使发电机的容量得到充分利用。另外，并联电容器后，电路电流减小了，发电机绕组和电路的功率损耗也减小了。

（3）荧光灯简介

1）辉光启动器

辉光启动器内部装有一个动触点和一个静触点，两触点之间并联一个小电容，辉光启动器内部充有氖气。接通电源后，由于氖气辉光放电而导致的高温使动、静触点吸合而接通电路。两触点吸合后，辉光放电停止，使两触点分离。

2）镇流器

镇流器主要由一个带有铁心的电感线圈组成。在辉光启动器的动、静触点吸合又分开的瞬间，由于电路中的电流突然消失，令镇流器线圈产生自感电动势。

3）灯管

灯管内壁涂有荧光粉，两端各有一个由钨丝制成的灯丝，灯管内充有惰性气体与水银蒸气等。镇流器产生的自感电动势与电源电压共同作用于灯管两端的灯丝上，灯管由于受到高电压作用产生辉光放电而导通。

在实验电路中可将灯管视为电阻性负载，镇流器视为一个由电阻与电感组成的感性负载。

2. 实验目的

1）理解交流电路中电压、电流的相量关系。

2）掌握交流电路参数的测量方法。

3）掌握提高感性电路功率因数的方法。

4）掌握功率表的使用方法。

3. 仪器与设备

1）单相交流电源	220V
2）荧光灯管、镇流器、辉光启动器	各1个
3）电容箱	1只
4）功率表	1块
5）数字万用表	1块
6）交流毫安表	1块

4. 预习要求

1）了解荧光灯的结构及工作原理，掌握感性电路功率因数提高的方法。

2）了解本次实验的内容和步骤。

3）掌握功率表的使用方法。

5. 注意事项

1）本实验采用220V的单相交流电源，因此应特别注意人身安全：接好电路后应检查无误后方可通电；实验完毕或改接电路时，须先断电再操作；带电测量实验数据时，避免触及电路及元件的导电部位。

2）测量电流时，电流表必须串联在电路中。

3）每只功率表的两个“·”端应连接在一起。电压线圈应并联于被测支路而电流线圈必须串联于被测支路。

4）交流毫安表必须串联于被测支路。

5）本次实验中的电压用万用表交流档测量。

提示：事实上，荧光灯电路是一个典型的非线性电路，对此种电路进行无功补偿，计算值与实测值会有20%左右的误差。

6. 实验内容

（1）未并入电容器

1）电源为220V交流，负载为荧光灯管，按图1.21连接电路，不接电容箱。

2）电路检查无误后，合上电源开关。按表1.19测量、计算各参数，将结果填入表内。

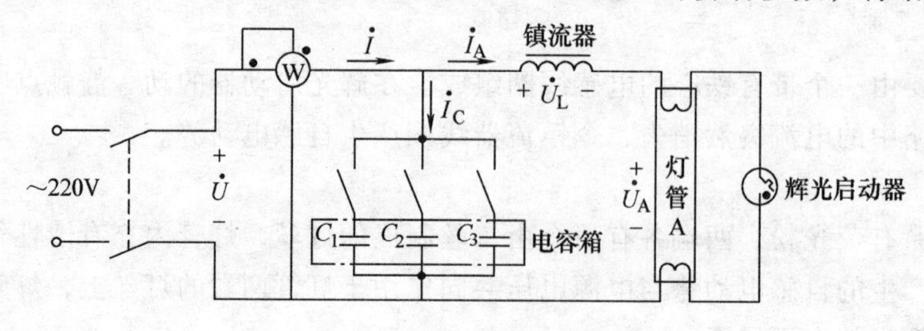

图1.21 功率因数的提高

表1.19 未并入电容器

测量值					计算值
U/V	U_A/V	U_L/V	I/A	P/W	$\cos\varphi$

（2）并入电容器

1）断开电源开关，并入电容箱。

2）电路经检查无误后，合上电源开关。

3）调节电容箱，改变并联电容值，按表1.20测量、计算各参数，将结果填入表内。

表1.20 并入电容器

测量次序	测量值					计算值
	C/μF	I/A	I_A/A	I_C/A	P/W	$\cos\varphi$
1						
2						
3						

7. 实验报告要求

1）按表格完成数据测量及计算。

2）根据实验数据，绘制电压、电流向量图，验证基尔霍夫定律。

3）绘制 $I=f(C)$ 及 $\cos\varphi=f(C)$ 的曲线。

8. 思考题

1）本实验中，表达式 $U=U_L+U_A$ 是否成立？

2）是否并联电容越大，功率因数越高？

3）功率因数提高，电流 I 增大还是减小？

4）根据本次实验电路参数，若使 $\cos\varphi=1$，应并入多大电容？

5）并联电容器后，电路的功率因数提高了，感性负载本身的功率因数是否也随之提高？

6）根据实验数据，如何计算荧光灯管的等效电阻 R、镇流器线圈电阻 r 及镇流器电感 L?

1.7　三相电路

1. 必备知识

（1）三相负载的两种联结方式

1）星形联结。当三相负载为如图 1.22 所示的星形联结时，无论是否接有中性线，无论负载是否对称，线电流恒等于相电流。

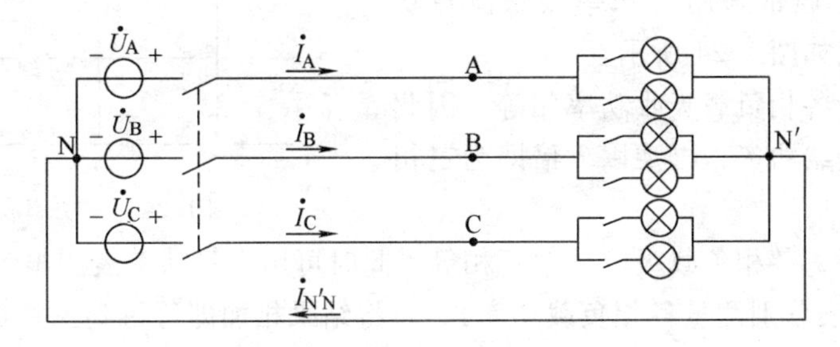

图 1.22　负载星形联结

总结负载星形联结变量关系如表 1.21 所示。

表 1.21　负载星形联结变量关系

三相负载星形联结	$I_l = I_p$			
	有中性线	$U_l = \sqrt{3}U_p$	$U_{N'N} = 0$	
		负载对称	$I_{N'N} = 0$	
		负载不对称	$I_{N'N} \neq 0$	
	无中性线	负载对称	$U_l = \sqrt{3}U_p$	$U_{N'N} = 0$
		负载不对称	$U_l \neq \sqrt{3}U_p$	$U_{N'N} \neq 0$

在三相四线制电路中，中性线电流等于 3 个线电流的相量和。若电源与负载均对称，中性线电流为零；若电源或负载不对称，中性线电流不为零，但如果中性线阻抗足够小，则仍能保证各相负载电压对称，此时如没有中性线（即采用三相三线制），则负载中性点 N′电位对电源中性点 N 电位产生位移，导致负载各相电压不对称，负载阻抗最大的一相其相电压最高，严重的可能烧坏用电设备，因此，在负载不对称的情况下，应采用三相四线制，并不得在中性线上安装开关或熔断器，以确保每相电压等于电源相电压，不影响各相负载的正常工作。

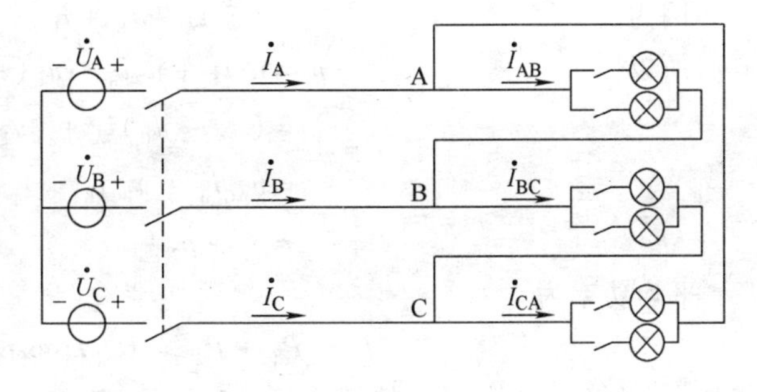

图 1.23　负载三角形联结

2）三角形联结。当三相负载为如图 1.23 所示的三角形联结时，线电压等于相电压。

总结负载三角形联结变量关系如表 1.22 所示。

表 1.22　负载三角形联结变量关系

三相负载三角形联结	$U_l = U_p$	
	负载对称	$I_l = \sqrt{3} I_p$
	负载不对称	$I_l \neq \sqrt{3} I_p$

（2）三相负载功率的测量

1）应用功率表

①　三相四线制电路的功率测量。接有中性线的三相电路，通常采用三功率表法测量功率，三功率表接线如图 1.24 所示。

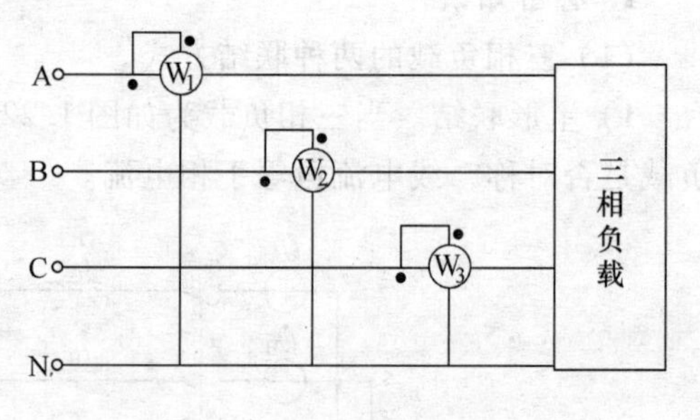

图 1.24　三功率表法接线

负载对称时，各相负载吸收功率相等，因此可以仅测出一相负载功率，再乘以 3 倍即为三相负载总功率。

负载不对称时，各相负载吸收功率不相等，此时可用 3 只功率表测出各相负载吸收功率（也可用一只功率表分别测量各相负载功率），再将结果相加即可得到三相负载总功率。

②　三相三线制电路的功率测量。对于三相三线制电路，无论负载是否对称，也无论负载采用星形联结还是三角形联结，均可使用二功率表法测量三相功率。

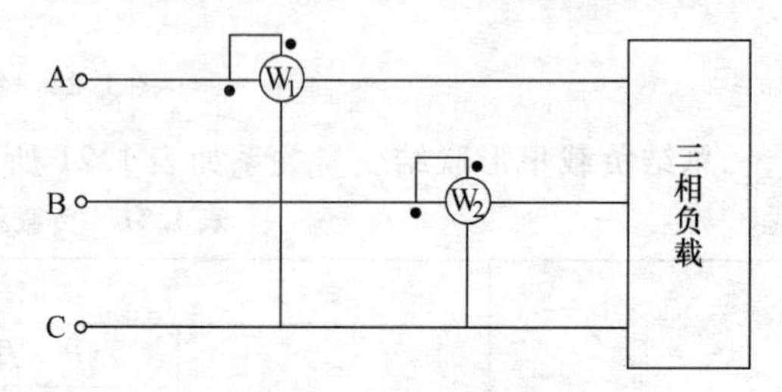

图 1.25　二功率表法接线

如图 1.25 所示，测量时将两只功率表的电流线圈分别串接在任意两条端线中，电压线圈的非“·”端共同接在第三条端线上，总功率即为两只功率表读数的代数和。

以星形联结的三相对称负载为例，三相电路的瞬时功率为

$$p = p_A + p_B + p_C = u_A i_A + u_B i_B + u_C i_C$$

因为

$$i_A + i_B + i_C = 0$$

所以

$$\begin{aligned} p &= u_A i_A + u_B i_B + u_C(-i_A - i_B) \\ &= (u_A - u_C) i_A + (u_B - u_C) i_B \\ &= u_{AC} i_A + u_{BC} i_B \\ &= p_1 + p_2 \end{aligned}$$

平均功率为

$$P = P_1 + P_2 = U_{AC} I_A \cos\alpha + U_{BC} I_B \cos\beta$$

式中，α 为 U_{AC} 超前于 I_A 的相位角；β 为 U_{BC} 超前于 I_B 的相位角。

2）应用三相电能质量分析仪。应用三相电能质量分析仪进行功率测量更为方便快捷。

三相电能质量分析仪是一种功能广泛的测量仪表，实验室中可被用于进行三相和单相电路的电压、电流、功率等的数据测量，也可进行谐波、电压、电流的波形测量，电压和电流之间的相角测量等。具体使用说明请参见附录。

在本实验中，三相电能质量分析仪的基本设置参数如图 1.26 所示，电路的接线模式为 3φ WYE，图 1.27 所示为采用该模式的接线示意图。实际接线时，应注意电流钳夹应将欲测量电流支路的导线套入，并留意钳夹上标明的电流方向。

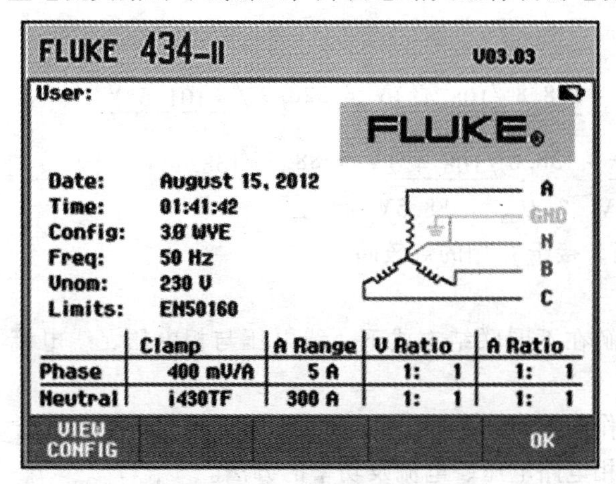

图 1.26 三相电能及功率质量分析仪设置界面

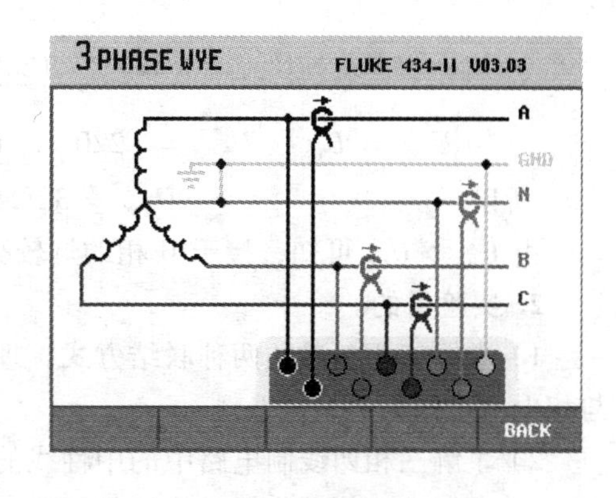

图 1.27 3φ WYE 接线示意图

(3) 三相电源相序的测定

利用实验的方法可以测定三相电源的相序。实验提供的相序器如图 1.28a 所示，为由一个电容和两个额定电压相同、功率相同的白炽灯构成的星形不对称负载。实验电路如图 1.28b 所示，假定电容被接至 A 相，则可判定白炽灯较亮的一相为 B 相，白炽灯较暗的一相为 C 相。

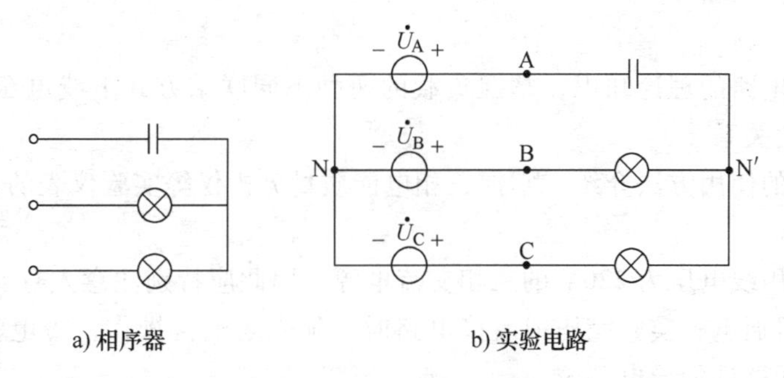

a) 相序器　　b) 实验电路

图 1.28 三相电源相序的测定

证明如下：

已知三相电源对称

$$\dot{U}_A = 220\angle 0^\circ \text{V} \quad \dot{U}_B = 220\angle -120^\circ \text{V} \quad \dot{U}_C = 220\angle 120^\circ \text{V}$$

对于负载不对称无中性线星形联结电路，负载中性点 N′电位相对电源中性点 N 电位已产生位移。利用节点电压法可得

$$\dot{U}_{N'N} = \frac{\dfrac{\dot{U}_A}{-\mathrm{j}X_C} + \dfrac{\dot{U}_B}{R} + \dfrac{\dot{U}_C}{R}}{\dfrac{1}{-\mathrm{j}X_C} + \dfrac{1}{R} + \dfrac{1}{R}} = \frac{\dfrac{220\angle 0^\circ}{-\mathrm{j}X_C} + \dfrac{220\angle -120^\circ}{R} + \dfrac{220\angle 120^\circ}{R}}{\dfrac{1}{-\mathrm{j}X_C} + \dfrac{1}{R} + \dfrac{1}{R}} \text{V}$$

为简化计算，假设 $X_C = R$，则

$$\dot{U}_{N'N} = \frac{j220\angle 0° + 220\angle -120° + 220\angle 120°}{2 + j} V = 138.8\angle 108.4° V$$

因为

$$\dot{U}_{BN'} = \dot{U}_{BN} - \dot{U}_{N'N} = (220\angle -120° - 138.8\angle 108.4°) V = 328.9\angle -101.6° V$$

$$\dot{U}_{CN'} = \dot{U}_{CN} - \dot{U}_{N'N} = (220\angle 120° - 138.8\angle 108.4°) V = 88.5\angle 138.4° V$$

所以 $U_{BN'} = 328.9V \quad U_{CN'} = 88.5V$

由 $U_{BN'} > U_{CN'}$ 可知，接于 B 相的灯较亮，接于 C 相的灯较暗。

2. 实验目的

1）掌握三相负载的两种联结方式，理解在不同联结方式下，线电压与相电压、线电流与相电流之间的关系。

2）了解三相四线制电路中的中性线的作用。

3）掌握用三相电能质量分析仪测量三相电路电压、电流及功率的方法。

4）掌握测定电源相序的方法。

3. 仪器与设备

1）三相电源　　星形联结，线电压 220V

2）三相负载　　15W、220V 白炽灯 6 只

3）三相电能质量分析仪　　1 只

4）三相电路实验箱　　1 只

4. 预习要求

1）复习三相电路的理论知识，掌握负载的两种不同联结方式下线电压与相电压、线电流与相电流之间的关系。

2）阅读仪器的使用方法介绍，掌握三相电能质量分析仪等实验仪表的正确使用方法。

5. 注意事项

1）本实验采用线电压为 220V 的三相交流电源，因此应特别注意人身安全：接好电路后应检查无误后方可通电；实验完毕或改接电路时，须先断电再操作；带电测量实验数据时，避免触及电路及元器件的导电部位。

2）将三相电能质量分析仪接入电路时，需注意电压相序及电流钳夹的方向。

6. 实验内容

（1）电阻性负载的三相电路

1）负载星形联结。按图 1.22 连接电路。

按下列各种情况分别测量三相负载的线电压、相电压、中性点电压及三相负载的线电流、中性线电流，填入表 1.23 中；测量三相负载的功率，填入表 1.24 中。

① 有中性线，负载对称，每相接一盏灯。

② 有中性线，负载不对称，A 相、B 相各接一盏灯，C 相接 4μF 电容。

③ 有中性线，C 相断路，A 相、B 相各接一盏灯。

④ 无中性线，负载对称，每相接一盏灯。

⑤ 无中性线，负载不对称，A 相、B 相各接一盏灯，C 相接 4μF 电容。

⑥ 无中性线，C 相断路，A 相、B 相各接一盏灯。

表 1.23 负载星形联结实验数据

实验项目＼测量内容		电压/V							电流/A			
		U_{AB}	U_{BC}	U_{CA}	$U_{AN'}$	$U_{BN'}$	$U_{CN'}$	$U_{N'N}$	I_A	I_B	I_C	$I_{N'N}$
有中性线	负载对称											
	负载不对称											
	C 相断路											
无中性线	负载对称											
	负载不对称											
	C 相断路											

表 1.24 三相负载功率的测量

实验项目＼测量内容		有功功率/W			视在功率/V · A			无功功率/var		
		P_A	P_B	P_C	S_A	S_B	S_C	Q_A	Q_B	Q_C
有中性线	负载对称									
	负载不对称									
	C 相断路									
无中性线	负载对称									
	负载不对称									
	C 相断路									

2）负载三角形联结。按图 1.23 连接电路。

按下列各种情况分别测量三相负载的线电压（相电压）及线电流、相电流，填入表 1.25 中。

a）负载对称，每相接一盏灯。

b）负载不对称，AB 相、BC 相各接一盏灯，CA 相接 4μF 电容。

c）C 端线断路，每相接一盏灯，但 C 线断开。

d）CA 相断路，每相接一盏灯，但 CA 相断路。

表 1.25 负载三角形联结实验数据

实验项目＼测量内容	电流/A					
	I_A	I_B	I_C	I_{AB}	I_{BC}	I_{CA}
负载对称						
负载不对称						
C 端线断路						
CA 相断路						

(2) 测定电源的相序

按图 1.28 连接线路，记录电源相序测量结果。

7. 实验报告要求

1) 整理实验数据，总结对称负载在两种不同联结方式下的线、相电压之间及线、相电流之间的关系。

2) 根据实验结果，分析中性线的作用。

8. 思考题

1) 实验中使用的三相负载为额定电压 220V 的白炽灯，为何不使用线电压为 380V 的三相电源为其供电?

2) 负载星形联结时，中性线起什么作用? 为什么中性线上不允许安装熔断器和开关?

1.8 *RC* 电路的暂态过程

1. 必备知识

(1) 稳态与暂态过程

通常把电压和电流保持恒定或按周期性变化的电路工作状态称为稳态。电路的暂态过程是指电路从一个稳态变化到另一个稳态的过程。暂态过程发生于有储能元件（电容或电感）的电路里。

RC 电路中电容器的充、放电过程，理论上需持续无限长的时间，但工程应用上一般认为经过 $(3\sim5)\tau$ 的时间，暂态过程结束，其中，$\tau = RC$ 为时间常数。在图 1.29 所示 *RC* 电路输入端加上矩形脉冲电压 u_i，若脉冲宽度 $t_p = T/2 = (3\sim5)\tau$，可观察到输出电压 u_o 波形为基本完整的充放电曲线，u_i 及 u_o 波形如图 1.30 所示。

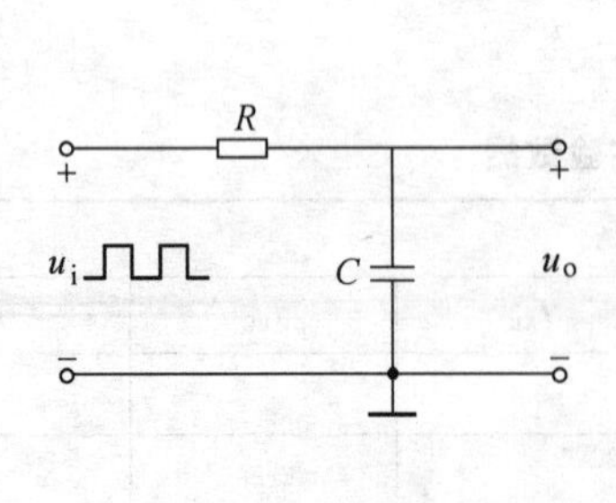

图 1.29 *RC* 实验电路

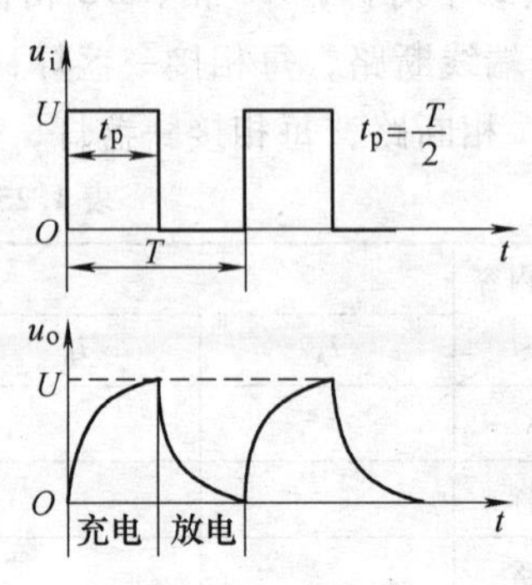

图 1.30 输入输出电压波形

(2) 时间常数的测量

根据理论可知，对于充电曲线，幅值由零上升至稳定值的63.2%时，所需时间为τ；对于放电曲线，幅值下降至初值的36.8%时所需时间为τ，如图1.31所示。根据这一规律，可方便地从响应波形上测出电路的时间常数τ。

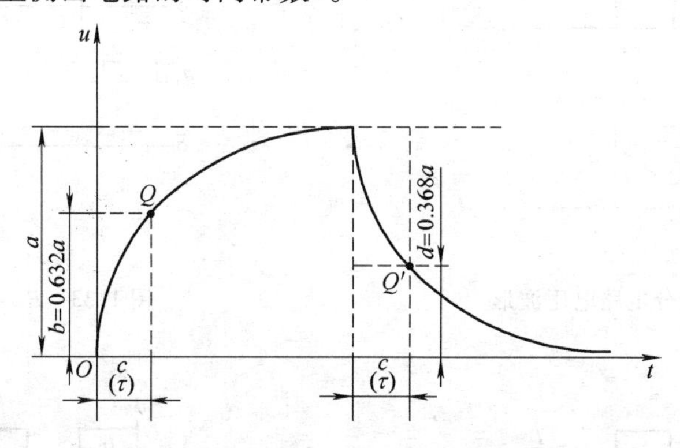

图1.31　时间常数的测量

(3) 积分电路、微分电路与耦合电路

设置RC电路的元件参数，使其与输入信号的周期符合一定条件，即可构成简单的积分电路、微分电路或耦合电路。

1）在图1.29所示电路中，当$\tau >> t_p$时，电容充电速度很慢，在充电时间t_p内，电容上所充电量极少，因而有

$$u_C(t) \approx 0$$

即
$$u_R(t) \approx u_i(t)$$

所以
$$i_C(t) = \frac{u_R(t)}{R} \approx \frac{u_i(t)}{R}$$

$$u_o(t) = u_C(t) = \frac{1}{C}\int i_C(t)\,dt \approx \frac{1}{RC}\int u_i(t)\,dt$$

即输出电压u_o与输入电压u_i对时间的积分近似成正比，波形如图1.32所示，该电路被称为积分电路。

2）在如图1.33所示电路中，取输出电压u_o为电阻两端电压。

当$\tau << t_p$时，电容充电时间很短，很快就能达到稳态，同时电阻电压也很快由峰值衰减到零。

因而有
$$u_C(t) \approx u_i(t)$$

所以
$$u_o(t) = u_R(t) = Ri_C(t) = RC\frac{du_C(t)}{dt} \approx RC\frac{du_i(t)}{dt}$$

即输出电压u_o与输入电压u_i对时间的微分近似成正比，波形如图1.34所示，该电路被称为微分电路。

3）同样对于图1.33所示电路，当$\tau >> t_p$时，电容充电速度很慢。

因而有
$$u_C(t) \approx 0$$

所以
$$u_o(t) = u_R(t) \approx u_i(t)$$

输出电压u_o与输入电压u_i的波形近似，如图1.35所示，该电路被称为耦合电路。

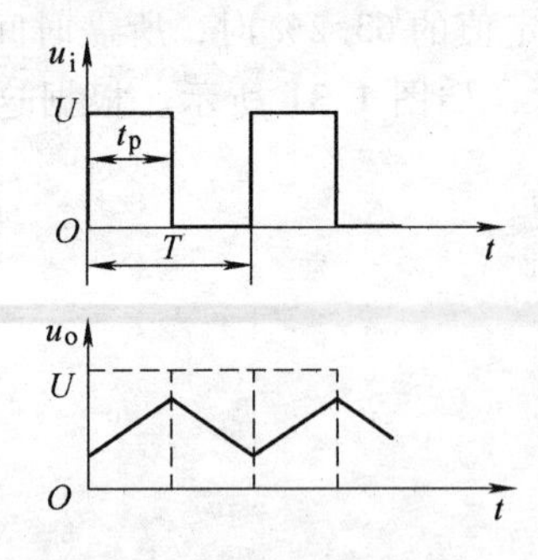

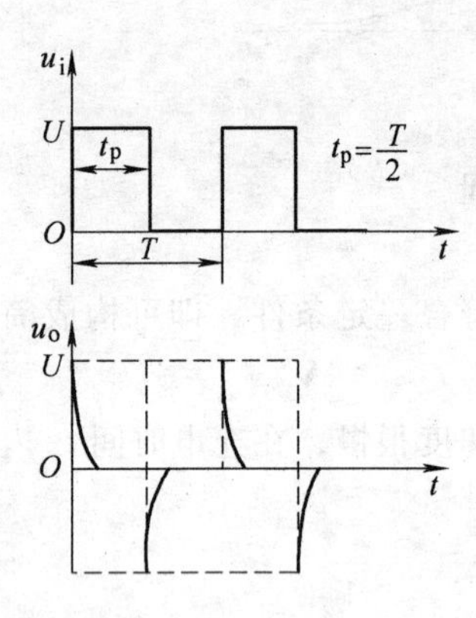

图 1.32　积分电路电压波形

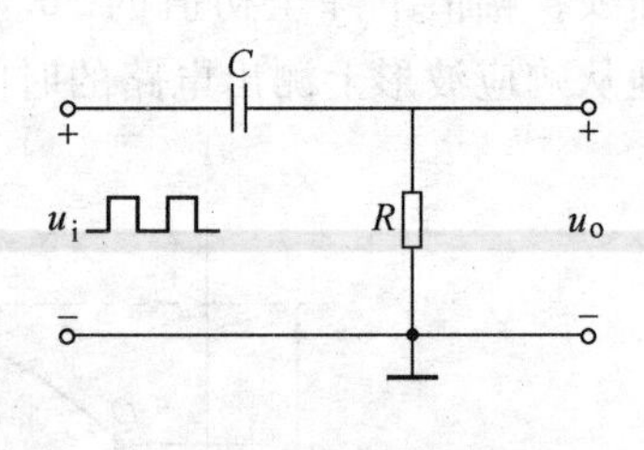

图 1.33　*RC* 实验电路

图 1.34　微分电路电压波形

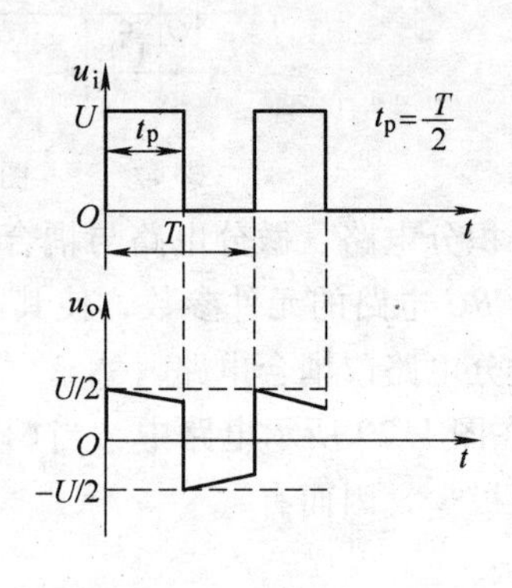

图 1.35　耦合电路电压波形

2. 实验目的

1）通过实验加深对 *RC* 电路暂态过程的理解。

2）掌握用示波器测定 *RC* 电路暂态过程时间常数的方法。

3）了解时间常数对 *RC* 电路输出波形的影响。

3. 仪器与设备

1）示波器	1 台
2）信号发生器	1 台
3）交流电压表	1 块
4）电容箱	1 只
5）电阻箱	1 只

4. 预习要求

1）复习 *RC* 电路暂态过程的理论知识。

2）复习相关实验仪器使用方法说明。

3）预习实验内容。

5. 注意事项

1）切勿将函数信号发生器输出端短路，以免损坏仪器。

2）确保函数信号发生器、示波器和电路三者“共地”。

3）调节函数信号发生器输出频率 1kHz、幅值 5V 的方波信号时，应以示波器或交流电压表的实际测量为准。

6. 实验内容

(1) RC 电路的暂态过程

1）按图1.29接线，其中电阻 R、电容 C 分别由电阻箱及电容箱提供，输入信号 u_i 由函数信号发生器提供，输入信号及输出信号的波形分别通过示波器的两个通道观测。

2）调节函数信号发生器，使其输出频率1kHz、幅值5V、占空比50%的矩形脉冲电压。

3）调节电阻箱和电容箱，选择适当的 R、C 值，满足条件 $\tau=RC\approx0.2t_p$（$t_p=T/2$）。

4）调节示波器，观察输出电压 u_o 的暂态波形。

5）记录 R、C 值及绘制输出电压 u_o 波形，结果填入表1.26中。

6）根据 u_o 波形测量 τ 值，根据 R、C 值计算 τ 值，均填入表1.26中。

7）调节电阻箱，观察 τ 值变化对输出电压 u_o 波形产生的影响。

表1.26 暂态过程的测量

波形名称	参数			波形图
RC 电路暂态过程输出电压波形	$R/\mathrm{k\Omega}$			u_o O t
	$C/\mu\mathrm{F}$			
	τ/ms	计算值		
		测量值		

(2) RC 积分电路

1）按图1.29接线，其中电阻 R、电容 C 分别由电阻箱及电容箱提供，输入信号 u_i 由函数信号发生器提供，输入信号及输出信号的波形分别通过示波器的两个通道观测。

2）调节函数信号发生器，使其输出频率1kHz、幅值5V、占空比50%的矩形脉冲电压。

3）调节电阻箱和电容箱，选择适当的 R、C 值，满足条件 $\tau=RC\approx10t_p$（$t_p=T/2$）。

4）调节示波器，观察输出电压 u_o 的波形。

5）记录 R、C 值及绘制输出电压 u_o 波形，结果填入表1.27中。

6）根据 R、C 值计算 τ 值，填入表1.27中。

7）调节电阻箱，观察 τ 值变化对输出电压 u_o 波形产生的影响。

(3) RC 微分电路

1）按图1.33接线，其中电阻 R、电容 C 分别由电阻箱及电容箱提供，输入信号 u_i 由函数信号发生器提供，输入信号及输出信号的波形分别通过示波器的两个通道观测。

2）调节函数信号发生器，使其输出频率1kHz、幅值5V、占空比50%的矩形脉冲电压。

3）调节电阻箱和电容箱，选择适当的 R、C 值，满足条件 $\tau=RC\approx0.1t_p$（$t_p=T/2$）。

4）调节示波器，观察输出电压 u_o 的波形。

5）记录 R、C 值及绘制输出电压 u_o 波形，结果填入表 1.27 中。

6）根据 R、C 值计算 τ 值，填入表 1.27 中。

7）调节电阻箱，观察 τ 值变化对输出电压 u_o 波形产生的影响。

表 1.27 积分、微分、耦合电路实验数据

波形名称	参数		波形图
RC 积分电路输出电压波形	R/kΩ		u_o
	C/μF		O t
	τ/ms		
RC 微分电路输出电压波形	R/kΩ		u_o
	C/μF		O t
	τ/ms		
RC 耦合电路输出电压波形	R/kΩ		u_o
	C/μF		O t
	τ/ms		

（4）RC 耦合电路

1）按图 1.33 接线，其中电阻 R、电容 C 分别由电阻箱及电容箱提供，输入信号 u_i 由函数信号发生器提供，输入信号及输出信号的波形分别通过示波器的两个通道观测。

2）调节函数信号发生器，使其输出频率 1kHz、幅值 5V、占空比 50% 的矩形脉冲电压。

3）调节电阻箱和电容箱，选择适当的 R、C 值，满足条件 $\tau = RC \approx 10t_p$（$t_p = T/2$）。

4）调节示波器，观察输出电压 u_o 的波形。

5）记录 R、C 值及绘制输出电压 u_o 波形，结果填入表 1.27 中。

6）根据 R、C 值计算 τ 值，填入表 1.27 中。

7）调节电阻箱，观察 τ 值变化对输出电压 u_o 波形产生的影响。

7. 实验报告要求

1）整理实验数据、绘制波形图。

2）说明用示波器测定时间常数 τ 的方法，将测量值与计算值比较，分析误差原因。

3）总结时间常数 τ 对 RC 电路暂态过程的影响。

4）根据实验结果总结 RC 积分电路、微分电路及耦合电路的条件；分析这 3 种 RC 电路各有什么实际应用。

8. 思考题

1）将方波信号转换为尖脉冲信号，可通过什么电路来实现？将方波信号转换为三角波信号，可通过什么电路来实现？

2）当矩形脉冲电压以不同的频率输入到既定参数的 *RC* 积分电路或微分电路时，输出电压是否总保持积分或微分关系？为什么？

第2章　电动机的控制实验

电动机的作用是将电能转换为机械能。现代各种生产机械都广泛应用电动机来驱动。在生产上主要应用的是交流电动机，特别是三相异步电动机。在生产过程中，大多数机械运动部件都是由电动机带动的，因此，需要通过对电动机的自动控制来实现各机械部件按顺序有规律地运动，以满足生产及工艺过程的要求。

继电接触器控制系统是由继电器、接触器等触点电器构成的控制系统。由于继电接触器控制系统具有机构简单、成本低并能满足一般工艺要求的特点，因此在一些比较简单的自动控制系统中应用广泛。

可编程序控制器是以微处理技术、电子技术和可靠的工艺为基础，综合了计算机、通信、自动化控制理论，结合工业生产的特定要求而发展起来的。目前，可编程控制器在电气传动、生产流水线以及过程控制等领域都得到了广泛应用。

2.1　电动机的继电接触器控制基本实验

1. 必备知识

（1）电动机的转动原理

三相异步电动机由定子和转子组成。当定子绕组中通入三相电流后，就会在定子铁心内产生合成磁场，合成磁场随电流的交变而在空间不断旋转，转子导条在旋转磁场中感应产生电动势，在电动势的作用下，闭合的导条中产生电流，电流与旋转磁场相互作用，从而使转子转动起来。

电动机转子的转向与磁场的旋转方向相同，但转子的转速必然小于磁场的转速。因为，假设两个转速相等，则转子与旋转磁场之间就没有相对运动，转子导条就不能切割磁力线，感应电动势、感应电流就不会出现，转子也不可能受到电磁力的作用而旋转。

（2）电动机的继电接触器控制

由继电器、接触器和按钮等控制电器实现的对电动机的自动控制，称为继电接触器控制。它是一种有触点的断续控制，即通过继电器、接触器触点的接通和断开方式实现对电路的控制。

（3）继电接触器控制系统的基本控制电路

1）电动机的直接起动与自锁控制。图2.1所示电路是三相异步电动机点动控制电路。当合上刀开关Q，按下起动按钮SB时，交流接触器线圈KM通电，主电路中的交流接触器动作，触点KM闭合，三相异步电动机通电直接起动旋转。但如果松开按钮SB，常开触点SB就断开，从而使交流接触器线圈断电，主电路触点释放，电动机断电停止运转。

若想在触点SB断开的情况下仍然保持电动机运转，可使用自锁控制方式。如图2.2所示，在起动按钮SB_2两端并联交流接触器KM的一对常开辅助触点。当按下起动按钮SB_2时，交流接触器线圈通电，使其串在主电路和并联在SB_2两端的触点同时闭合，电动机通电起动。此时即使断开 SB_2，由于与其并联的交流接触器的常开辅助触点仍保持闭合，维持线圈通电，使串在主电路的接触器触点保持在闭合状态，因而能够保证电动机的持续运行。这种依靠接触器自身辅助触点使其线圈一直保持通电的控制方式称为自锁控制。这一对起自锁作用的触点称为自锁触点。

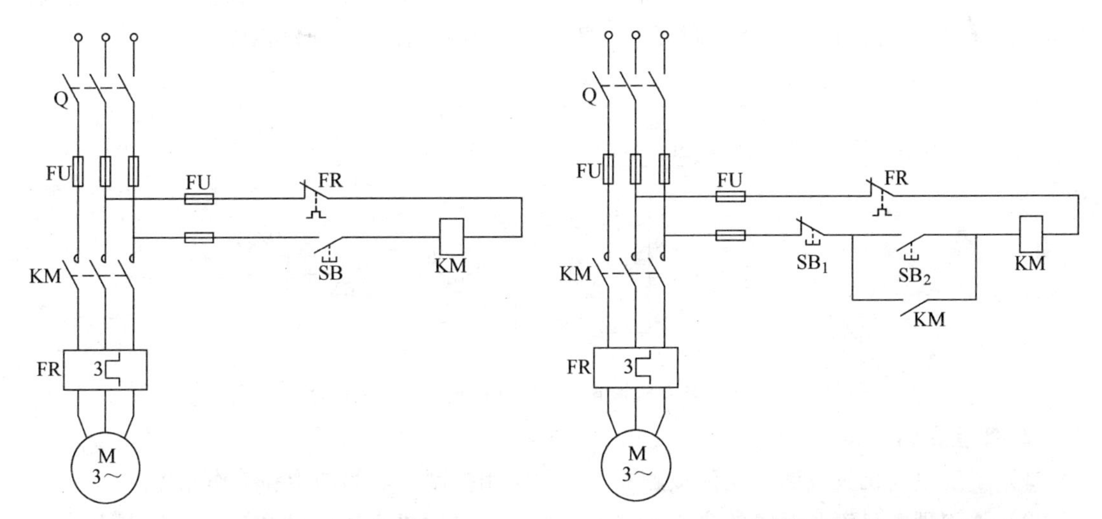

图 2.1　电动机的点动控制电路　　　图 2.2　电动机的直接起动控制电路

按下按钮 SB_1 后，接触器线圈断电释放，串在主电路的 KM 主触点和在控制电路的自锁触点均恢复常开状态，使电动机保持断电停转。

2）电动机的正反转与互锁控制。将连于电动机定子绕组的 3 根电源线中的任意两根互换位置，可以改变电动机的转动方向。图 2.3 所示为三相异步电动机正反转电路。主电路使用了两个交流接触器 KM_F 和 KM_R，通过不同的电源接线方式，实现电动机的正反转。

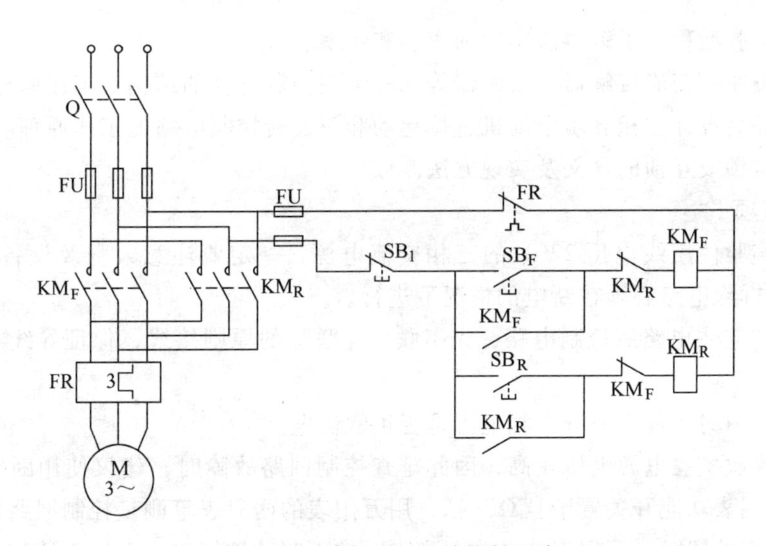

图 2.3　电动机的正反转控制电路

控制电路采用了互锁控制，将两个接触器的两对常闭辅助触点 KM_F 和 KM_R 分别串接在不同回路，当 KM_F 接触器通电时，利用其串在 KM_R 接触器线圈回路中的常闭触点 KM_F 的断

开封锁了 KM_R 接触器线圈的通电，此时即便误操作按 KM_R 接触器的起动按钮 SB_R，接触器 KM_R 也不能动作，反之亦然，这两对交流接触器的常闭触点形成了电气连锁，使两个线圈不能同时通电。但应注意的是：该电路在进行电动机的转向变化前，必须先按下停止按钮 SB_1，电动机停止后方可按反转按钮 SB_R，使电动机反转。而在图 2.4 所示的控制电路中，将复合按钮 SB_F 和 SB_R 的常开触点及常闭触点分别串入不同控制回路中形成机械连锁，即可使得电动机直接由正转（反转）瞬停而反转（正转），不需要按动停止按钮。

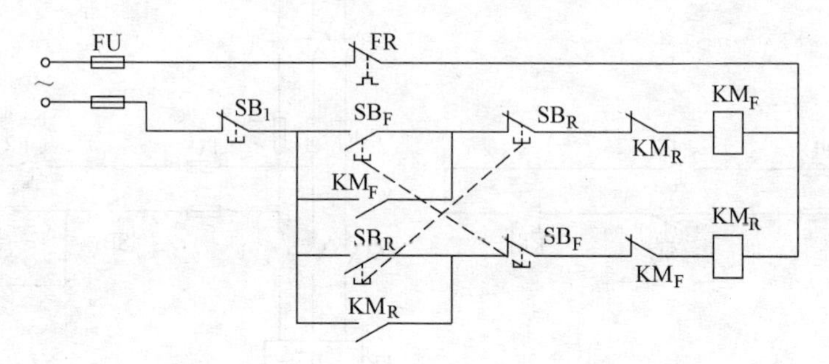

图 2.4　具有机械互锁的电动机正反转控制电路

2. 实验目的

1）了解电动机及按钮、交流接触器等几种常用控制电器的结构和工作原理。

2）加深理解自锁和互锁的含义，掌握三相异步电动机直接起动和正反转控制电路的工作原理。

3）掌握使用万用表检查电路故障的方法，培养分析和解决故障的能力。

3. 仪器与设备

1）现代传动控制技术实验屏　1 台

2）数字万用表　1 块

4. 预习要求

1）阅读实验教程，了解本次实验的内容和步骤。

2）掌握按钮、交流接触器、熔断器等几种常用控制电器的结构及工作原理。

3）掌握并会设计三相异步电动机直接起动和正反转控制电路的工作原理。

4）理解自锁及互锁的含义及实现方法。

5. 注意事项

1）本次实验使用线电压 220V 的三相交流电源，一定要注意人身及设备的用电安全。连接、改接和拆除电路必须在断电的情况下进行。

2）按照“先主电路后控制电路，先串联后并联”的原则接线，保证导线与实验板的连接紧固。

3）出现故障时，首先检查三相电源是否正常供电。

4）由于本次实验电源电压较高，因此排查控制回路故障时，建议使用断电检查法：切断电源，将万用表功能开关置于“Ω”挡，用万用表的两只表笔测量控制回路两端。正常情况下，未按所有按钮时，万用表读数为无穷大；按下起动按钮时，万用表读数为接触器线圈的直流电阻值；同时按下起动及停止按钮，万用表读数为无穷大。若不符合以上情况，需依次检查导线及器件，直至找到故障。

6. 实验内容

（1）电动机的点动控制

1）按照图 2.1 接线。

2）检查无误后，接通电源。

3）按下 SB 观察电动机的运行情况。

（2）电动机的直接起动控制

1）按照图 2.2 接线。

2）检查无误后，接通电源。

3）分别按下 SB_2 和 SB_1 观察电动机的运行情况。

4）切断电源后，将接于电动机定子绕组的 3 根电源线中的任意两根对调，通电后重新起动电动机，观察电动机转向的变化。

（3）电动机的正反转控制

1）按照图 2.3 接线。

2）检查无误后，接通电源。

3）按下正转按钮 SB_F，观察电动机转向（设定此方向为正方向）。

4）按下反转按钮 SB_R，观察电动机是否反转。

5）按下停止按钮 SB_1 后，再按下反转按钮 SB_R，观察电动机是否反转。

6）按照图 2.4 接线，在控制电路中接入复式按钮。

7）通电后先后按下正转按钮及反转按钮，观察电动机转向的变化。

7. 实验报告要求

1）分析思考题，将答案写在实验报告上。

2）总结电动机正反转控制回路的工作过程。

3）记录实验过程中遇到的问题及解决办法。

8. 思考题

1）在电动机的直接起动控制实验中，经检查主电路和控制电路均连接正确，接通电源后按下起动按钮却无法起动，可能是什么原因造成的？

2）在电动机的正反转控制实验中，如果错将接触器 KM_F（或 KM_R）的一个常闭辅助触点与其线圈串接在同一控制回路中，按下起动按钮后，会出现什么现象？

3）为什么在正反转控制电路中不允许两只接触器同时工作？可采取什么措施实现？

4）实验过程中同学们经常遇到如下故障，当按下起动按钮后接触器发出很大的“咔哒咔哒”的噪声，电动机不能正常运行，是什么原因造成的？

2.2　电动机的继电接触器控制综合实验

1. 必备知识

（1）行程控制

行程控制就是利用行程开关进行某些同生产机械运动位置有关的控制。行程开关的工作原理是利用生产机械的某些运动部件碰撞行程开关的推杆带动操作机构动作，从而使行程开关内部微动开关的触点闭合或断开，起到发出控制指令的作用。行程开关用于控制生产机械运动的方向、行程的远近和位置保护等，当行程开关用于位置保护时称为限位开关。

（2）顺序控制

顺序控制是对机械运动部件运行或停止的先后次序进行的控制。在继电接触器控制系统中有多种顺序起停控制电路，如顺序起动，同时停止控制电路；顺序起动，顺序停止控制电路；还有顺序起动、逆序停止控制电路等。

（3）时间控制

时间控制是利用时间继电器进行的延时控制。时间继电器种类很多，按延时方式可分为通电延时型和断电延时型。

1）通电延时型时间继电器。当线圈通电时，触点保持通电前状态，直至经过所设定的延时时间段后才闭合（常开延时闭合触点）或断开（常闭延时断开触点）。当线圈断电后，所有触点立即恢复为线圈未通电前状态。

2）断电延时型时间继电器。当线圈通电时，触点立即闭合（常开触点）或断开（常闭触点）。当线圈断电后，已经闭合的触点（常开延时断开触点）或已经断开的触点（常闭延时闭合触点）继续保持状态，经过所设定的时间段后才恢复为未通电前状态。

2. 实验目的

1）掌握行程开关、时间继电器等几种常用控制电器的使用方法。

2）理解行程、顺序和时间控制电路的工作原理。

3）提高学生动手及实践能力。

3. 仪器与设备

1）现代传动控制技术实验屏 1台

2）数字万用表 1块

4. 预习要求

1）复习本教程2.1内容，回顾电动机继电接触器基本控制的接线方法。

2）理解行程、顺序和时间控制电路的工作原理。

3）掌握行程开关、时间继电器等几种常用控制电器的使用方法。

5. 注意事项

1）本次实验使用线电压为220V的三相交流电源，一定要注意人身及设备的用电安全。连接、改接和拆除电路必须在断电的情况下进行。

2）按照“先主电路后控制电路，先串联后并联”的原则接线，保证导线与实验板的连接紧固。

3）出现故障时，首先检查三相电源是否正常供电。

4）由于本次实验电源电压较高，因此排查控制回路故障时，建议使用断电检查法：切断电源，将万用表功能开关置于“Ω”挡，用万用表的两只表笔测量控制回路两端。正常情况下，未按所有按钮时，万用表读数为无穷大；按下起动按钮时，万用表读数为接触器线圈的直流电阻值；同时按下起动及停止按钮，万用表读数为无穷大。若不符合以上情况，需依次检查导线及元器件，直至找到故障。

6. 实验内容

（1）电动机的行程控制

1）按照图2.5接线，其中ST_a、ST_b分别为a点和b点的行程开关。

2）检查无误后，接通电源。

3）按下按钮 SB_F，观察工作平台的运动方向。

4）工作平台撞击 ST_a 后，观察其运动情况。

5）按下 SB_R，观察工作平台的运动方向是否发生了改变。

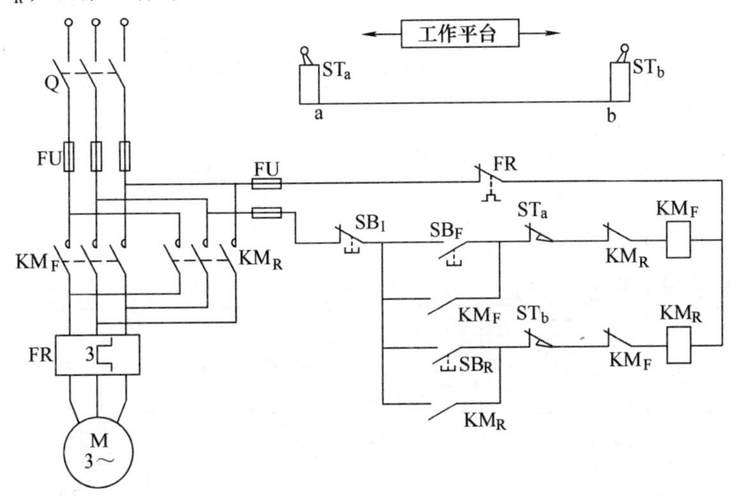

图 2.5　电动机的行程控制电路

（2）电动机的顺序控制

图 2.6 为一顺序起动、同时停止的顺序控制电路。运行时，只有电动机起动后，电灯才能亮，但二者可同步停止。

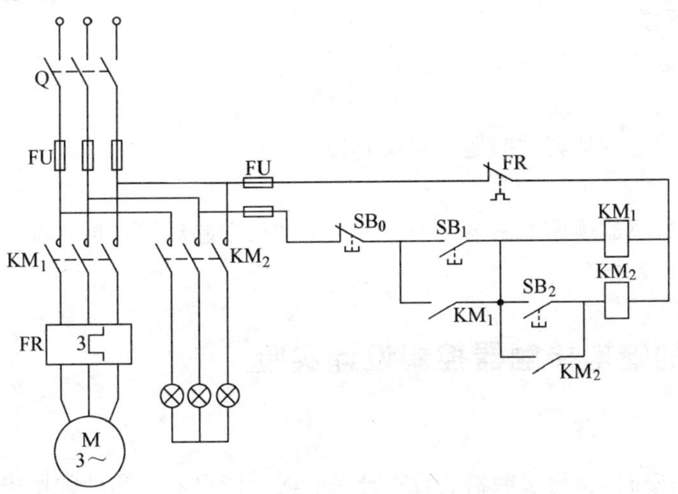

图 2.6　顺序起动、同时停止控制电路

1）按该图接线。

2）检查无误后，接通电源。

3）按下按钮 SB_2，观察灯的状态有何变化。

4）按下按钮 SB_1，观察电动机状态有何变化。

5）再次按下按钮 SB_2，观察灯的状态有何变化。

6）按下按钮 SB_0，观察电动机及灯的状态有何变化。

(3) 电动机的时间控制

图 2.7 为利用时间继电器实现的延时起动控制电路。

1) 按该图接线。

2) 设定时间继电器的延时时间。

3) 检查无误后，接通电源。

4) 按下按钮 SB_1，观察一段时间内电动机及灯的状态有何变化。

5) 记录实验现象。

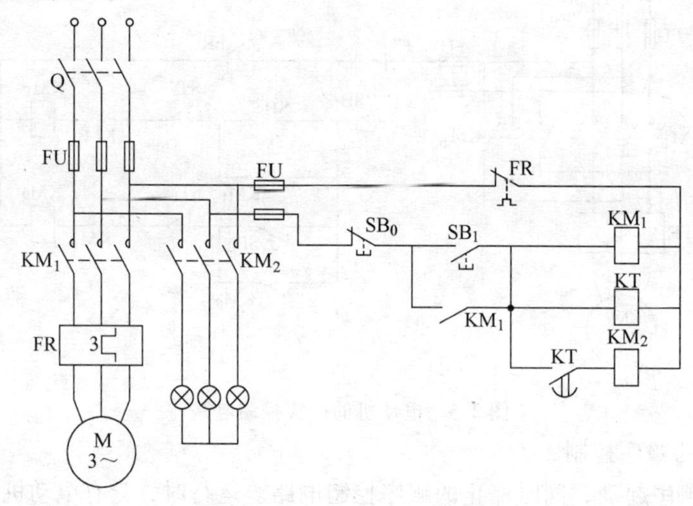

图 2.7 延时起动控制电路

7. 实验报告要求

1) 分析思考题，将答案写在实验报告上。

2) 记录实验现象。

3) 总结实验过程中遇到的问题及解决办法。

8. 思考题

1) 在图 2.6 所示的顺序控制电路中，为何电动机未起动前，指示灯不能先亮?

2) 通电延时和断电延时有何区别?

2.3 电动机的继电接触器控制设计实验

1. 实验目的

1) 灵活运用按钮、交流接触器、行程开关、时间继电器等几种常用控制电器。

2) 加深理解继电接触器控制电路的工作原理。

3) 培养独立分析和解决故障的能力。

4) 提高设计继电接触器控制电路的能力。

2. 仪器与设备

1) 现代传动控制技术实验屏 1 台

2) 数字万用表 1 块

3. 预习要求

1）阅读本教程2.1及2.2内容，回顾继电接触器控制理论知识。

2）按照本次实验内容预先设计并绘制电路。

4. 注意事项

1）本次实验使用线电压为220V的三相交流电源，一定要注意人身及设备的用电安全。连接、改接和拆除电路必须在断电的情况下进行。

2）按照“先主电路后控制电路，先串联后并联”的原则接线，保证导线与实验板的连接紧固。

3）出现故障时，首先检查三相电源是否正常供电。

4）由于本次实验电源电压较高，因此排查控制回路故障时，建议使用断电检查法：切断电源，将万用表功能开关置于“Ω”档，用万用表的两只表笔测量控制回路两端。正常情况下，未按所有按钮时，万用表读数为无穷大；按下起动按钮时，万用表读数为接触器线圈的直流电阻值；同时按下起动及停止按钮，万用表读数为无穷大。若不符合以上情况，需依次检查导线及元器件，直至找到故障。

5. 实验内容

1）自行设计电路图，实现电动机既能连续运行又能点动运行。

2）参照图2.5，自行设计电路图，实现工作平台在a、b两点间自动往复运动。

3）自行设计电路，实现电动机和指示灯的同时起动、顺序停止。

4）自行设计电路，实现如下要求：按起动按钮，电动机即直接起动，几秒钟后，电动机自动停车，并在电动机运行过程中可随时令其停车。

6. 实验报告要求

1）用规范的电气符号绘制设计电路。

2）记录实验现象。

3）总结实验过程中遇到的问题及解决办法。

7. 思考题

总结控制电路的设计规律。

2.4 PLC编程软件FPWIN-GR的使用

1. 必备知识

可编程序控制器是以微处理器技术、电子技术和先进可靠先进的工艺为基础，综合了计算机、通信、自动化控制理论，结合工业生产的特定要求而发展起来的，用于生产过程自动化和电气传动自动化操作的工业装置。在工业现场控制领域，可编程序控制器（PLC）一直占据着重要的地位。随着控制技术的不断发展，触摸屏与可编程序控制器在工业控制中的应用越来越广泛。本实验中使用的触摸屏又称可编程终端，是与PLC配套使用的设备，它是取代传统控制面板上的开关和显示灯的智能操作键盘和显示器。除了能够代替外部开关（如X触点）和输出继电器（Y触点）的状态显示，还可用于设置参数、显示数据等，并能以动画等形式描绘自动化控制过程。PLC与GT配套使用，一方面扩展了PLC的功能，使其能够组成具有图形化，交互式工作界面的独立系统，另一方面也可以大大减少操作台上开关、按钮、仪表等的使用数量，使操作更加简便，工作环境更加舒适。当前在一些控制要求较高，参数变数多，硬件接线有变化的场所，触摸屏与 PLC 结合的控制形式已占主导地位。

2. 实验目的

1）了解 FPWIN-GR 软件的基本功能。

2）学习使用 FPWIN-GR 编程软件用梯形图的方式进行编程、调试程序以及在 PLC 上运行程序的基本的方法。

3. 仪器与设备

1）计算机（其上安装有 FPWIN-GR 软件） 1 台

2）FP-X 可编程序控制器 1 台

3）GT32 触摸屏 1 块

4）相关连接电缆及导线若干（已连接好）

4. 实验内容

（1）实验装置的连接及其概述

本实验中，利用 GT32 触摸屏来代替所有的操作开关（X 触点）和输出继电器（Y 触点）的状态显示，计算机、PLC 和触摸屏的连接示意如图 2.8 所示。

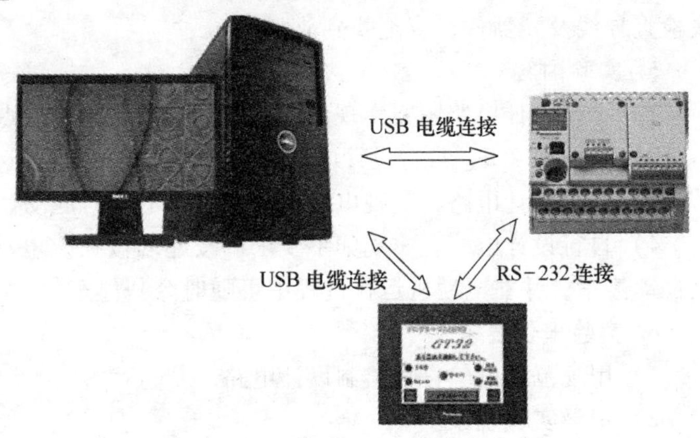

图 2.8 计算机、PLC 和触摸屏的连接示意图

这里特别要说明的是由于本次实验使用触摸屏作为外部开关量输入（X 触点），输出继电器状态（Y 触点）操作和显示的界面，所以在编程时外部开关量输入控制就不能再使用 X 继电器触点来编程了，而必须使用 R 继电器触点来编程。这是因为触摸屏程序只能用接受 R 继电器触点，这在使用中要特别加以注意。本次实验使用的触摸屏界面和使用的 R 继电器标号如图 2.9 所示。

（2）FPWIN-GR 软件启动方法

FPWIN-GR 是松下电工为其 FP 系列可编程序控制器与个人计算机联机时运行在 Windows 环境下的 PLC 编程工具软件。用鼠标双击计算机桌面上的 FPWIN-GR 图标即可启动 FPWIN-GR 软件。

FPWIN-GR 软件启动后，首先出现图 2.10 所示画面，过约 1s 后，自动显示图 2.11。

在图 2.11 中选择“创建新文件”，出现图 2.12 对话框，选择 PLC 的机型。

在图 2.12 中选择“FP-X C30R，C60R”然后用鼠标单击“OK”，出现画面即是 FPWIN-GR 软件的编程界面，如图 2.13 所示。

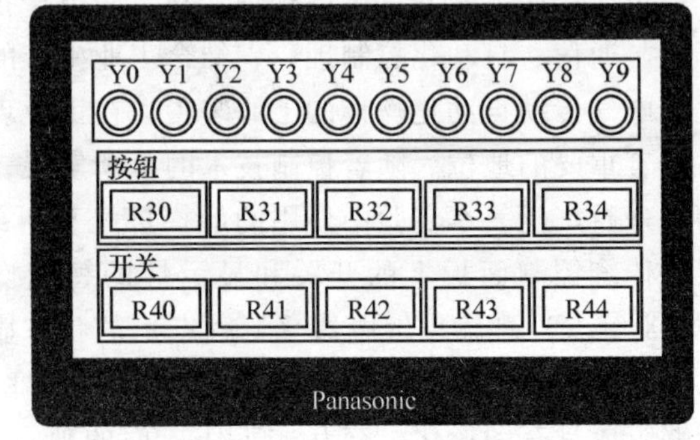

图 2.9 触摸屏界面和 R 继电器标号示意图

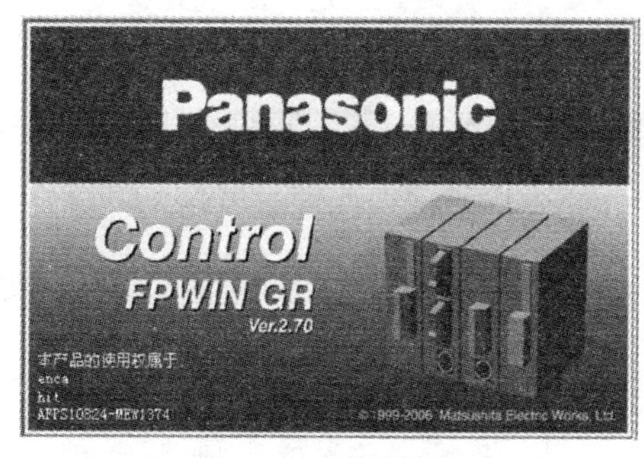

图 2.10　开机界面

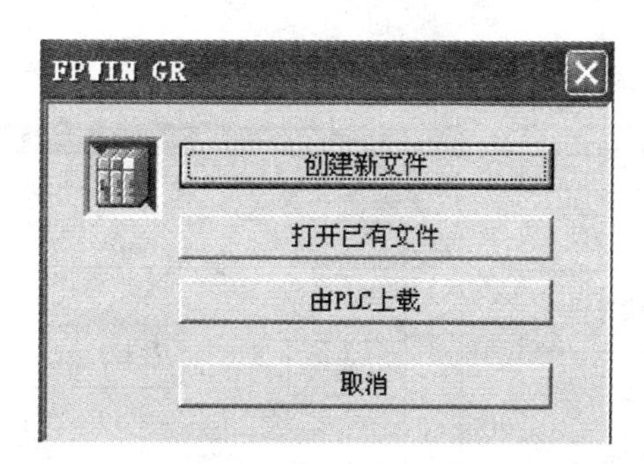

图 2.11　文件选择对话框

（3）FPWIN-GR 软件的使用方法

1）选择编程模式。FPWIN-GR 具有 3 种程序编辑模式：符号梯形图模式、布尔梯形图模式和布尔非梯形图模式。在编程中可以任选其中的一种模式进行编程。

启动 FPWIN-GR 后，在默认设置下，程序自动进入符号梯形图方式。如要改变到其他两种模式下编程，可在菜单栏选中［视图］选项，然后可以按图 2.14 所示的下拉菜单选择编程模式。

在本实验中，我们使用符号梯形图方式编程，在理解了用符号梯形图编程方式以后，再掌握其他两种方法编程也就变得比较容易了。

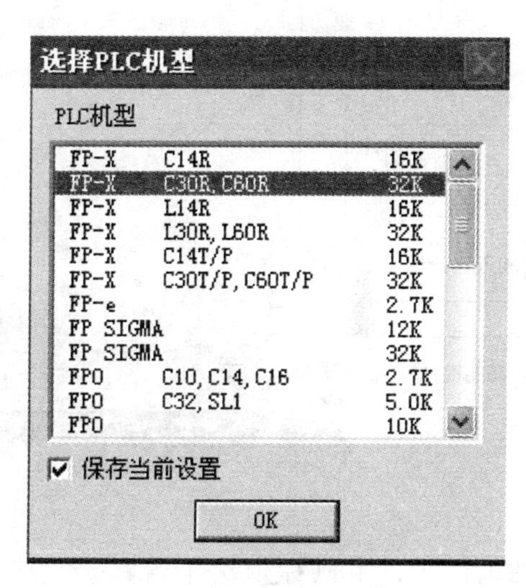

图 2.12　选择机型界面

2）程序的建立和运行。程序从建立到运行，要经过输入、转换、下载等步骤，然后才能运行。下面以 3 个程序为例说明如何利用 FPWIN GR 软件，采用符号梯形图编程方式建立新程序到运行程序的全过程。

例 1：自锁控制电路（用此例来说明继电器触点及线圈的输入方法）。

图 2.15 所示程序是自锁控制电路，其控制功能是：闭合触点 R41，输出继电器 Y0 通电，它所带的触点 Y0（同继电器 Y0 表示相同）闭合，这时即使将 R41 断开，继电器 Y0 仍保持通电状态。闭合 R40，继电器 Y0 断电，触点 Y0 释放。再想启动继电器 Y0，只有重新闭合 R41。下面讲解此程序的 FPWIN-GR 符号梯形图方式的输入方法。

启动 FPWIN-GR 程序，打开 FPWIN-GR 软件的编程界面，如图 2.16 所示。输入程序时，按行输入，从左到右，从上至下的顺序输入。

① 输入程序。首先输入常开触点 R41。在 FPWIN-GR 中用鼠标单击常开触点 ⊣⊢，在随后出现的图 2.17 画面中，用鼠标以次单击：R、4和1，然后按回车键 ↵，这样就输入了常开触点 R41 ⊣⊢，如图 2.18 所示。

然后输入常闭触点 R40。在图 2.18 中，用鼠标单击常开触点的符号 ⊣⊢，在随后出现的画面中用鼠标依次单击 R，4和0，NOT /，然后单击 ↵。这样输入了常闭触点 R40，如图 2.19 所示。

下面输入输出继电器 Y0。在图 2.19 所示的画面中用鼠标单击 -[OUT] 后，在随后出现

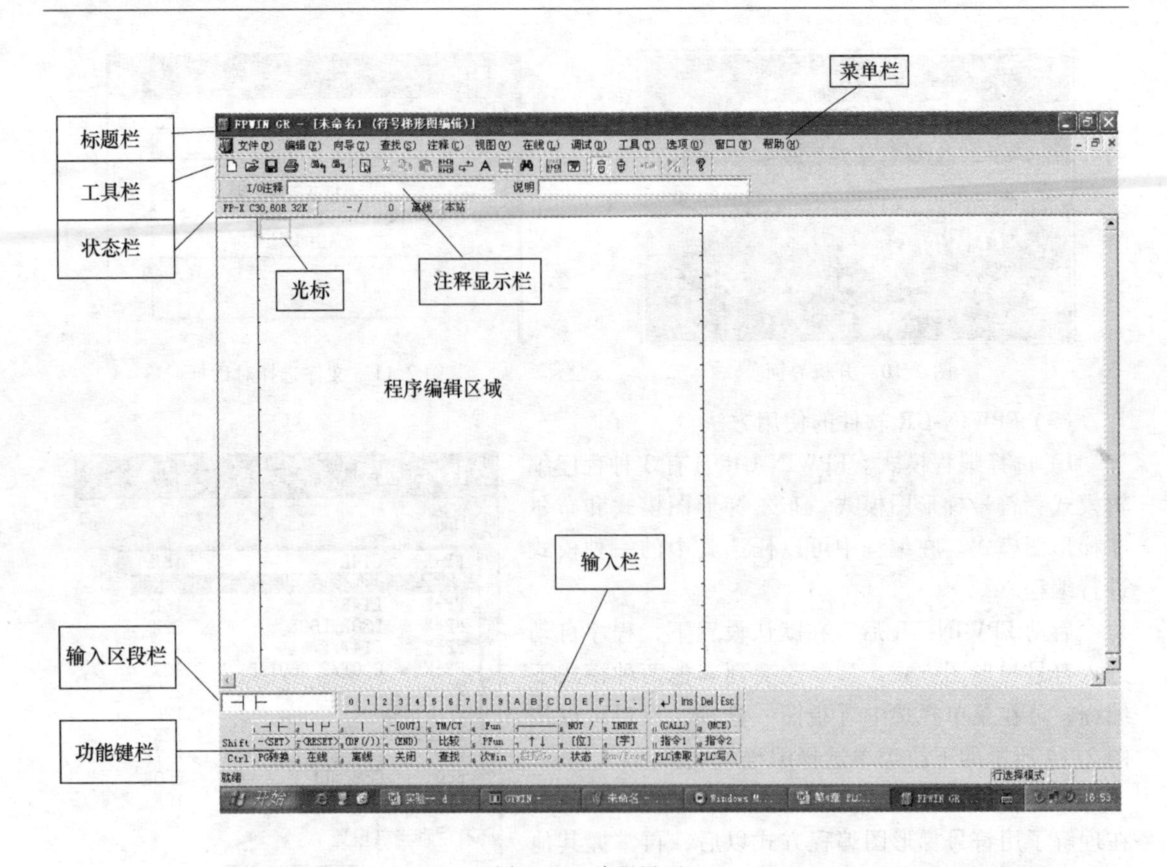

图 2.13　编程界面

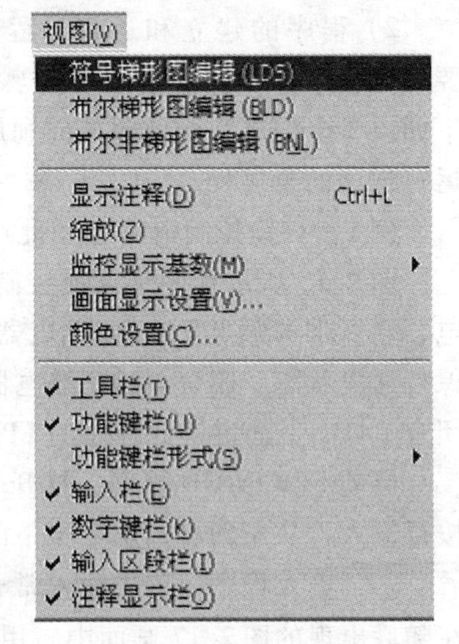

图 2.14　选择编程模式

的画面中，用鼠标依次单击 Y ，0，然后，单击 ↵，就输入了输出 Y0。如图 2.20 所示。

输入输出继电器 Y0 的触点。在图 2.20 中，用鼠标单击常开触点 ⊣⊢，然后在随后出现的画面中，用鼠标依次单击 Y ，0，然后单击 ↵，就输入了常开触点 Y0，如图 2.21 所示。

输入竖线“｜”。在图 2.21 中，用鼠标单击竖线 ｜ ，就输入了竖线。如图 2.22 所示。（若需要删除竖线“｜”，可将光标移到竖线“｜”的右侧，然后单击 ｜ 即可删除。）

输入结束命令“［END］”。将光标移到下一行，如图 2.23 所示，然后，用鼠标单击结束命令 (END) ，然后单击 ↵，这样就输入了结束命令，同时完成了整个程序的输入。如图 2.24 所示。

② 转换程序。程序输入完成后，需要进行 PG 转换。当使用符号梯形图模式编程时，由于 PLC 不能直接接收梯形图程序，所以在程序传送到 PLC 之前，必须将梯形图程序转换成 PLC 所能接受的代码，这个过程称为转换。

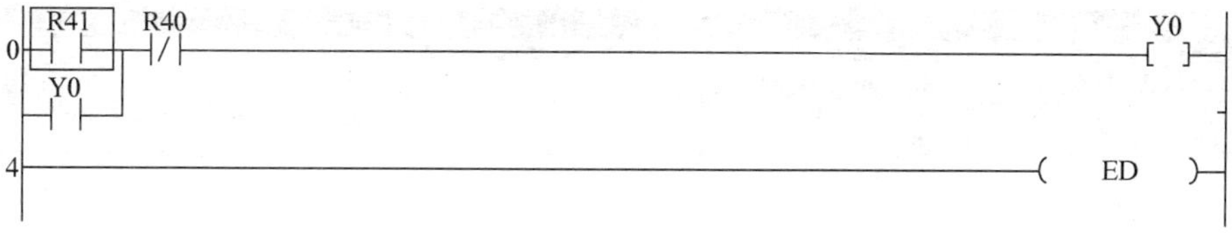

图 2.15　自锁控制电路

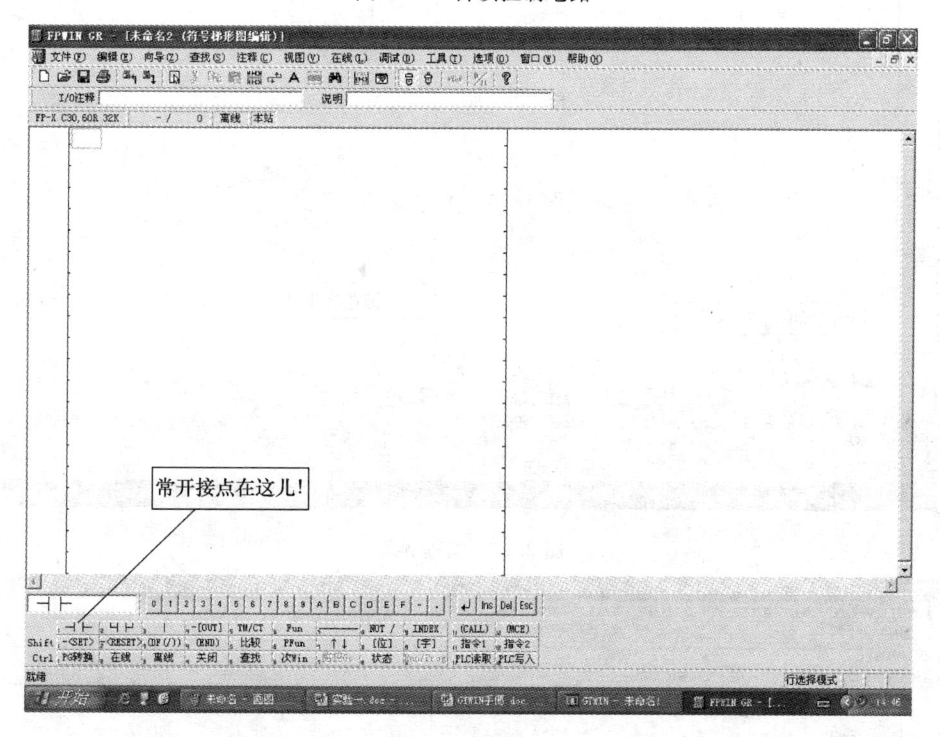

图 2.16　编程界面

在图 2.24 中，用鼠标单击 PG转换 ，FPWIN-GR 开始转换程序，转换完成后，屏幕上的灰色带消失，如图 2.25 所示。

要特别注意，编写一些行程序后应适时进行转换，这是因为 FPWIN-GR 最多只能处理 33 行编程行的程序转换。如果程序较大，当全部程序编写完毕后，若超过了 33 行，此时 FPWIN-GR 将无法转换；另外在转换的过程中，如果程序出现错误，FPWIN-GR 在下状态栏变成红色，并显示你出错的原因，以便你能够及时改正。所以一般在编程时，编写出数行程序后要及时进行转换。成功转换后，所编辑的程序的背景颜色又呈白色。这时在下状态栏将出现 N 步已转换的字样。

③　下载程序。利用 FPWIN-GR 可在 PLC 和计算机之间进行程序的传输。将程序传输到 PLC 被称为下载；将 PLC 中的程序传输到计算机被称为上载。

在进行程序传输之前，确认 PLC 与计算机已经连接好并进行了相关设置。在图 2.25 中，用鼠标单击“下载”图标，出现图 2.26 所示的画面，单击 是(Y) ，又出现画面 2.27，单击 是(Y) ，FPWIN-GR 开始自动向 PLC 传输程序，如图 2.28 所示，传输完成后，出现图 2.29 所示的画面，单击 是(Y) ，FPWIN-GR 的界面变成了图 2.30 所示的界面。图中所示的是在线状态，即 FPWIN-GR 与 PLC 处于通信状态。

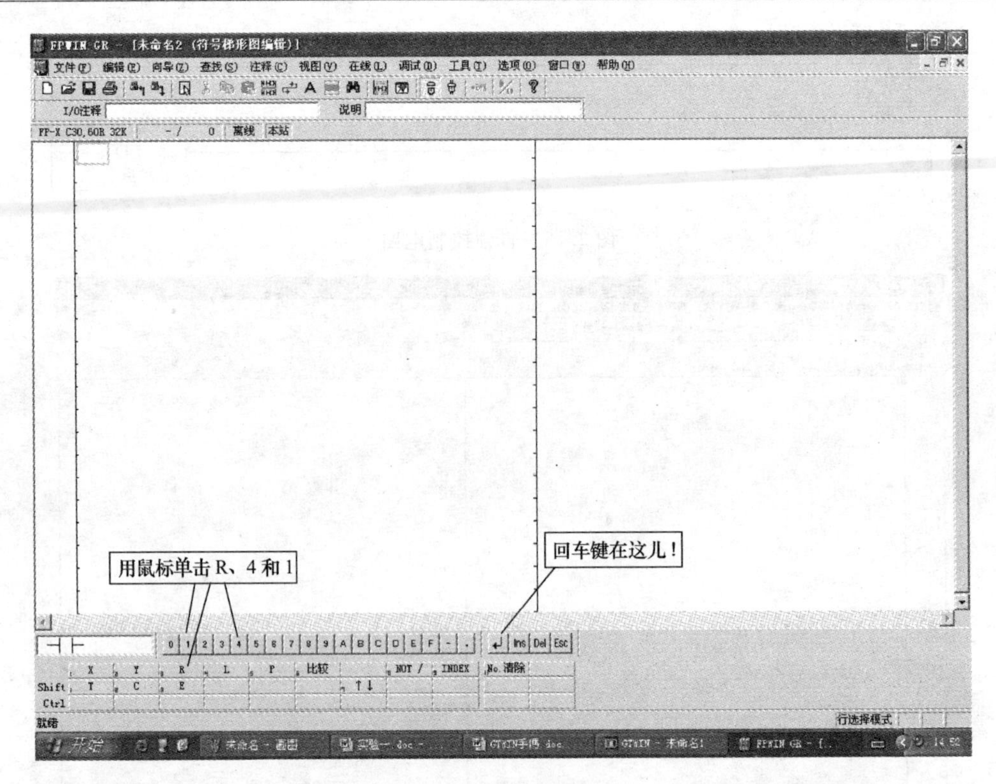

图 2.17 编程界面

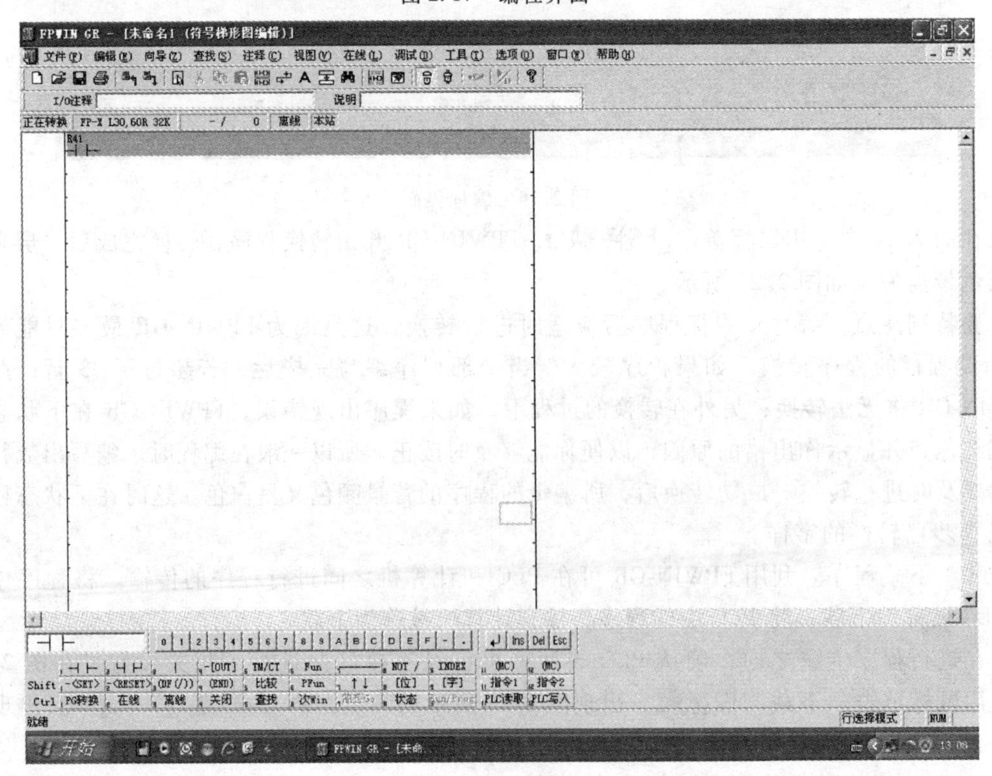

图 2.18 编程界面

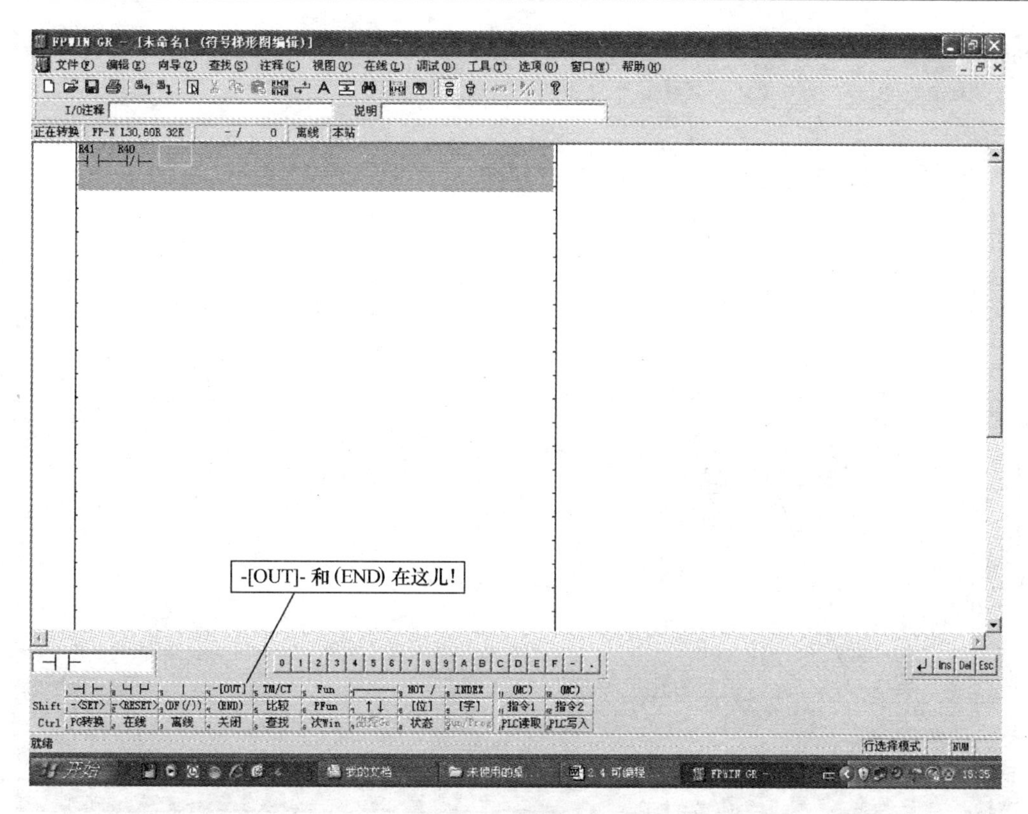

图 2.19　编程界面

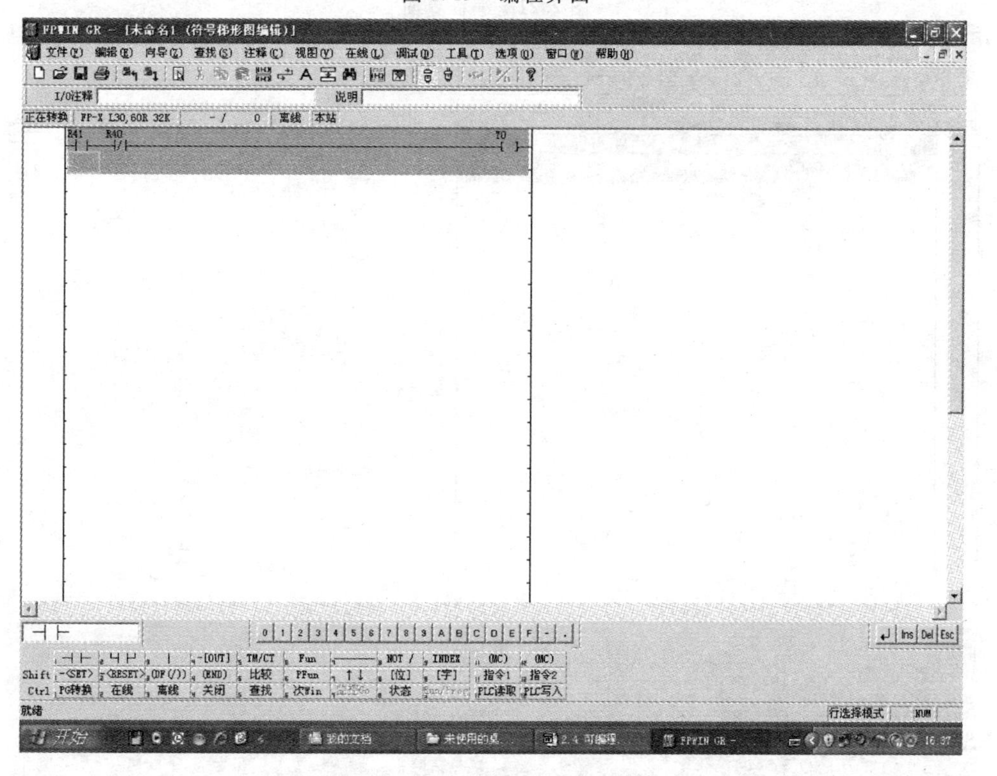

图 2.20　编程界面

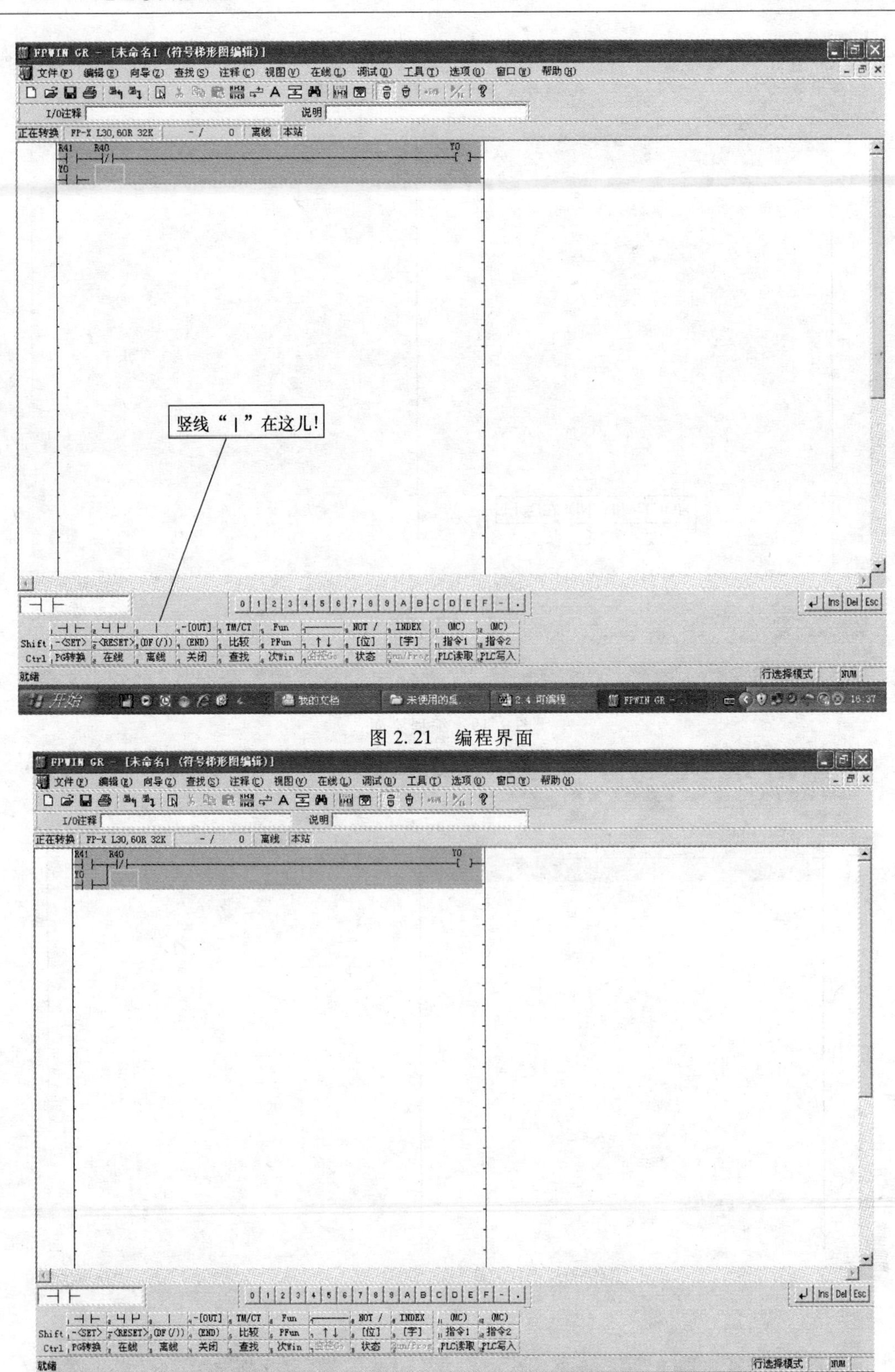

图 2.21　编程界面

图 2.22　编程界面

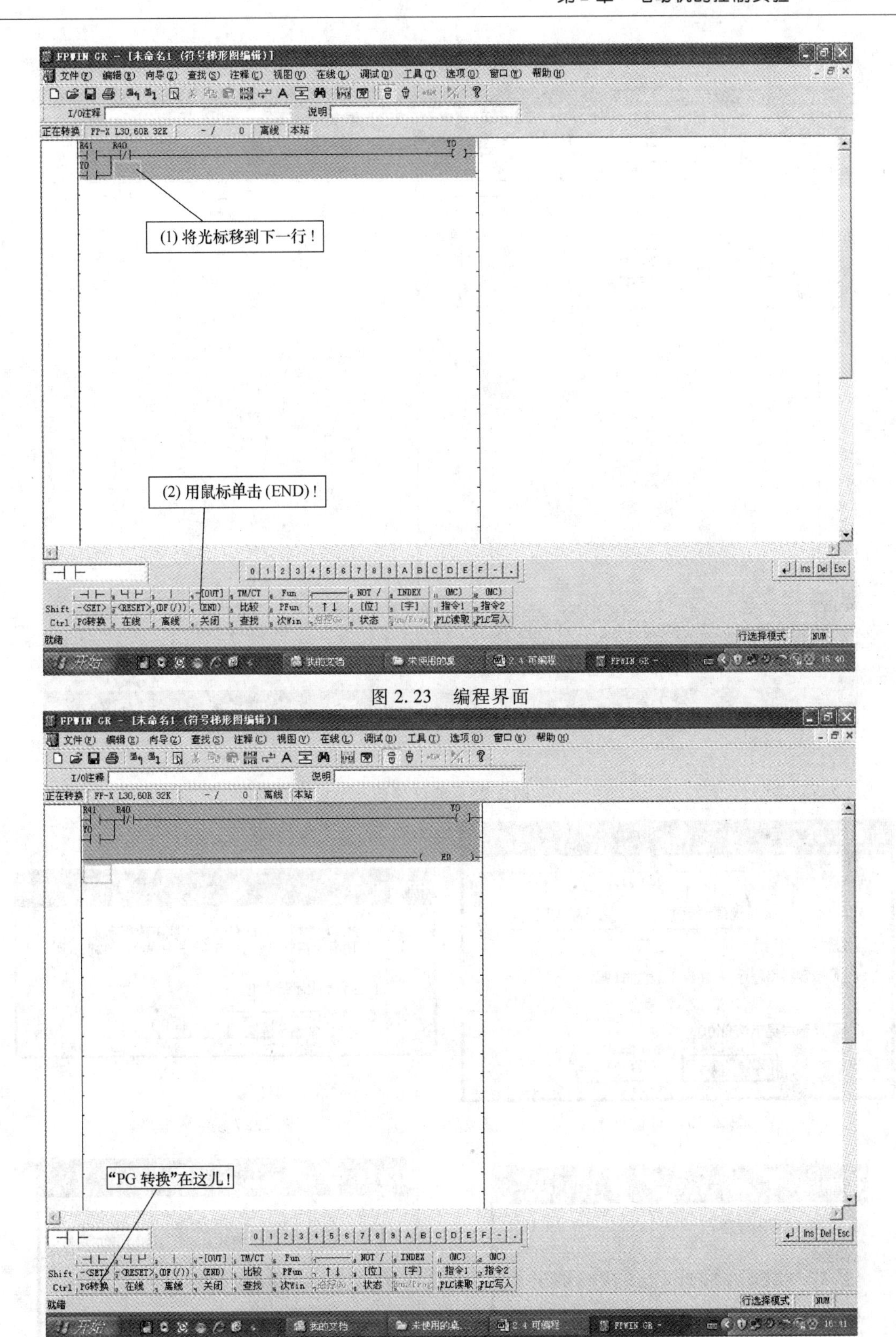

图 2.23　编程界面

图 2.24　编程界面

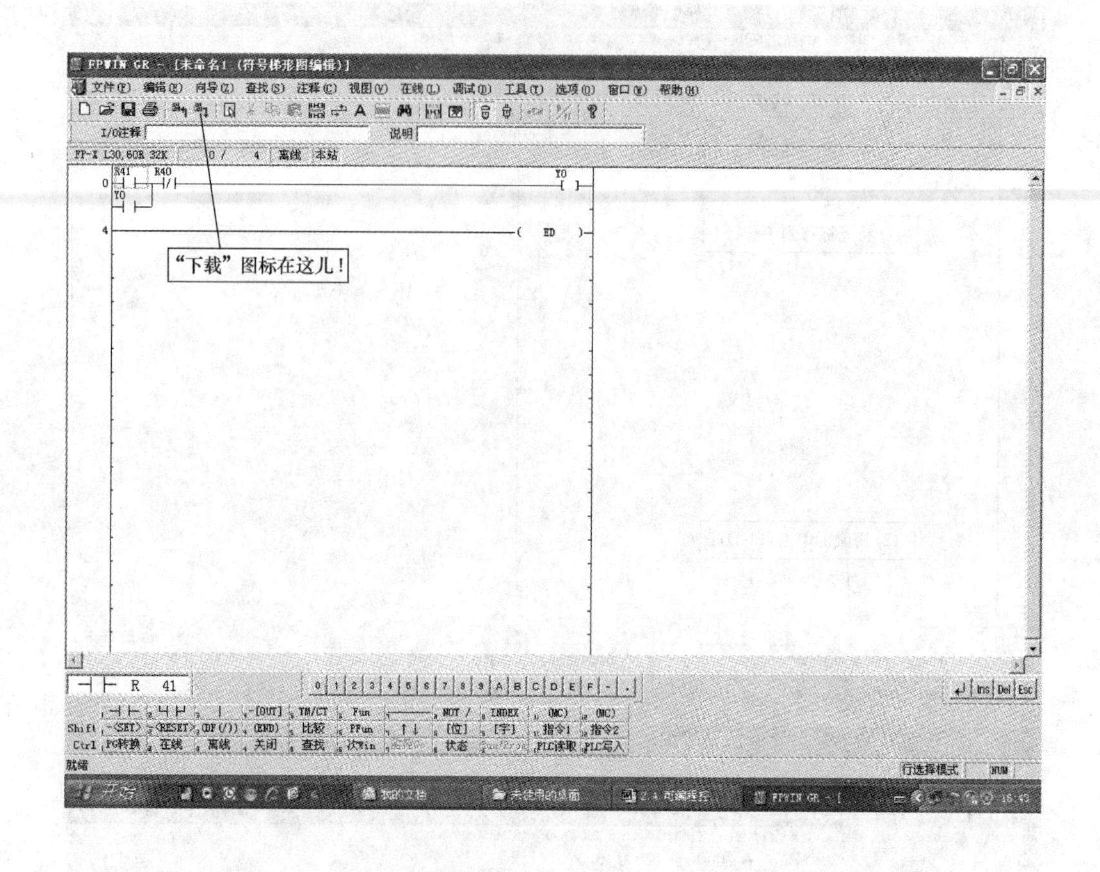

图 2. 25　编程界面

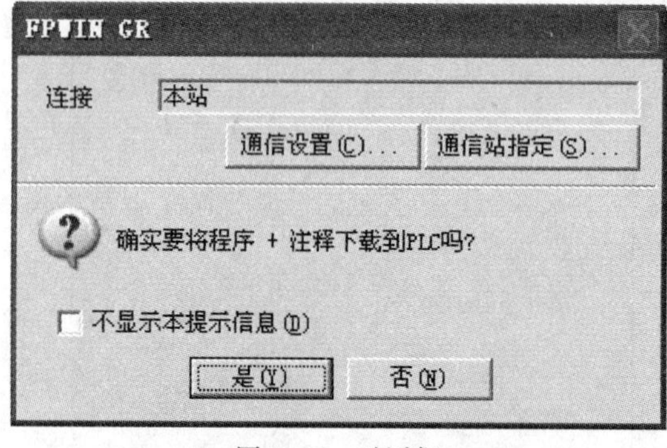

图 2. 26　对话框

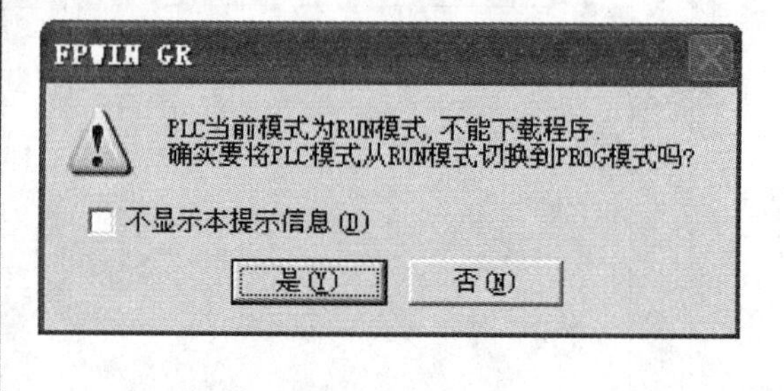

图 2. 27　对话框

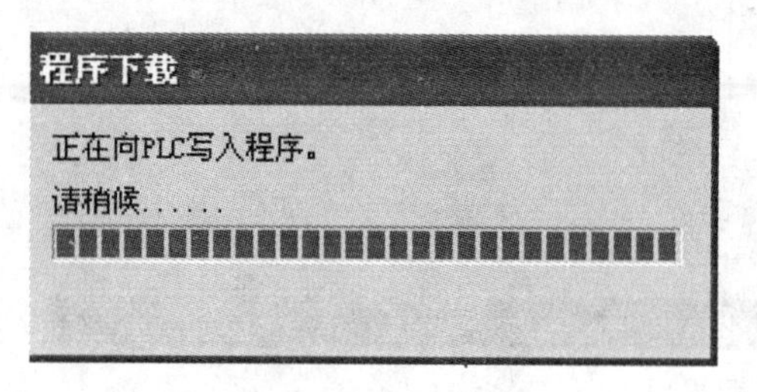

图 2. 28　对话框

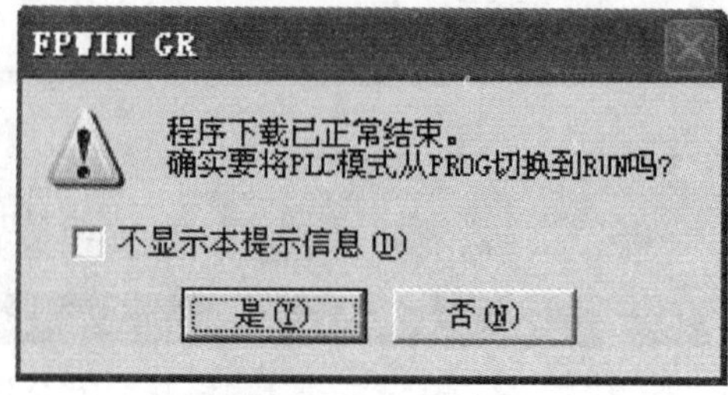

图 2. 29　对话框

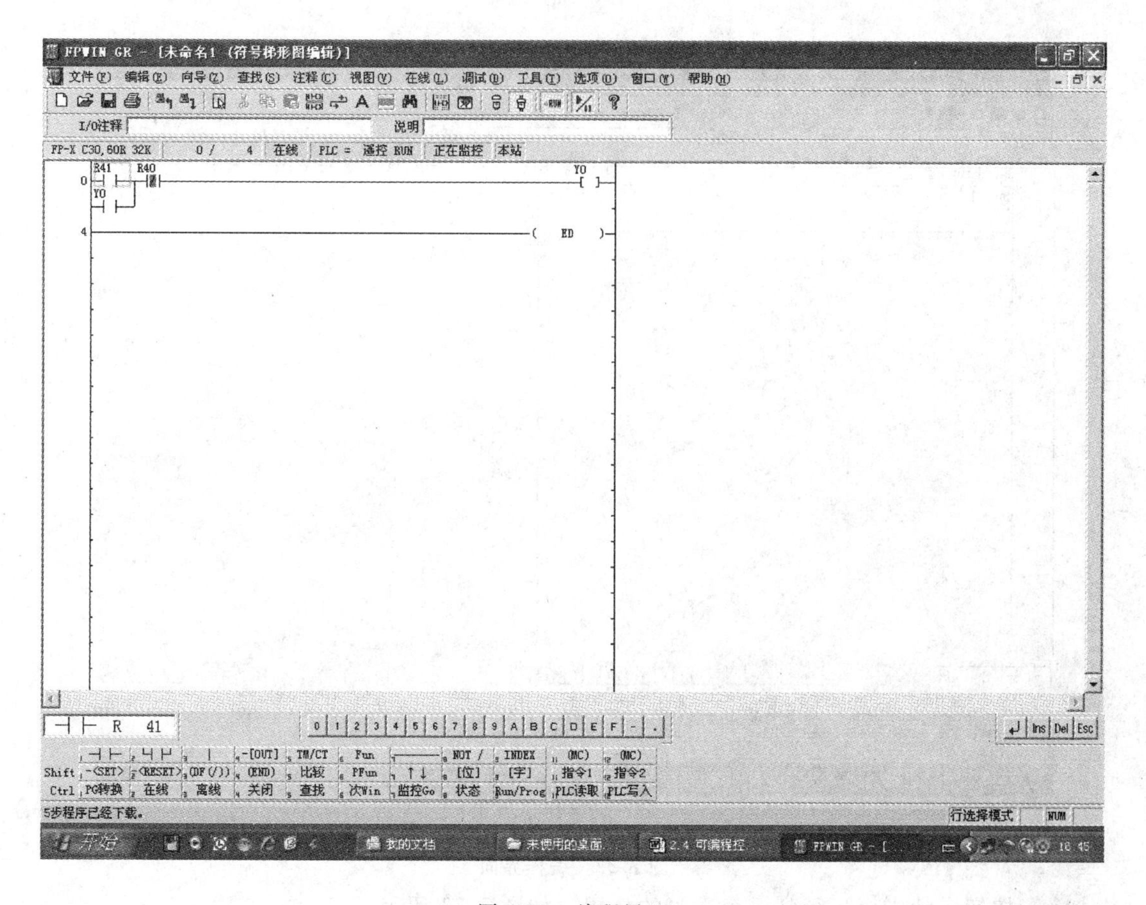

图 2.30　编程界面

④　运行程序。将程序下载到 PLC 之后，就可以运行程序了。触碰触摸屏上 R41、R40 等触点，观察输出触点 Y0 状态变化的情况。

例 2：延时控制（用此例说明定时器的输入方法）。

图 2.31 所示程序是延时控制电路，其控制功能是：闭合触点 R40，输出继电器 Y0 延时通电，延时时间由定时器的定时常数决定。

下面以图 2.31 所示的程序为例说明 FPWIN-GR 中定时器的输入方法。

R40
0　[TMX　0，　K　30]
T0　Y0
4　[ ]
6　(ED)

图 2.31　延时控制

1）删除程序的方法。在开始输入程序之前，将例 1 的程序删除。删除程序要在离线状态。在图 2.30 中单击离线按钮，将 FPWIN-GR 与 PLC 的通信切断，然后，按住鼠标左键向下拖拽鼠标，用黄色区域覆盖程序，如图 2.32 所示，然后在键盘上按“Del”删除键，将程序删除。

2）输入程序。首先输入常开触点 R40。仿照上例，输入常开触点 R40，单击横线

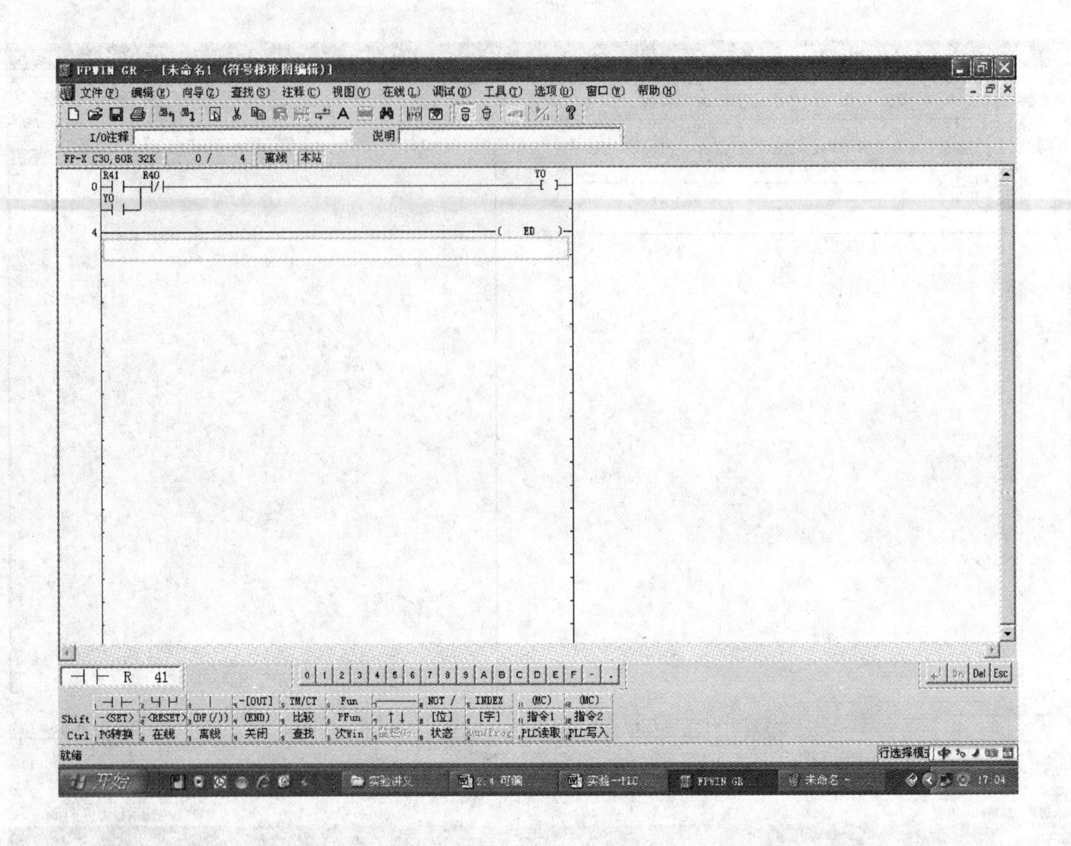

图 2.32　编程界面

———按钮，使光标运行到一个适当的位置，如图 2.33 所示。

然后输入定时器 T0。在图 2.33 中，用鼠标单击 TM/CT 打开定时器/计数器的输入界面，如图 2.34 所示。在图 2.34 中用鼠标单击 -[TMX]，单击回车键 ↵，随后出现的画面中用鼠标单击数字 0，这时 FPWIN-GR 变成图 2.35 所示的画面。在图 2.35 所示的界面中输入定时常数，用鼠标依次单击 K，3，0，然后单击回车键 ↵，这样就输入了定时器，如图 2.36 所示。

输入定时器触点 T0、输出继电器 Y0 和结束命令 END。按照前面例子讲解的方法即可输入，在此不再赘述。程序输入完成后的界面如图 2.37 所示。

3）转换、下载和运行程序。按照例 1 中介绍的方法，进行程序的转换、下载和运行。单击触摸屏开关 R40，观察 PLC 输出继电器 Y0 的状态变化。

例 3：流水灯控制电路（控制程序见图 3.28，用此例说明高级指令（F 指令）和其他指令的输入方法）。

删除 FPWIN-GR 界面中程序，以便开始输入新程序。

1）输入程序。首先输入比较指令。单击功能键栏中的 比较 键，在随后出现的界面中依次单击 =、↵ 键，FPWIN-GR 的界面变为图 2.39 所示的界面。在图 2.39 中，依次单击 K、0、↵ 键，和 WY、0、↵ 键，就输入了比较指令，如图 2.40 所示。

输入左移指令。用鼠标单击图 2.40 中的 指令1，在打开的对话框中搜索并选中 SRWR，单击 OK，这时在输入区段栏中出现“SRWR”字样，然后单击 0、↵ 键，界面变为图 2.41 所示的界面。然后移动光标至左边准备输入第二行。用鼠标单击 ⊣⊢，在随后

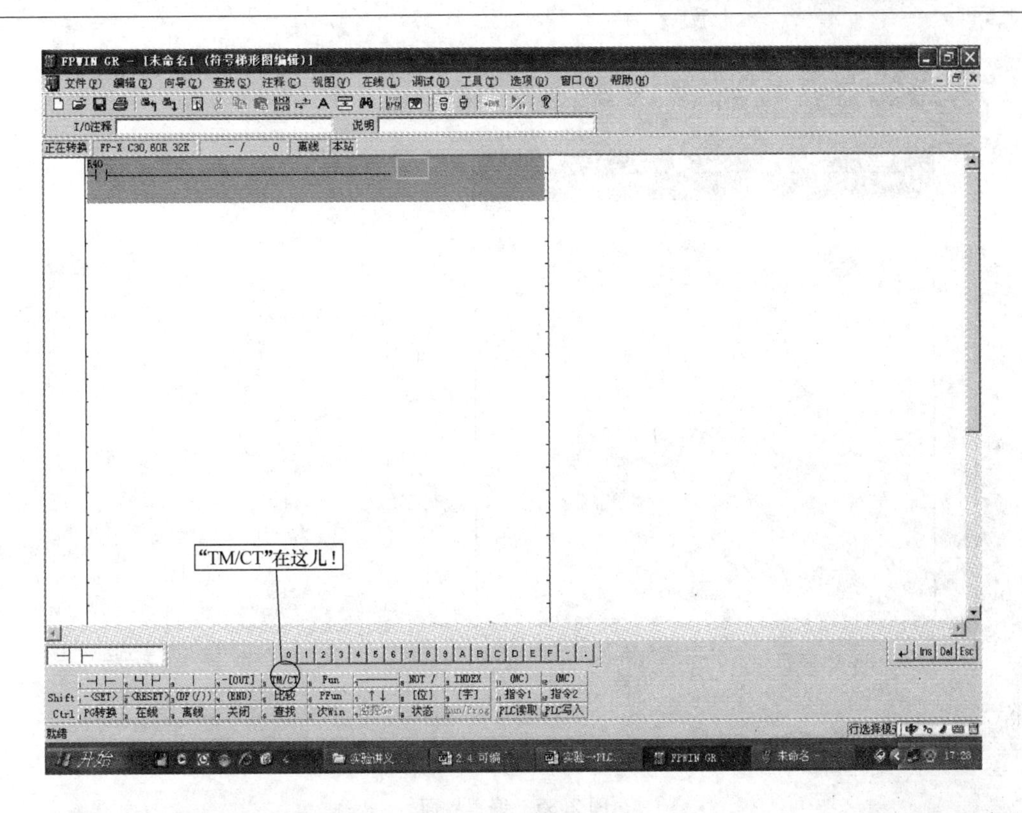

图 2. 33　编程界面

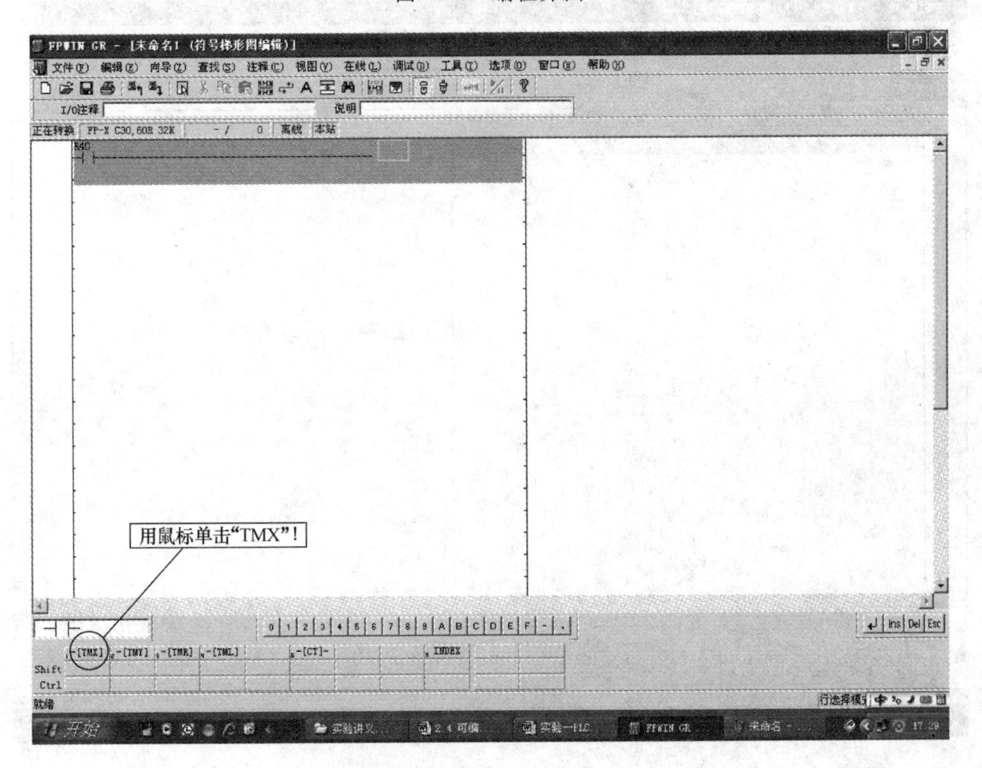

图 2. 34　编程界面

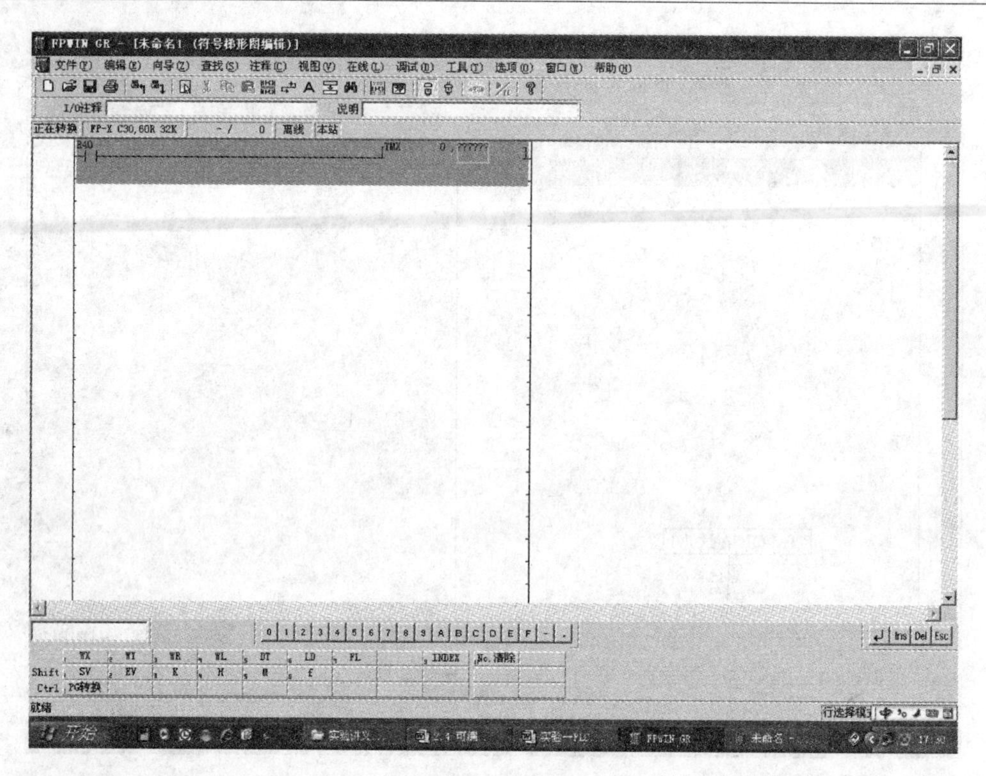

图 2.35 编程界面

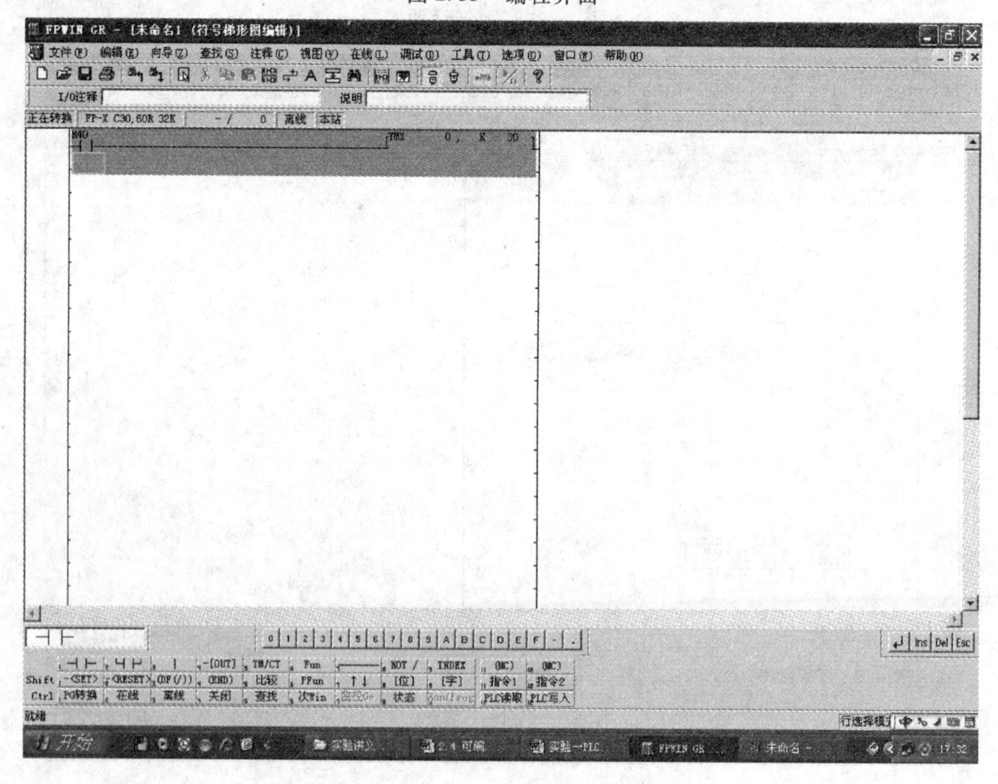

图 2.36 编程界面

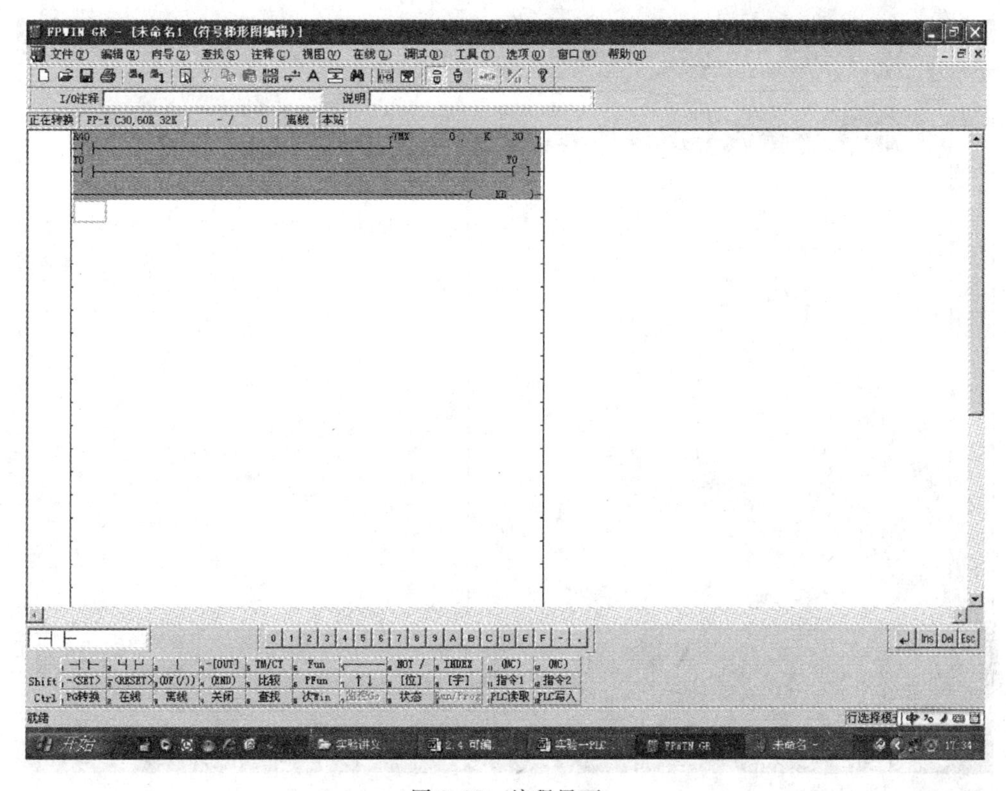

图 2.37 编程界面

```
   ┌ =      K0       ,   WY0    ┐                         ┌SR  WR   0┐
 0 ┤                                                      │
   R901C
  ─┤ ├────────────────────────────────────────────────────┤
   Y8
  ─┤ ├──┬─────────────────────────────────────────────────┘
   R40  │
  ─┤/├──┘
   R9010
10 ─┤ ├──[E0 MV      ,   WR 0     ,   WY 0     ]
17 ────────────────────────────────────────────────────(  ED  )─
```

图 2.38 流水灯控制

出现的界面中，依次单击 R、9、0、1 、C，然后单击↵，再用鼠标单击──── 多次连接到右边，如图 2.42 所示。再将光标移到第三行的起始处，输入触点 Y8 后并单击────连接到右边，然后再输入触点 R40 非 。这样就输入完成了本例中的左移指令，如图 2.43 所示。

输入 F 指令。将光标下移一行，输入 R9010 后，出现图 2.44 所示界面。

用鼠标单击 Fun ，出现高级指令对话框（见图 2.45），输入高级指令的序号“0”，然后单击“OK”，在随后出现的画面中依次单击 WR ，0，↵，WY ，0，↵，这样就输入了高级指令 F0。如图 2.46 所示。

输入结束指令。将光标移到下一行，输入结束指令“ED”，完成整个程序的输入。

2）转换、下载和运行程序。程序输入完成后，按照前面的步骤转换程序，如图 2.47 所示。

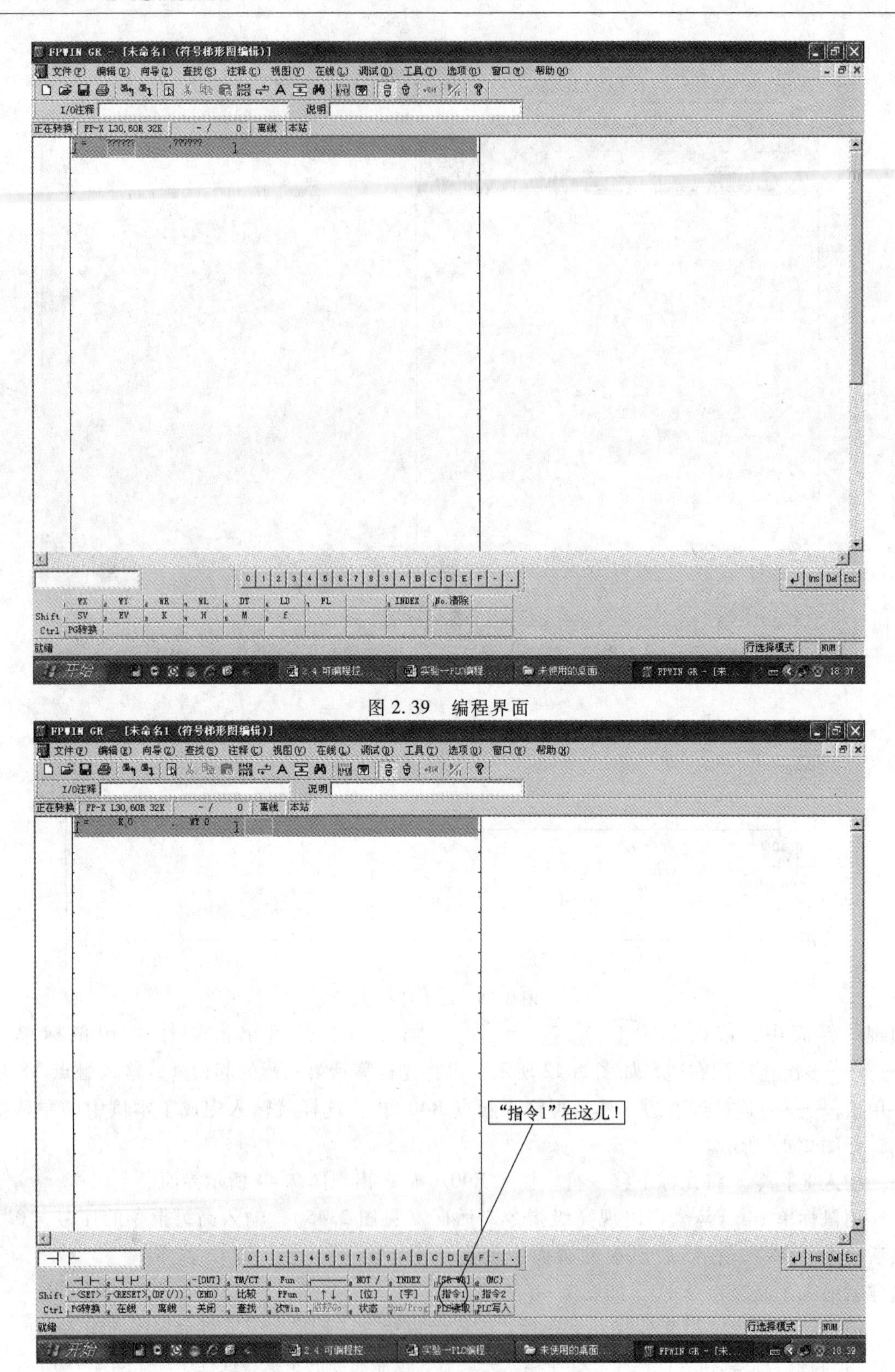

图 2.39　编程界面

图 2.40　编程界面

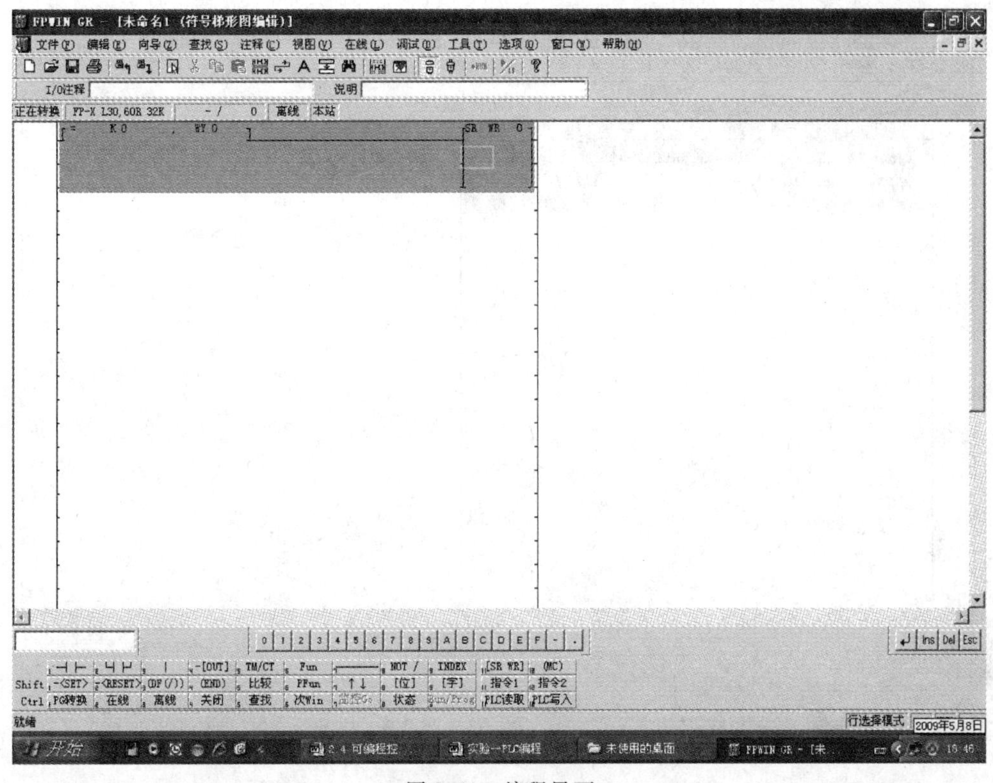

图 2.41　编程界面

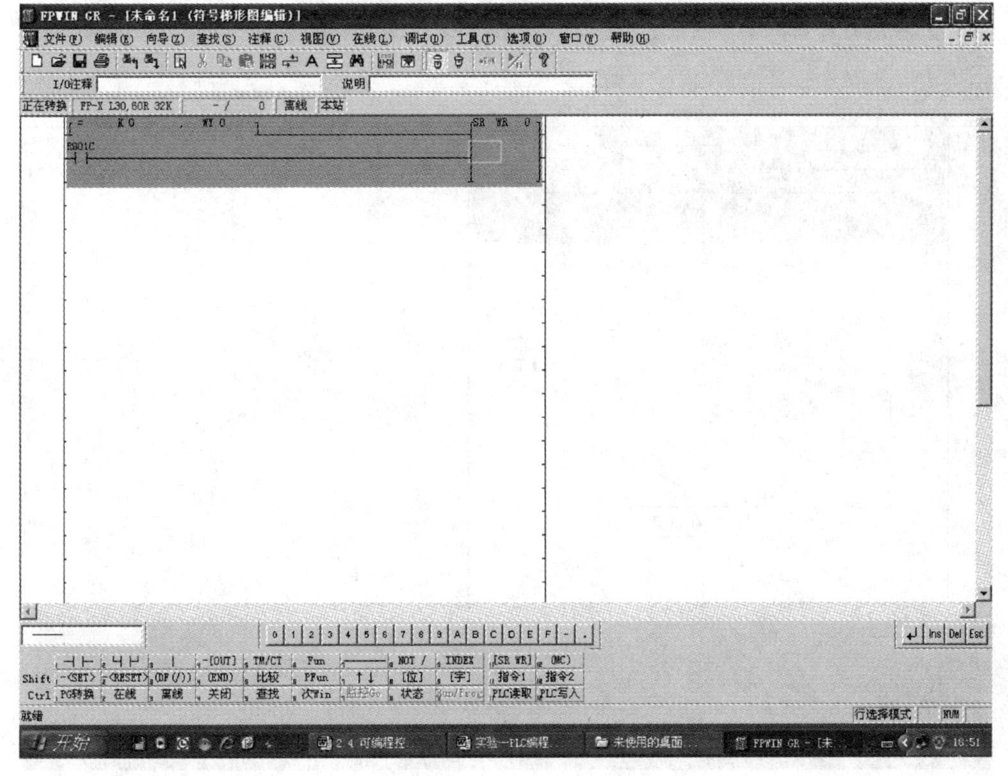

图 2.42　编程界面

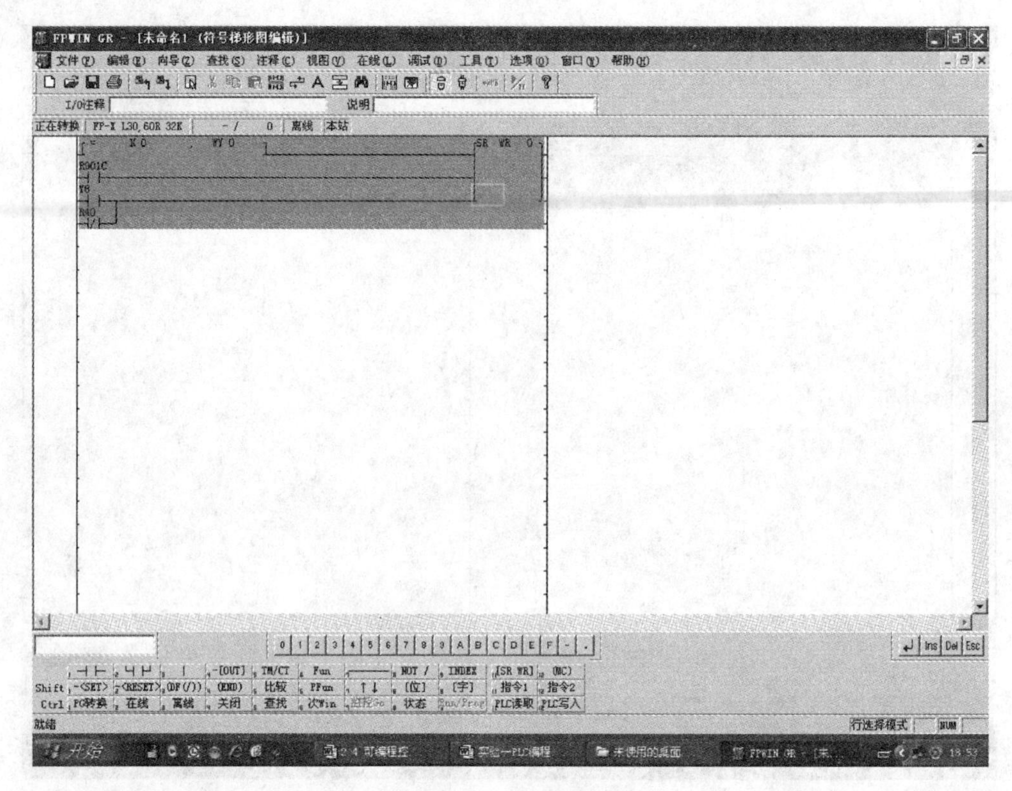

图 2.43　编程界面

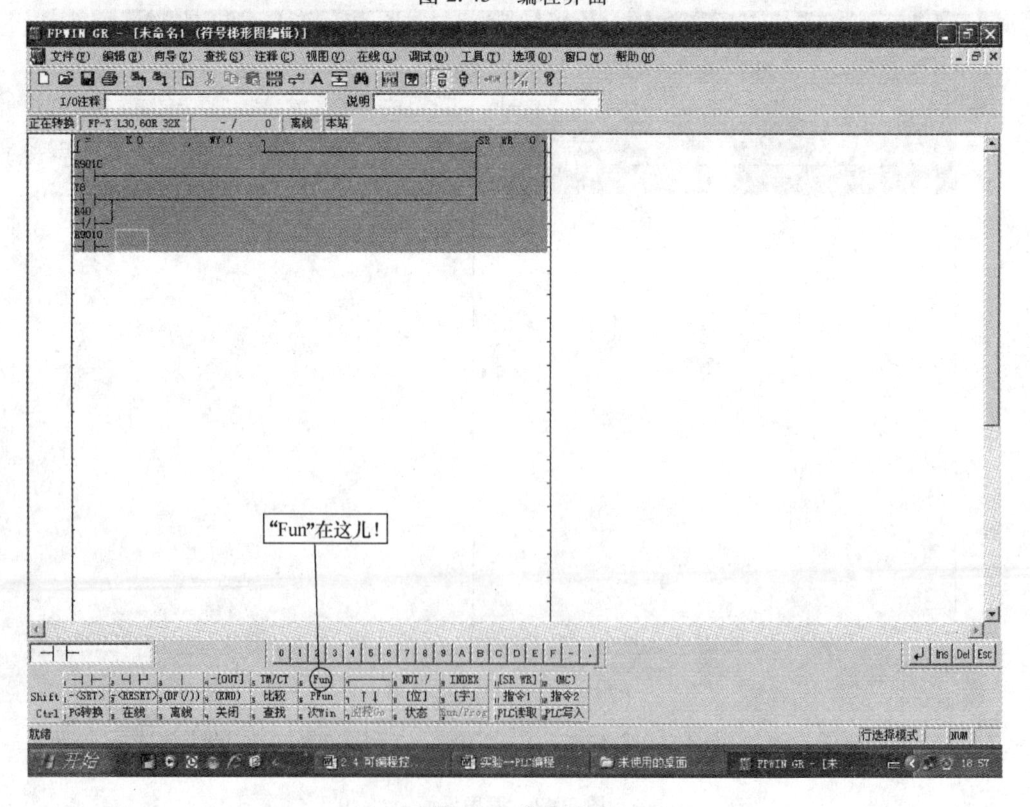

图 2.44　编程界面

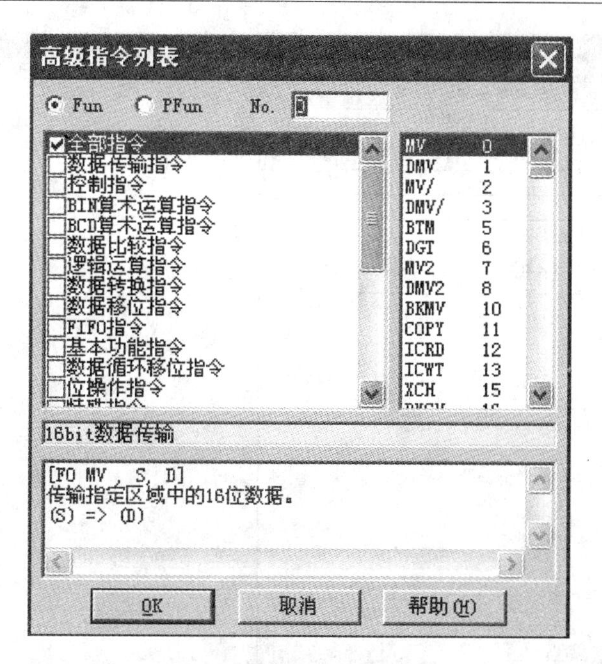

图 2.45　高级指令对话框

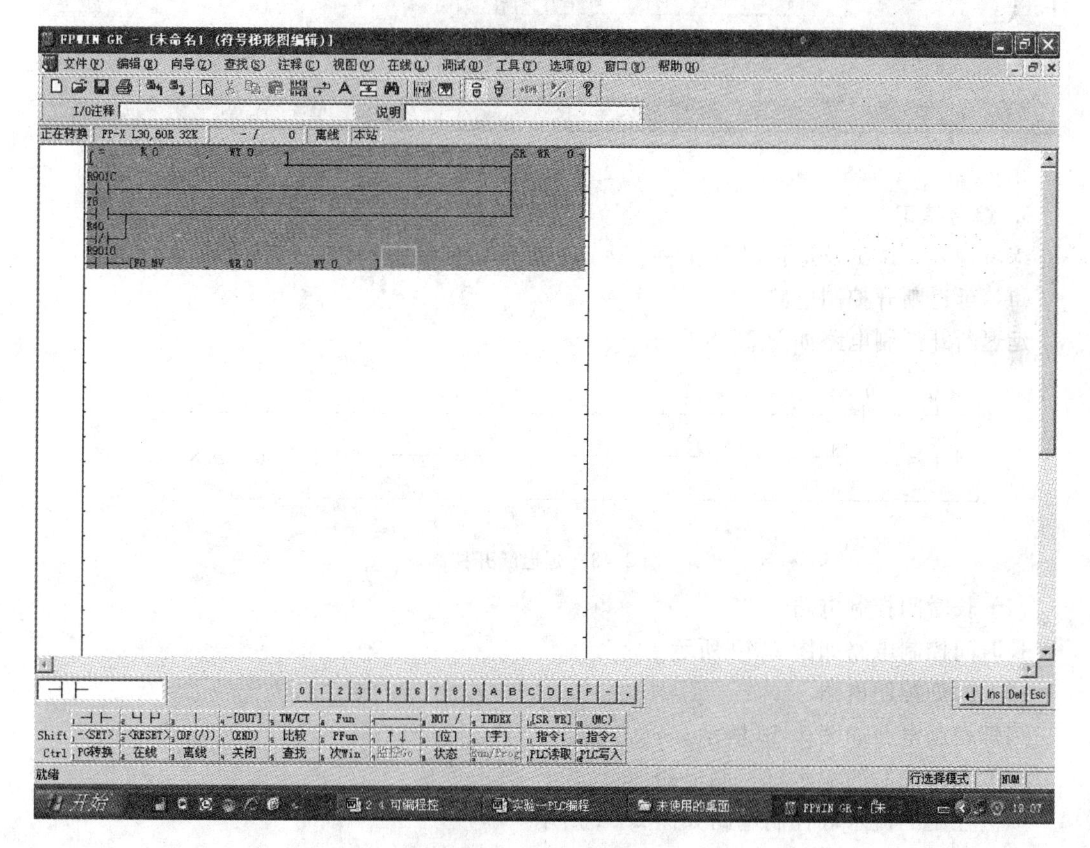

图 2.46　编程界面

然后下载和运行程序。操作触摸屏触点“R40”，观察 PLC 的输出继电器 Y 的状态变化。

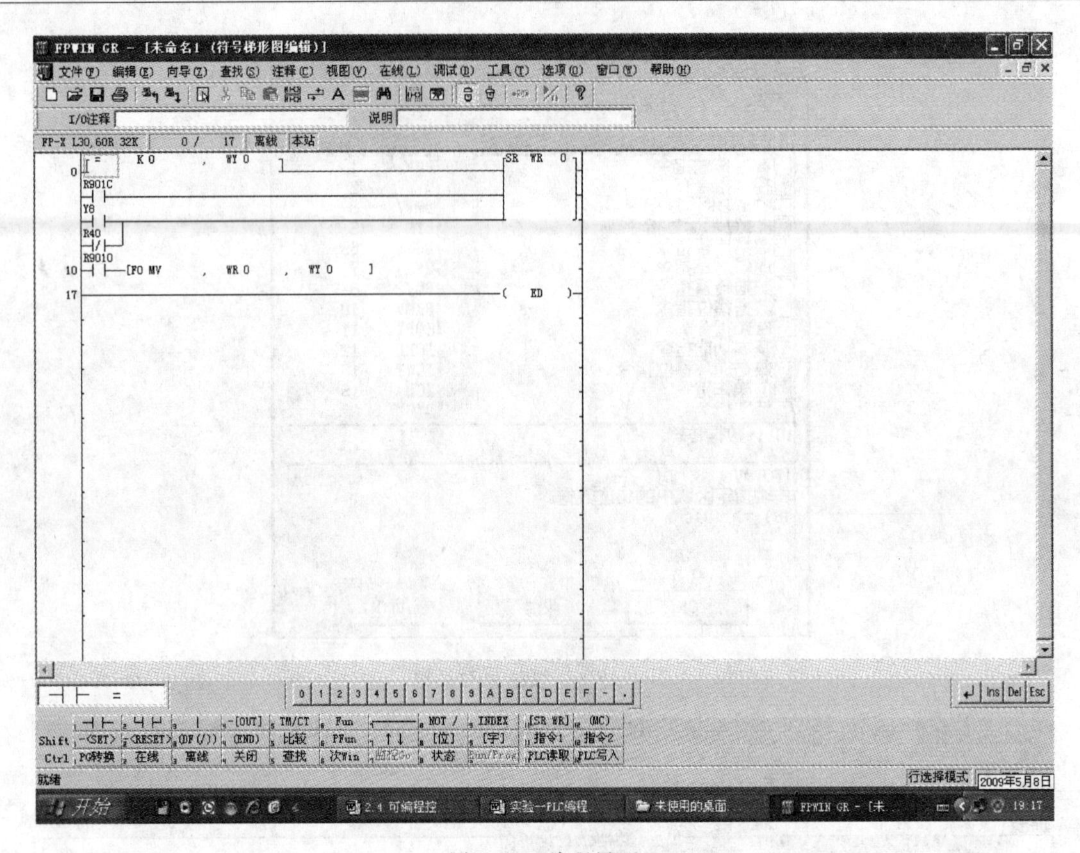

图 2.47　编程界面

5. 综合练习

练习输入、调试及运行以下程序，达到熟练使用梯形图编程、运行 PLC 程序的目的。

（1）延迟断开控制电路

延迟断开控制电路如图 2.48 所示。

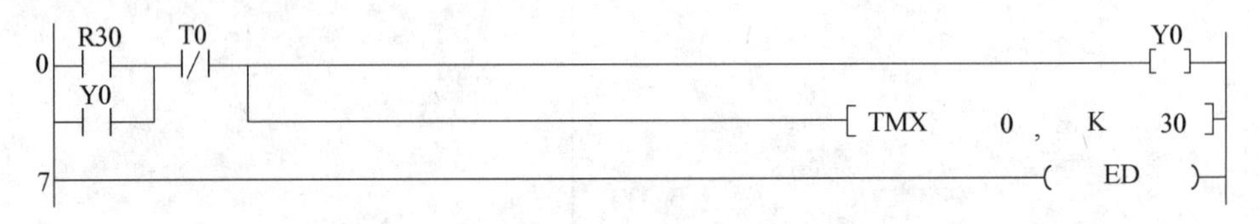

图 2.48　延迟断开控制

（2）长时间控制电路

长时间控制电路如图 2.49 所示。

（3）闪烁控制电路

闪烁控制电路如图 2.50 所示。

（4）双向控制的流水灯控制电路

双向控制的流水灯控制电路如图 2.51 所示。

6. 测验题目

教师当堂出题测试学生实验情况，给出 1 ~2 个题目对学生进行测验，作为本次实验的结束。

图 2.49　长时间控制

图 2.50　闪烁控制

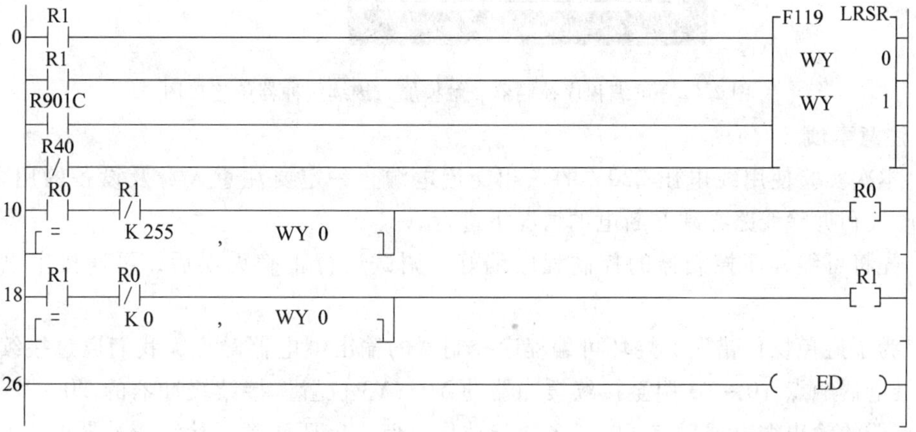

图 2.51　双向控制的流水灯控制

2.5　可编程序控制器的工程实际应用

1. 实验目的

1）进一步掌握 FPWIN-GR 软件及可编程序控制器编程的基本方法。

2）学习使用 FP-X 型可编程序控制器实际控制方法，实现可编程序控制器与电气控制电器的控制连接，进而形成完整的可编程序控制器控制系统，并带动主电路电器工作。

2. 仪器与设备

1）计算机（其上安装有 FPWIN-GR 软件）　1台

2）FP-X 可编程序控制器及配套接续器　1台

3）GT32 触摸屏　1块

4）现代传动控制技术实验屏（前面实验 2.1、2.2 和 2.3 使用过）　1块

5）相关连接电缆及导线若干（计算机、可编程序控制器、触摸屏之间的电缆已连接

好，见图 2.52）。

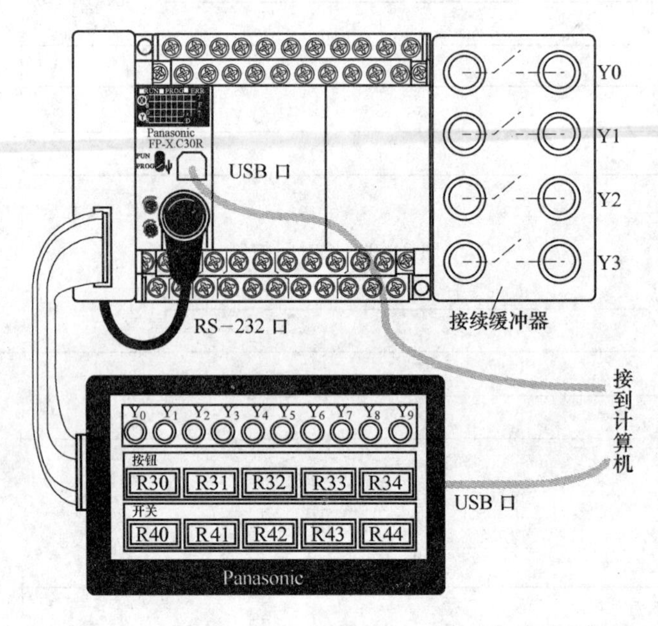

图 2.52　可编程序控制器、触摸屏、接续缓冲器的连接图

3. 注意事项

1）本次实验使用线电压 220V 的三相交流电源，一定要注意人身及设备的用电安全。连接、改接和拆除线路必须在断电的情况下进行。

2）先将可编程序控制器的控制程序编好，调试运行正确无误后，再连接主电路的接线。

3）为了避免操作错误而烧坏可编程序控制器的输出继电器触点，我们通过接续缓冲器将输出继电器触点 Y0 ~ Y3 引至接续缓冲器的 Y0 ~ Y3 位置。接续缓冲器的 Y0 ~ Y3 与可编程序控制器的输出继电器触点 Y0 ~ Y3 同步动作。但一定要注意，接续缓冲器的 Y0 ~ Y3 也只是一些常开触点，必须通过交流接触器的线圈同主电源串接而达到控制交流接触器的目的，不允许短接在主电源上，如果直接将接续缓冲器的触点短接在主电源上，当触点动作时，短路电流会将触点烧毁。

4）同前面做过的继电接触器控制实验有所不同，应用可编程序控制器来进行控制，除了交流接触器的线圈和交流接触器的主触点需要同主电源相连接外，其他辅助触点完全用可编程序控制器里面的软触点代替，所有的控制开关和按钮均由触摸屏上的软开关和按钮代替。

4. 实验内容

（1）电动机直接起动实验

1）给出的电动机直接起动控制梯形图程序如图 2.53 所示。在计算机上打开 FPWIN-GR 界面输入程序，下载到可编程序控制器，运行程序。

在本例中，规定触摸屏上的 R30 为起动按钮；R31 为停止按钮；输出继电器 Y0 代表交流接触器 KM。

2）在程序运行正常之后，按照图 2.54 给出的电路图接好主电路和接触器控制电路

```
0  R30   Y31                                    Y0
   Y0                                          [   ]
4                                          (  ED  )
```

图 2.53　电动机直接起动控制梯形图程序

（注意在进行电路连接时，一定打开断路器），闭合断路器，操作触摸屏上的控制按钮，观察电动机工作情况。

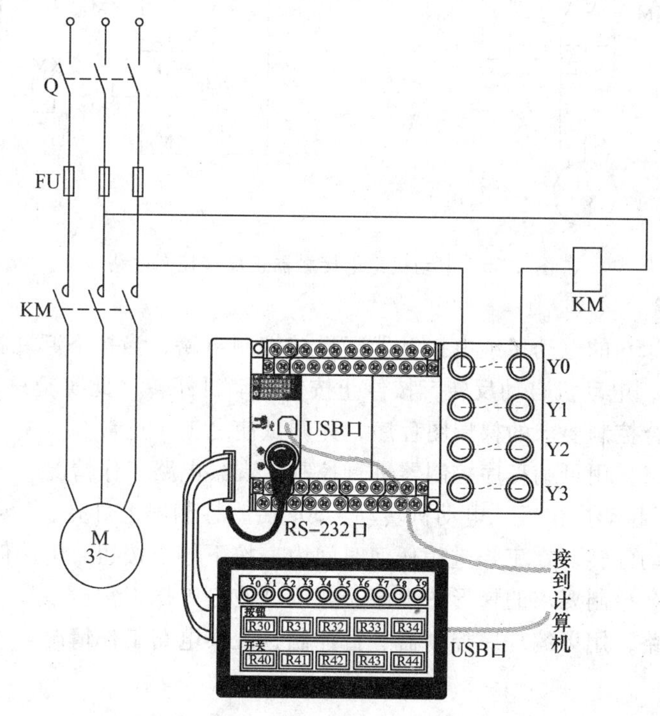

图 2.54　应用 PLC 电动机直接起动控制接线图

（2）电动机直接起动单按钮控制实验

1）主电路接线不变。

2）给出的电动机直接起动单按钮控制梯形图程序如图 2.55 所示。清除上一个程序，在 FPWIN-GR 界面输入程序，下载到可编程控制器，运行程序。操作触摸屏上的控制按钮，观察电动机工作情况，体会程序运行。

```
0   R30   Y0                                    R0
                                              <RST>
          Y0                                    R0
                                              <SET>
11  R0                                          Y0
                                              [   ]
13                                         (  ED  )
```

图 2.55　电动机直接起动单按钮控制梯形图程序

（3）综合设计实验

根据图 2.56 给出的电动机继电接触器正反转控制电路：

1）编出可编程序控制器控制程序，并调试使之工作正常。

2）连接主电路，用可编程序控制器进行控制，观察电路的工作情况。

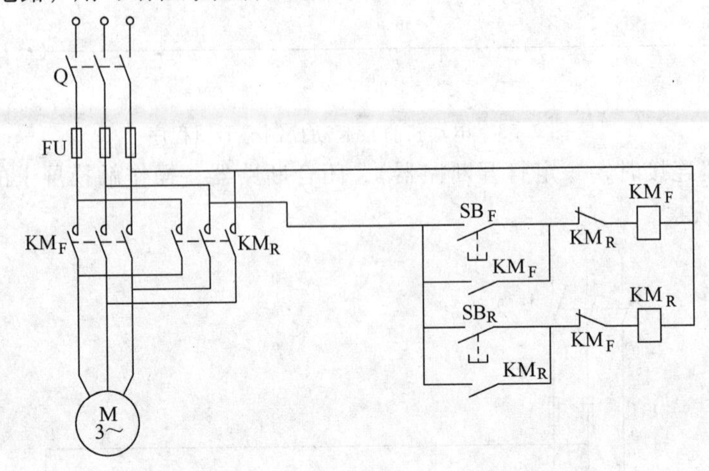

图 2.56　电动机继电接触器正反转控制电路

5. 创新型实验

（1）对于图 2.56 的电动机继电接触器正反转控制电路，当按下起动按钮时，电动机正转，过了 30s 之后，电动机自动反转，按停止按钮电动机停转（此实验只有一个起动按钮）。

1）设计出符合控制要求的梯形图程序，并调试使之工作正常。

2）连接主电路，用可编程序控制器进行控制，观察电路工作情况。

（2）要求按下起动按钮后，电动机转动，30s 后，控制屏上灯亮，30s 后，灯自动熄灭，30s 后，电动机自动停转。在工作进程任何时间内，按下停止按钮，电路停止工作。

1）设计出符合控制要求的梯形图程序，并调试使之工作正常。

2）连接主电路，用可编程序控制器进行控制，观察电路工作情况。

第 3 章　模拟电路基础型实验

模拟基础型实验是在巩固和加深理解基本理论知识基础上，重点培养学生如何观察和分析实验现象，掌握基本实验方法，培养基本实验技能，为以后进行更复杂的实验打下基础。

3.1　单极晶体管放大电路的测试

1. 必备知识

晶体管是一个非线性器件，为了使放大器获得尽可能高的放大倍数，同时又不因进入非线性区而产生波形失真，就必须设置一个合适的静态工作点，若工作点设置得过高，则放大器工作点进入饱和区而产生饱和失真；反之若工作点设置得过低，则放大器工作点进入截止区而产生截止失真。

另外，晶体管是一个对温度十分敏感的元件，放大电路工作时，由于温度的变化，晶体管的参数将发生变化，导致集电极电流的改变，将已经设置好的静态工作点漂移至饱和或截止区而产生饱和或截止失真。因此，静态工作点不仅要正确设置，而且要设法稳定，使其基本上不受温度变化的影响。

本次实验中所采用的分压式偏置放大电路，如图 3.1 所示，是最为常见的工作点稳定电路。它利用基极偏置电阻 R_{b1}、R_{b2} 和射极电阻 R_{e2} 之间的配合，能使放大电路获得合适而稳定的静态工作点，而保证了晶体管电路的正常工作。输入交流小信号电压 u_i 经过耦合电容 C_1 至晶体管 V_1 基极 b，基极电压为直流与交流电压的叠加。输入交流信号作用在晶体管 be 结等效电阻 r_{be} 上，产生交变基极电流，经过晶体管 β 倍电流放大，集电极产生的与输入小信号 u_i 相关的交变电流作用于集电极等效负载电阻 $R_c /\!/ R_L$，产生与小信号 u_i 幅度大得多且相位为 180°的输出交变电压 u_o。

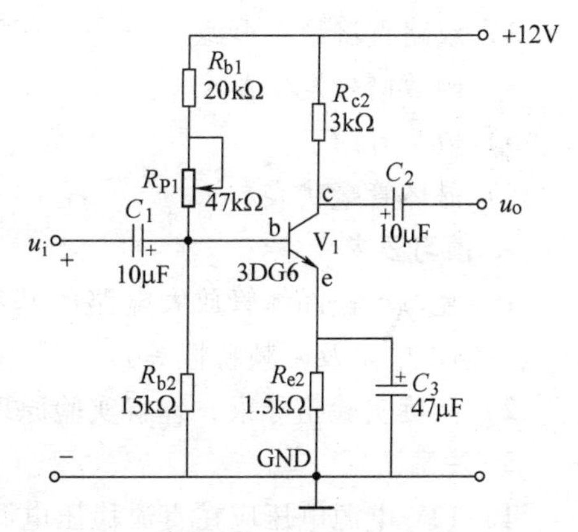

图 3.1　单极晶体管共发射极放大电路

本次实验所采用的电路板如图 3.2 所示。在电路板上可以实现多种不同的电路形式，如固定偏置和分压式偏置方式；有反馈和无反馈的工作方式以及多种的集电极负载电阻和输出负载电阻参数等。

2. 实验目的

1）掌握放大电路静态工作点的调整与测量方法。

2）掌握放大电路主要性能指标的测量方法。

3）了解静态工作点对放大电路动态特性的影响。

4）掌握放大电路集电极电阻及发射极负反馈电阻对电压放大倍数的影响。

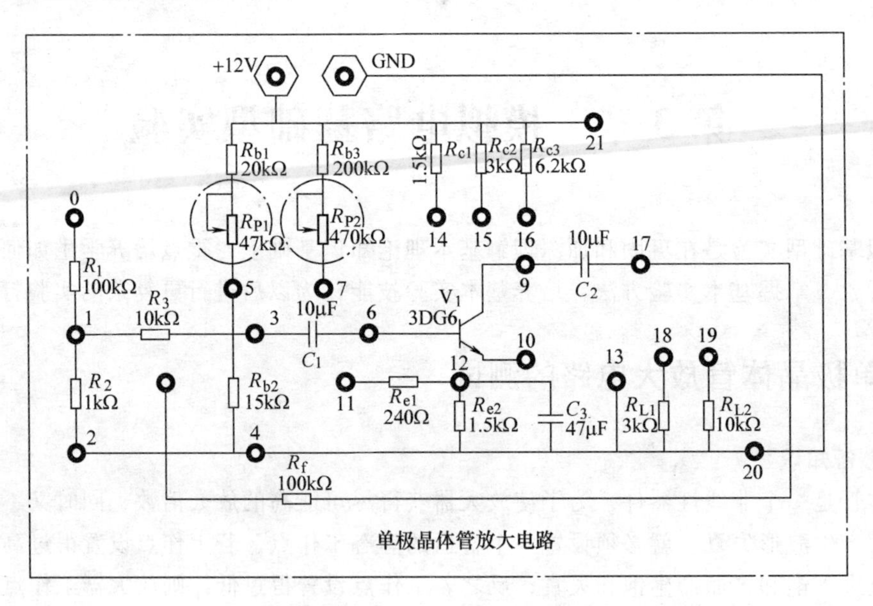

图 3.2 单极晶体管放大电路线路板

5）观察放大电路静态工作点的设置与波形失真的关系。

3. 仪器与设备

1）实验电路板 1 块

2）双踪示波器 1 台

3）双路直流稳压电源 1 台

4）函数信号发生器 1 台

5）数字万用表 1 只

6）晶体管毫伏表 1 只

4. 预习要求

1）复习单极晶体管放大电路的基本理论（静态工作点，电压放大倍数，非线性失真，输入、输出电阻及幅频特性等）。

2）阅读实验指导书，理解实验原理，了解实验步骤。

5. 注意事项

1）12V 电源电压应在直流稳压电源上先调好，断开电源开关后再接入电路。

2）实验中要将直流稳压电源、函数信号发生器、示波器等电子仪器和实验电路共地，以免引起干扰。

3）电路性能指标的测试要在输出电压波形不失真和没有明显干扰的情况下进行。

4）实验过程中，每当换接电路时，必须首先断开电源，严禁带电操作。

6. 实验内容

（1）调整放大电路的静态工作点

按图 3.1 在实验箱子板上完成电路连接，连接电路板的 5 与 6 端、10 与 12 端、15 与 9 端。将电路板（实验箱的子板）插入实验箱的相应位置。

将直流稳压电源输出调至 +12V 后，断开电源开关，将其接至电路板的 +12V 与 GND 两个接口上（注意电源的极性和大小）。将函数发生器的输出调为 1kHz 的正弦交流电压，峰-峰值调至30mV后接入到电路板的3与4端之间，4端接函数发生器的公共端。将晶体管毫伏表接至电路板的3与4端之间，调节函数发生器使晶体管毫伏表读数为10mV。示波器测试线接到放大电路的输出端（20端接示波器探头的公共端），调节放大电路基极电位器R_{P1}，观察输出电压u_o的波形，在不失真的前提下，使其输出波形幅值最大，即可确定为电路的最佳静态工作点。

断开函数信号发生器的电源开关，用万用表的直流电压档和示波器分别测量此时晶体管各电极c（9端）、b（6端）和e（12端）与GND（20端）之间的电位U_C、U_B和U_E，记入表3.1中。

表3.1　静态工作点的测试实验数据

测量项目	测量值			计算值	
	(9与20端) U_C/V	(6与20端) U_B/V	(12与20端) U_E/V	$U_{CE}=U_C-U_E$/V	I_C/mA
万用表测量值					
示波器测量值					

（2）电压放大倍数的测量

电压放大倍数的大小取决于输出电压u_o与输入电压u_i的比值。按照图3.3所示，函数发生器改接在1与2端之间，调节函数发生器的输出，使3与4端的有效值为10mV。放大电路的输出端17与20之间接负载电阻R_L。用示波器的通道1观察输出波形，用通道2观察输入波形。观测输入波形时，由于3与4端之间的电压较小，波形模糊，示波器的探头需接在1与2端之间。若输出波形没有失真，则可以进行放大倍数的测量。

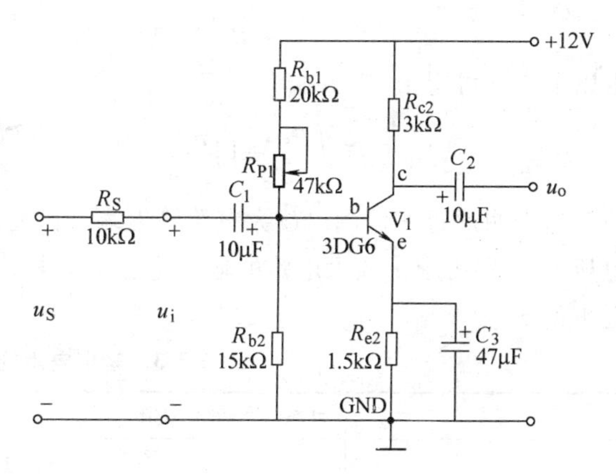

图3.3　用于电压放大倍数测量的共发射极放大电路

用晶体管毫伏表分别测量各种情况下输出电压的有效值U_o（注意，若不确定被测电压的大小，需将晶体管毫伏表的量程调至最高档，测量时再根据需要依次减小量程）。按表3.2的内容将各种不同情况下的测量数据记入表3.2中，然后分别计算出电压放大倍数$|A_u|$。根据实验结果，分析在改变R_L时，对$|A_u|$有何影响；加入反馈时，对$|A_u|$有何影响。

表3.2　电压放大倍数的测量实验数据

反馈	R_L值	R_c值	u_o的有效值/mV	计算放大倍数$\|A_u\|$
无反馈（10与12端连接）	$R_L=3k\Omega$（17与18端连接）	$R_c=1.5k\Omega$（14与9端连接）		
		$R_c=3k\Omega$（15与9端连接）		
	$R_L=10k\Omega$（17与19端连接）	$R_c=1.5k\Omega$（14与9端连接）		
		$R_c=3k\Omega$（15与9端连接）		
	$R_L=\infty$	$R_c=1.5k\Omega$（14与9端连接）		
		$R_c=3k\Omega$（15与9端连接）		

（续）

反馈	R_L 值	R_c 值	u_o 的有效值 /mV	计算放大倍数 $\lvert A_u \rvert$
有反馈（10 与 11 端连接）	$R_L=3k\Omega$（17 与 18 端连接）	$R_c=1.5k\Omega$（14 与 9 端连接）		
		$R_c=3k\Omega$（15 与 9 端连接）		
	$R_L=10k\Omega$（17 与 19 端连接）	$R_c=1.5k\Omega$（14 与 9 端连接）		
		$R_c=3k\Omega$（15 与 9 端连接）		
	$R_L=\infty$	$R_c=1.5k\Omega$（14 与 9 端连接）		
		$R_c=3k\Omega$（15 与 9 端连接）		

（3）输出电阻的测量

输出电阻 r_o 测量电路原理图如图 3.4 所示。对放大电路的输出来讲，可用 u'_o 和内阻 r_o 串联的等效电压源来表示，等效电源的内阻即为放大电路的输出电阻 r_o。

保持原来最佳静态工作点和输入电压 u_i 的有效值为 10mV 不变。输出端开路时

$$u_o = u'_o$$

输出端接负载电阻 R_L 时

$$u_{ol} = \frac{R_L}{r_o + R_L}u'_o$$

由以上二式可得出

$$r_o = \left(\frac{u_o}{u_{ol}} - 1\right)R_L$$

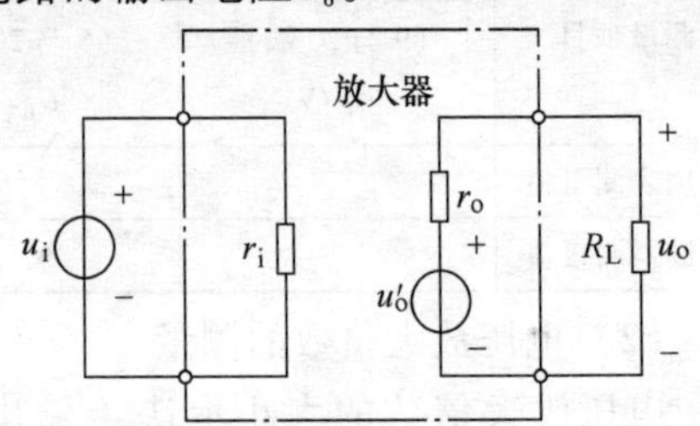

图 3.4　输出电阻测量电路原理图

这表明通过实验测出放大电路输出端开路时的输出电压 u_o 和接上负载电阻 R_L 时的输出电压 u_{ol}，即可求出放大电路的输出电阻 r_o。按表 3.3 的内容测量在无反馈和有反馈两种情况下的 r_o。

表 3.3　输出电阻的测量实验数据

反馈	开路时 u_o 的有效值	负载时 u_o 的有效值		r_o（计算值）
无反馈（10 与 12 端连接）		$R_c=1.5k\Omega$（14 与 9 端连接）		
		$R_c=3k\Omega$（15 与 9 端连接）		
有反馈（10 与 11 端连接）		$R_c=1.5k\Omega$（14 与 9 端连接）		
		$R_c=3k\Omega$（15 与 9 端连接）		

根据实验结果，分析改变 R_c 时，对 r_o 有何影响；加入反馈时，对 r_o 有何影响。

（4）输入电阻的测量

输入电阻 r_i 的测量采用间接测量方法，电路如图 3.5 所示。测量方法为：在函数信号发生器的输出 u 与放大电路输入 u_i 之间串入一 10kΩ 的电阻 R，调节函数信号发生器的输出电压 u，始终保证 u_i 的有效值为 10mV 不变的情况下，监测函数信号发生器输出电压 u 的变化，此时输入回路的电流为

$$i = \frac{(u - u_i)}{R}$$

故可间接求得 $r_i = \frac{u_i}{i} = \frac{u_i R}{(u - u_i)}$ 的数值。

放大电路引入负反馈后，会引起输入电阻 r_i 的变化，分别测量放大电路不带反馈和带反馈的输入电阻 r_i。

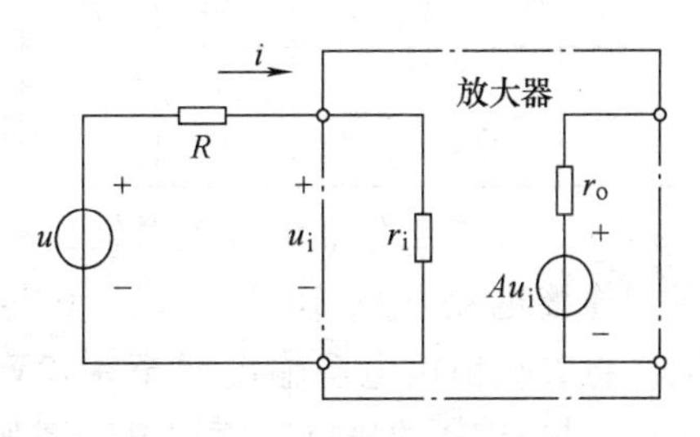

图 3.5　输入电阻测量原理图

连接电路板的 15 与 9 端（$R_c = 3k\Omega$）、17 与 18 端（$R_L = 3k\Omega$），将晶体管毫伏表接于 3 与 4 端（4 端为晶体管毫伏表测量端子的公共端）测量 u_i；函数信号发生器输出接于 1 与 2 端（2 端为函数信号发生器端子的公共端）作为 u。调节 u 使得 u_i 的有效值为 10mV，分别将无反馈和有反馈两种情况下的测量数据记入表 3.4 中。

表 3.4　输入电阻的测试实验数据

反馈	u 的有效值	u_i 的有效值	r_i
无反馈（10 与 12 端连接）		10mV	
有反馈（10 与 11 端连接）		10mV	

根据实验结果，计算出 r_i 并分析反馈对 r_i 的影响。

（5）放大电路幅频特性的测量

在阻容耦合放大电路中，中频段的放大倍数为 $|A_m|$。由于耦合电容和发射极旁路电容的影响，当输入信号的频率降低到一定频率时，放大倍数将随之降低，当放大倍数降至 $|A_m|/\sqrt{2}$ 时，其对应的频率称为下限转折频率 f_L；另外由于晶体管结电容的作用，当输入信号的频率升高到一定频率时，晶体管的放大倍数将随之降低而引起放大电路放大倍数的降低，当放大倍数降至 $|A_m|/\sqrt{2}$ 时，其对应的频率称为上限转折频率 f_H。放大电路的放大倍数 $|A|$ 随着频率 f 的改变而变化的曲线称为放大电路的幅频特性曲线，如图 3.6 所示。

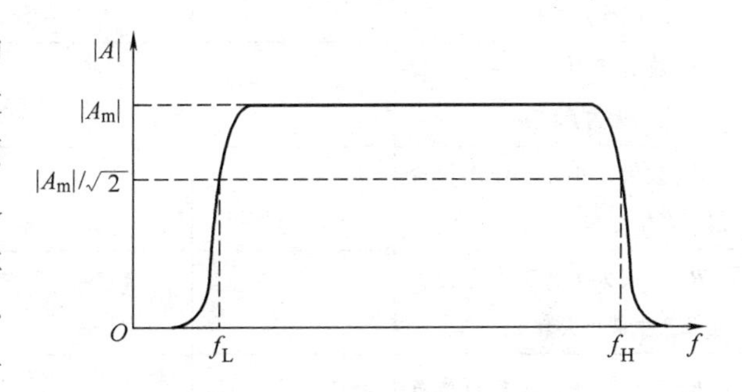

图 3.6　放大电路幅频特性曲线

如图 3.1 所示电路，保持工作点不变，断开负载电阻 R_L，按表 3.5，以 $f = 1kHz$ 为基本频率，分别向上和向下调节频率（测量过程中始终用晶体管毫伏表监测输入电压，保持输入信号的有效值为 10mV），测量出放大电路的有反馈和无反馈两种情况下的上限频率 f_H 和下限频率 f_L，并画出幅频特性曲线。

表 3.5　幅频特性测试实验数据

序　号		1	2	f_L	3	4	f_0	6	7	f_H	9	10
f							1kHz					
无反馈	u_o											
	A											

（续）

序　号		1	2	f_L	3	4	f_0	6	7	f_H	9	10
有反馈	u_{of}											
	A_f											

（6）静态工作点的位置对输出波形非线性的影响

连接电路板的16与9端、6与7端、10与13端，将直流稳压电源输出调至+12V，接至电路板的+12V与GND的接口，原理电路图如图3.7所示。

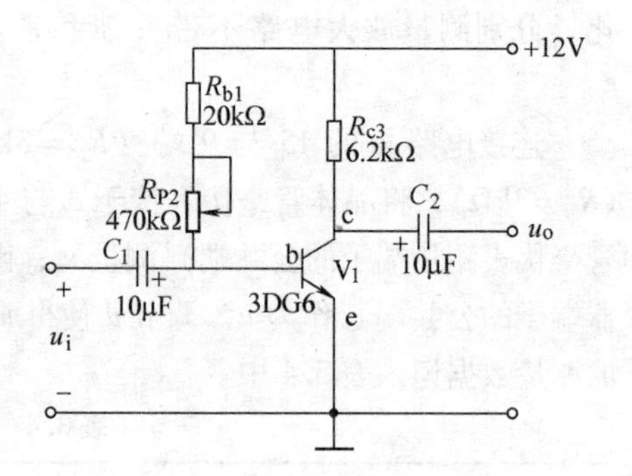

图3.7　固定偏置放大电路

保持u_i的有效值为10mV不变，用示波器观察输出电压u_o的波形变化，按表3.6前三项条件调R_{P2}的值，记录3种情况下的波形，同时用万用表测量相应的U_{CE}值，记入表3.6中。

仍取u_i的有效值为10mV不变，调R_{P2}使u_o的波形恢复到无失真状态。然后逐渐加大输入信号的幅度（注意：信号的有效值应小于50mV，信号幅度过大会损坏晶体管），直到u_o的波形产生饱和与截止双重失真时为止。描绘波形并测量U_{CE}值，记入表3.6中。

表3.6　静态工作点的位置对输出波形的影响

工作点的位置	U_{CE}	输出电压的波形
R_{b1}数值适中，工作点位置合适输出无失真		
R_{b1}数值太小，工作点位置偏高产生饱和失真		
R_{b1}数值太大，工作点位置偏低产生截止失真		
R_{b1}数值适中，工作点位置合适输出无失真，增大u_i至50mV，使得输出产生饱和和截止双重失真		

7. 实验报告要求

1）画出实验电路图，整理实验数据，画出波形曲线。

2）分析静态工作点的位置对放大电路输出电压波形的影响，以及分压式偏置电路稳定静态工作点的原理。

3）分析R_c和R_L对放大电路电压放大倍数的影响。

4）讨论负反馈对放大电路电压放大倍数、输入电阻、输出电阻及幅频特性的影响。

5）总结放大电路主要性能指标的测试方法。

6）回答思考题。

8. 思考题

1）如果测量时发现放大倍数A_u远小于设计值，可能是什么原因造成的？

2）总结失真类型的判断方法，说明当本实验中的放大电路的输出出现削顶失真时，为截止失真，还是饱和失真？这一结论适用于由 PNP 管构成的共射极放大电路吗？请说明理由。

3）测量放大电路输入电阻时，若串联电阻的阻值比其输入电阻的值大很多或小很多，对测量结果有何影响？

4）能否用数字万用表测量放大电路的电压放大倍数和幅频特性，为什么？

3.2　互补功率放大电路

1. 必备知识

在实用电路中，往往要求放大电路的末级（即输出级）输出一定的功率，以驱动负载。能够向负载提供足够信号功率的放大电路称为功率放大电路。目前使用最广泛的互补功率放大电路是无输出变压器的功率放大电路（OTL 电路）和无输出电容的功率放大电路（OCL 电路）。

图 3.8 所示为 OTL 低频功率放大电路。其中 V_1 为推动级（也称前置放大级），V_2 和 V_3 是一对参数对称的 NPN 和 PNP 型晶体管，它们组成互补推挽 OTL 功放电路。由于每一个管子都接成射极输出器形式，因此具有输出电阻低、负载能力强等优点，适合于做功率输出级。V_1 工作于甲状态，它的集电极电流 I_{C1} 由电位器 R_{P1} 进行调节。I_{C1} 的一部分流经电位器 R_{P2} 及二极管 VD，给 V_2、V_3 提供偏压。调节 R_{P2}，可以使 V_2、V_3 得到合适的静态电流而工作于甲、乙类状态，以克服交越失真。静态时要求输出端中点 A 的电位 $V_A = U_{CC}/2$，可以通过调节 R_{P1} 来实现，由于 R_{P1} 的一端接在 A 点，因此在电路中引入交、直流电压并联负反馈，一方面能够稳定放大器的静态工作点，同时也改善了非线性失真。

当输入正弦交流信号 u_i 时，经 V_1 放大、倒相后同时作用于 V_2、V_3 的基极，u_i 的负半周使 V_2 管导通（V_3 管截止）、有电流通过负载 R_L，同时向电容 C_3 充电，在 u_i 的正半周，V_3 导通（V_2 管截止），则已充好电的电容器 C_3 起着电源的作用，通过负载 R_L 放电，这样在 R_L 上就得到完整的正弦波。

C_2 和 R 构成自举电路，用于提高输出电压正半周的幅度，以得到大的动态范围。

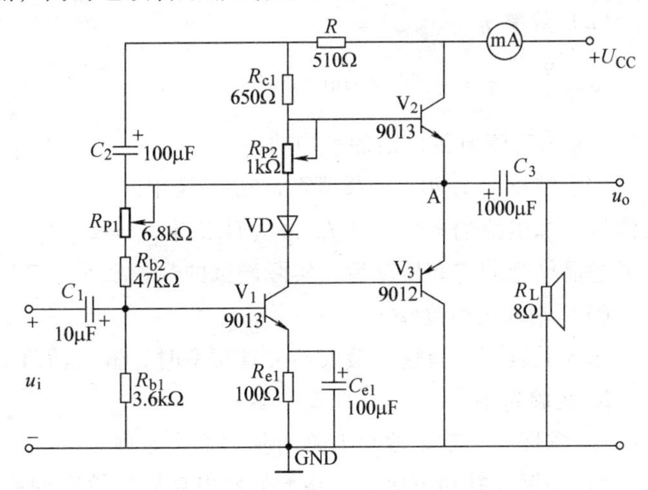

图 3.8　OTL 功率放大电路

基本的 OCL 电路如图 3.9 所示，V_1 和 V_2 特性对称，采用双电源供电，输入电压为正弦波，输出与输入之间双向跟随。当输入信号处于正弦信号正半周时，V_2 截止，V_1 承担放大作用，有电流流过负载；当输入信号处于正弦信号负半周时，V_1 截止，V_2 承担放大作用，仍有电流通过负载，输出波形 u_o 为完整的正弦波。这种互补对称电路实现了在静态时晶体管不取电流，由于电路对称，所以输出电压 $u_o=0$，而在有信号时，V_1 和 V_2 轮流导通，组成推挽式电路。

若考虑晶体管 b-e 间的开启电压 U_{on}，则当输入电压的数值 $|u_i|<U_{on}$ 时，V_1 和 V_2 均处于截止状态。输出电压为零；只有当 $|u_i|>U_{on}$ 时，V_1 或 V_2 才导通，因而输出电压波形产生交越失真。

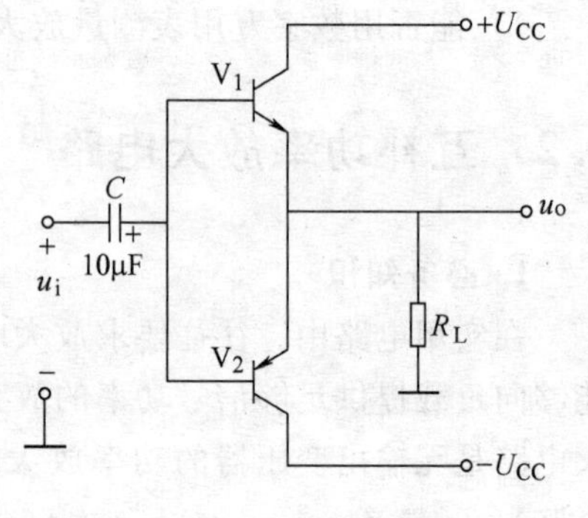

图 3.9　基本的 OCL 电路

消除交越失真的 OCL 功率放大电路如图 3.10 所示，输入信号的正半周主要是 V_1 管发射极驱动负载，负半周主要是 V_2 管发射极驱动负载，而且两管的导通时间都比输入信号的半个周期长，即在信号电压很小时，两只管子同时导通，因而它们工作在甲乙类状态。

互补功率放大电路的主要性能指标：

（1）最大不失真输出功率 P_{omax}

对于 OTL 功率放大电路，理想情况下，忽略晶体管的饱和压降，负载上最大输出电压幅值 $U_{om}\approx U_{CC}/2$。此时负载上的最大不失真功率为，$P_{omax}=\dfrac{U_{CC}^2}{8R_L}$。

对于 OCL 功率放大电路，理想情况下，负载上的最大不失真功率为，$P_{omax}=\dfrac{U_{CC}^2}{2R_L}$。

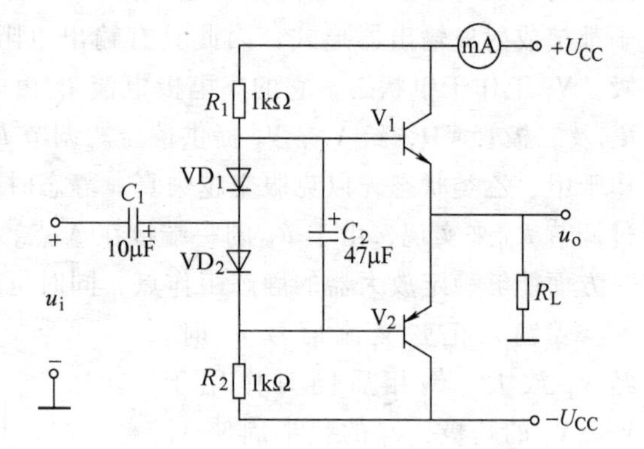

图 3.10　消除交越失真的 OCL 电路

在实验中可通过测量 R_L 两端的电压有效值，来求得实际的 $P_{omax}=\dfrac{U_o^2}{R_L}$。

（2）效率 η

$$\eta=\frac{P_{omax}}{P_E}\times 100\%$$

式中，η 为直流电源供给的平均功率。

理想情况下，$\eta_{max}=78.5\%$，在实验中，可测量电源供给的平均电流 I_{DC}，从而求得 $P_E=U_{CC}I_{DC}$，负载上功率可用上述方法求出。如果考虑晶体管的饱和压降后，实际测试的数值要小于 78.5%。

（3）输入灵敏度

输入灵敏度是指输出最大不失真功率时，输入信号 u_i 的值。

2. 实验目的

1）掌握互补功率放大电路的基本工作原理。

2）掌握互补功率放大电路最大输出功率和效率的测量方法。

3）了解 OCL 功率放大电路交越失真的产生和解决方法。

3. 仪器与设备

1）实验电路板　1 块

2）双踪示波器　1 台

3）双路直流稳压电源　1 台

4）函数信号发生器　　1台

5）数字万用表　　1只

6）晶体管毫伏表　　1只

4. 预习要求

1）理解互补功率放大电路的工作原理及电路中各元器件的作用。

2）理解交越失真产生的原因及其消除方法。

3）掌握互补功率放大器主要性能指标的测试方法。

5. 注意事项

1）±9V 电源电压应在直流稳压电源上先调好，断开电源开关后再接入电路。

2）实验中要将直流稳压电源、函数信号发生器、示波器等电子仪器和实验电路共地，以免引起干扰。

3）负载电阻会发热，不要用手触及负载电阻，避免烫伤。

4）实验过程中，每当换接电路时，必须首先断开电源，严禁带电操作。

5）在整个测试过程中，电路不能出现自激现象。

6. 实验内容

（1）OTL 功率放大电路

1）静态工作点的测试

按图 3.8 连接实验电路，电源进线中串入直流毫安表，将 R_{P2}置最小值，R_{P1}置中间位置。接通 +5V 电源，观察毫安表指示，同时用手触摸输出级管子，若电流过大，或管子温升显著，应立即断开电源检查原因（如 R_{P2}开路，电路自激，或输出管性能不好等）。如无异常现象，可开始调试。

a. 调节输出端中点电位 V_A。调节 R_{P1}，用数字直流电压表测量 A 点电位，使 $V_A = \frac{1}{2}U_{CC}$。

b. 调整输出级静态电流及测试各级静态工作点。调节 R_{P2}，使 V_2 和 V_3 管的 $I_{C2} = I_{C3} = 5 \sim 10mA$。从减小交越失真角度而言，应适当加大输出级静态电流，但该电流过大，会使效率降低，所以一般以 5～10mA 为宜。由于毫安表是串在电源进线中，因此测得的是整个放大器的电流。但一般 V_1 的集电极电流 I_{C1}较小，从而可以把测得的总电流近似当作末级的静态电流，则可从总电流中减去 I_{C1}。

调整输出级静态电流的另一方法是动态调试法。使 $R_{P2} = 0$，在输入端接入 $f = 1kHz$ 的正弦信号 u_i。逐渐加大输入信号的幅值，此时，输入波形应出现较严重的交越失真（注意：没有饱和失真和截止失真），然后缓慢增大 R_{P2}，当交越失真刚好消失时，停止调节 R_{P2}，恢复 $u_i = 0$，此时直流毫安表读数即为输出级静态电流。一般数值也应在 5～10mA，如过大，则要检查电路。

输出级电流调好以后，测量各级静态工作点，记入表 3.7 中。

注意：①在调整 R_{P2}时，一定要注意旋转方向，不要调得过大，更不能开路，以免损坏输出管；②输出管静态电流调好后，如无特殊情况，不得随意旋动 R_{P2}的位置。

2）最大输出功率 P_{omax}和效率 η 的测试

a. 测量 P_{omax}。输入端接 $f = 1kHz$ 的正弦信号 u_i，输出端用示波器观察输出电压 u_o 波形。

逐渐增大 u_i，使输出电压达到最大不失真输出，用交流毫伏表测出负载 R_L 上的电压 U_{omax}，则

$$P_{omax} = \frac{U_{omax}^2}{R_L}$$

表 3.7　OTL 互补功率放大电路各级静态工作点

$I_{C2} = I_{C3} =$ 　mA　$U_A = 2.5V$			
	V_1	V_2	V_3
U_B/V			
U_C/V			
U_E/V			

b. 测量效率 η。当输出电压为最大不失真输出时，此时数字直流毫安表显示的电流值，即为直流电源供给的平均电流 I_{DC}（有一定误差），由此可近似求得 $P_E = U_{CC}I_{DC}$，再根据上面测得的 P_{omax}，则可计算效率 η。

3）输入灵敏度测试。根据输入灵敏度的定义，只要测出输出功率 $P_o = P_{omax}$时的输入电压值 U_i 即可。

（2）OCL 功率放大电路测试

1）OCL 电路的交越失真。按照图 3.9 所示，连好电路。电路供电电压为 ±9V，利用函数信号发生器为 OCL 电路提供输入信号（频率 1kHz、幅度为 1V 的正弦信号），用示波器的两个通道同时观察输入波形和输出波形，缓慢调节输入电压幅度，可看到输出波形出现交越失真，绘制出现失真的波形于坐标图 3.11 中。

2）最大输出功率 P_{omax} 及效率 η。按照图 3.10 所示，连好电路。在输入端 u_i 输入频率为 1kHz、幅度为 1V 的正弦信号，利用示波器观察输出电压 u_o 的波形。逐步增大输入信号的幅度，直至输出电压幅度最大且无明显失真时为止。这时的输出电压为最大不失真电压，用晶体管毫伏表分别测出此时的 u_i 和 u_o 值，填入表 3.8 中。

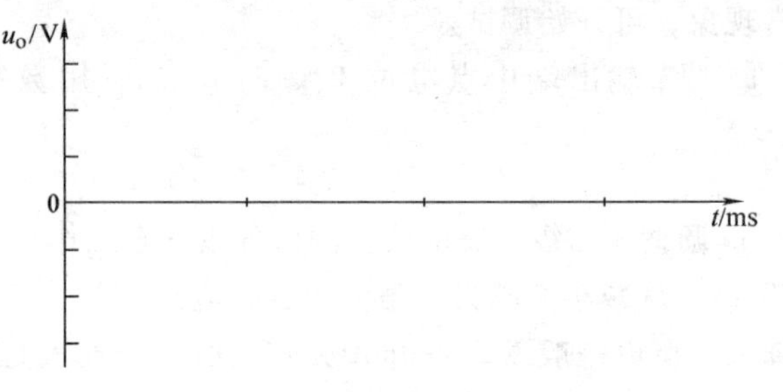

图 3.11　绘制出现交越失真的波形

表 3.8　OCL 电路指标测试

u_i/V	u_o/V	U_{CC}/V	R_L/Ω	I_{C1}/A	计算 P_o/W	计算 P_V/W	计算 η（%）
			10				
			20				

根据公式算出最大不失真输出功率。

输出仍保持为最大不失真电压，这时在电路中串入直流电流表测量 I_{C1}，电流表测得的电流即为电源 $+U_{CC}$给 V_1 管提供的平均电流，由于电路对称，给 V_2 管提供的电流 I_{C2}与 I_{C1}相等。根据 U_{CC}和 I_{C1}可算出两个电源提供的总功率：$P_V = 2U_{CC}I_{C1}$。由 P_o 和 P_V 可得出 OCL 电路在 u_o 为最大不失真输出时的效率 η。

改变负载电阻值，按照表3.8重新测试OCL电路指标。

3）输入灵敏度测试。输入灵敏度是指输出最大不失真功率时，输入信号 u_i 的值。测试满足设计要求的OCL功率电路的输入灵敏度。

7. 实验报告要求

1）画出实验电路图，整理实验数据，画出交越失真波形。

2）分析互补功率放大电路的工作状态和工作原理。

3）分析消除交越失真的OCL功率放大电路的原理。

4）总结互补功率放大电路主要性能指标的测试方法。

5）回答思考题。

8. 思考题

1）在什么条件下，OCL电路输出功率最大？效率最高？何时晶体管的管耗最大？

2）图3.10中的电解电容 C_2 的作用是什么？

3）如果增大图3.10中的电阻 R_1 和 R_2 阻值，对整个电路有何影响？

4）分析OTL功率放大电路中自举电路的工作原理。

3.3　集成运算放大器的线性应用

1. 必备知识

集成运算放大器是具有高开环电压放大倍数的多级直接耦合放大器。它具有体积小、功耗低、可靠性高等优点，广泛应用于信号的运算、处理和测量以及波形的发生等方面。

集成运算放大器的应用从工作原理上可分为线性应用和非线性应用两个方面。在线性工作区内，其输出电压 u_o 与输入电压 u_i ［同相输入端（+）的输入电压 u_+ 与反相输入端（-）的输入电压 u_- 之间的电压之差］成正比。即

$$u_o = A_{uo}(u_+ - u_-) = A_{uo}u_i$$

由于集成运算放大器的放大倍数 A_{uo} 高达 $10^4 \sim 10^7$，若使 u_o 为有限值，必须引入深度负反馈，使电路的输入、输出成比例，因此构成了集成运算放大器的线性运算电路。

理想运放在线性应用时具有以下重要特征：

1）理想运放的同相和反相输入端电流近似为零。

2）理想运放在作线性放大时，两输入端电压近似相等。

（1）反相比例运算电路

信号由反相端输入，电路如图3.12所示，在理想条件下，闭环电压放大倍数为 $A_{uf} = -R_F/R_1$。增益要求确定后，R_F 与 R_1 的比值即确定，当 $R_F = R_1$ 时，放大器的输出电压等于输入电压的负值，此时它具有反相跟随的作用，称之为反相器。

（2）同相比例运算电路

信号由同相端输入，电路如图3.13所示，在理想条件下，闭环电压放大倍数为 $A_{uf} = 1 + R_F/R_1$，当 R_F 为有限值时，放大器增益恒大于1。当 $R_1 \to \infty$（断开）或 $R_F = 0$ 时，同相比例运算电路具有同相跟随的作用，称之为电压跟随器。电压跟随器具有输入阻抗高，输出阻抗低的特点，具有阻抗变换的作用，常用来做缓冲或隔离级。

(3) 加法运算电路

根据信号输入端的不同有同相加法电路和反相加法电路两种形式。原理电路如图 3. 14 和图 3. 15 所示。同相加法运算电路的输出电压为

$$u_o = \left(1 + \frac{R_F}{R_1}\right) R_P \left(\frac{u_{i1}}{R_2} + \frac{u_{i2}}{R_3}\right)$$

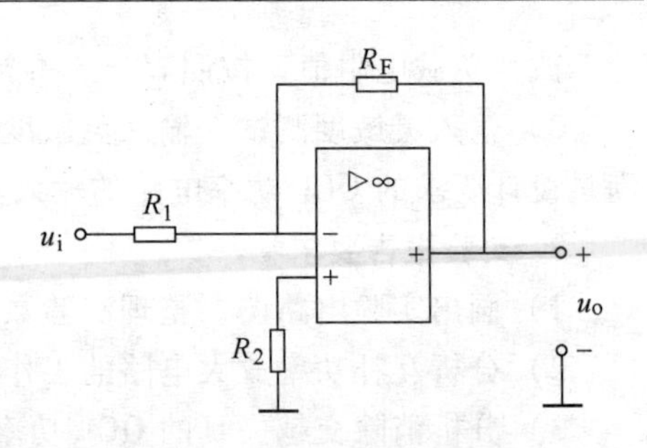

图 3. 12 反相比例运算电路

式中，$R_P = R_2 /\!/ R_3$。因此 R_P 与每个回路电阻均有关，要满足一定的比例关系，调节不便。

反相加法运算电路的输出电压为

$$u_o = -\left(\frac{R_F}{R_1} u_{i1} + \frac{R_F}{R_2} u_{i2}\right)$$

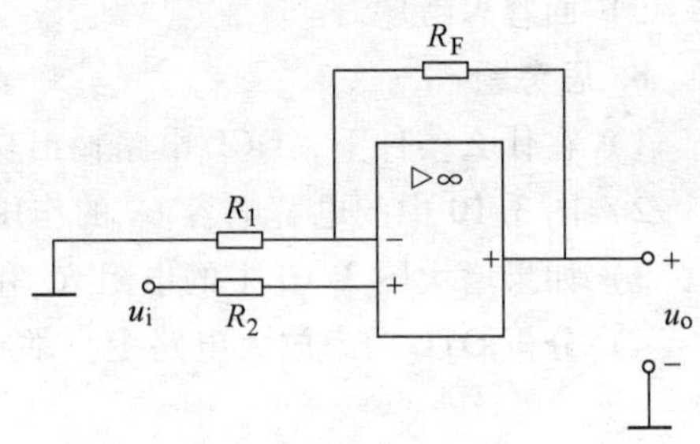

图 3. 13 同相比例运算电路

当 $R_1 = R_2 = R_F$ 时，$u_o = -(u_{i1} + u_{i2})$。

(4) 减法运算电路

减法运算电路实际上是反相比例运算电路和同相比例运算电路的组合，电路如图 3. 16 所示。在理想条件下，输出电压与各输入电压的关系为

$$u_o = \left(1 + \frac{R_F}{R_1}\right)\left(\frac{R_3}{R_2 + R_3}\right) u_{i2} - \frac{R_F}{R_1} u_{i1}$$

图 3. 14 同相加法运算电路

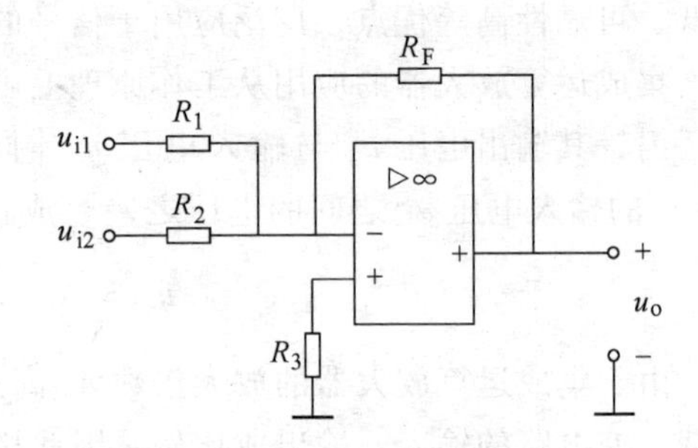

图 3. 15 反相加法运算电路

当 $R_1 = R_2$ 和 $R_F = R_3$ 时，则上式为

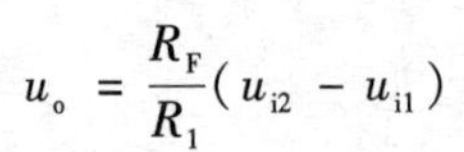

$$u_o = \frac{R_F}{R_1}(u_{i2} - u_{i1})$$

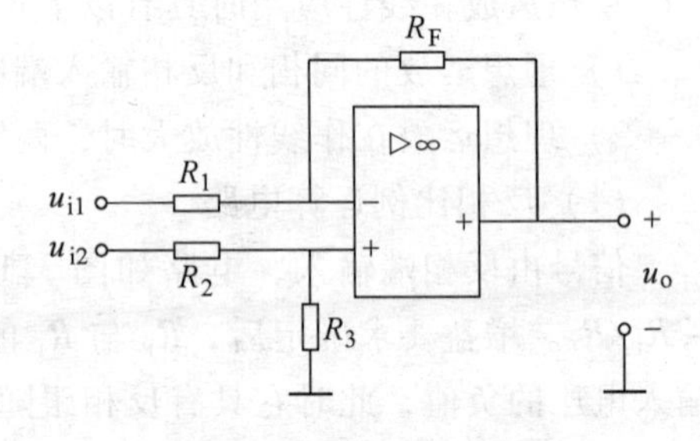

图 3. 16 减法运算电路

(5) 积分运算电路

同相输入和反相输入均可以构成积分运算电路，在此以反相积分为例，电路如图 3. 17 所示。

在理想条件下，输出电压与输入电压的关系为

$$u_o(t) = -\frac{1}{R_1 C}\int u_i(t)\,\mathrm{d}t$$

即输出电压的大小与输入电压对时间的积分值呈正比关系，这个比值由电阻 R_1 和电容 C 决

定，时间常数 R_1C 的数值越大，达到给定的输出值所需要的时间就越长，式中的负号表示输出与输入电压的反相关系。

（6）微分运算电路

微分运算是积分运算的逆运算，只需将反相输入端的电阻和反馈电容调换位置，就成为微分运算电路，电路如图3.18所示。

在理想条件下，输出电压与输入电压的关系为

$$u_o(t) = -R_F C \frac{du_i(t)}{dt}$$

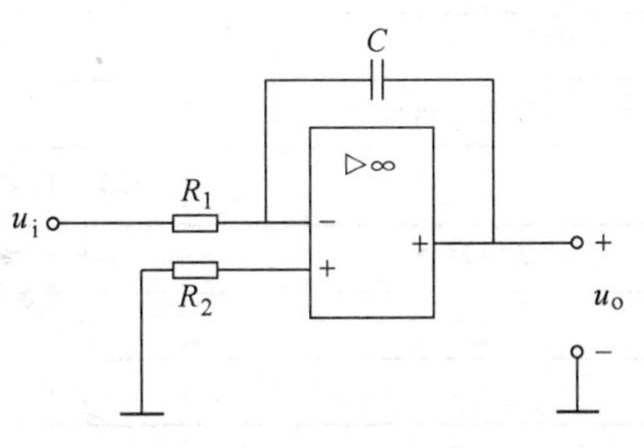

图3.17　积分运算电路

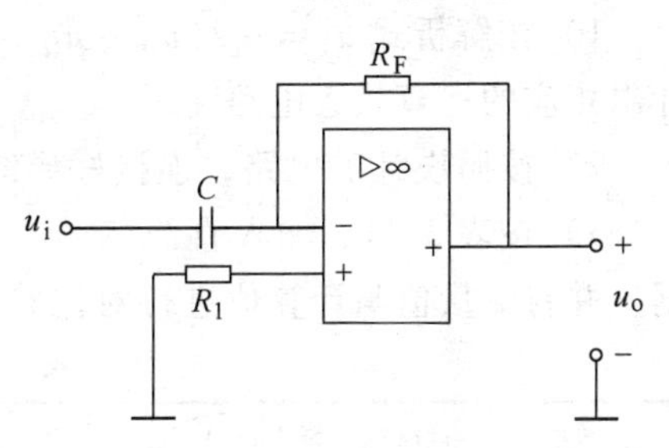

图3.18　微分运算电路

2. 实验目的

1）掌握集成运算放大器的正确使用方法。

2）掌握集成运算放大器的工作原理和基本特性。

3）掌握集成运算放大器常用单元电路的设计和调试方法。

3. 仪器与设备

1）实验电路板　1块

2）双踪示波器　1台

3）双路直流稳压电源　1台

4）函数信号发生器　1台

5）数字万用表　1只

4. 预习要求

1）复习集成运算放大器的基本理论知识。

2）要求设计的电路应在实验前完成原理图设计。

3）要求掌握±12V电源的连接方法。

5. 注意事项

1）集成运算放大器芯片的电源为正负对称电源，注意不要接错。

2）选择电路元件时，应尽量选取实验板上已有的元件。

3）实验过程中，每当换接电路时，必须首先断开电源，严禁带电操作。

6. 实验内容

（1）反相比例运算电路

1）按解析式 $u_o = -10u_i$，$R_F = 100\text{k}\Omega$ 的要求，根据图3.12反相比例运算电路设计相应的运算放大电路。

2）按照设计好的电路，连接导线，接通电源。

3）按表3.9输入直流信号，用万用表的直流电压挡测量出输出电压，记录实验数据，并将测量值与计算值进行对比验证。

4）调节函数信号发生器，使之输出频率为1kHz，峰峰值为表3.10中给定的正弦波，接到输入端 u_i。

5）将大小适当的输出电压 u_o 和输入电压 u_i 波形稳定地显示在示波器的屏幕上。

6）记录 u_i 和 u_o 波形，注意相位关系。

表 3.9 反相比例运算电路直流放大倍数的测量

直流信号源 U_I/V	-0.4	0.4	0.6	0.8
输出电压 U_O/V				
直流放大倍数				

表 3.10 反相比例运算电路交流放大倍数的测量

u_i 的峰峰值/V	输入电压 u_i 和输出电压 u_o 的波形	交流放大倍数
0.4		
0.8		

（2）加法运算电路

1）按解析式 $u_o=-2(u_{i1}+u_{i2})$，$R_F=20\text{k}\Omega$ 的要求，根据图 3.15 反相加法运算电路设计出相应的运算放大电路。

2）按照设计的电路，连接好导线，接通电源。

3）按表 3.11，输入直流信号，用万用表的直流电压挡测量出输出电压，记录实验数据，并将测量值与计算值进行对比验证。

表 3.11 加法运算电路的测量

直流信号源 U_{I1}/V		+1	+2	+0.5
直流信号源 U_{I2}/V		-3	-1	+2
U_O/V	计算值			
U_O/V	测量值			

4）输入信号 u_{i1}、u_{i2} 都是频率为 1kHz 的正弦波，峰峰值分别为 $U_{1_{P-P}}=800\text{mV}$，$U_{2_{P-P}}=2\text{V}$，利用示波器观察输出波形是否满足设计要求并记录波形。

5）输入信号 u_{i1} 是频率为 1kHz，峰峰值 $U_{P-P}=2\text{V}$ 的交流正弦波，u_{i2} 是直流电压（+2V），利用示波器观察输出波形，并记录波形。

（3）减法运算电路

1）按解析式 $u_o=10(u_{i2}-u_{i1})$，$R_F=100\text{k}\Omega$ 的要求，根据图 3.16 差动减法运算电路设计出相应的运算放大电路。

2）按所设计出的电路，连接好导线，接通电源。

3）按表 3.12 输入直流信号，用万用表的直流电压挡测量输出电压，记录实验数据，并将测量值与计算值进行对比验证。

4）输入信号 u_{i1} 是直流电压（+0.5V），u_{i2} 是频率为 1kHz，峰峰值 $U_{P-P}=600\text{mV}$ 的交流正弦波，利用示波器观察输出波形，并记录波形。

表 3.12 减法运算电路的测量

直流信号源 U_{I1}/V		+0.4	-0.5	+1.5
直流信号源 U_{I2}/V		+0.5	+0.5	-1
U_O/V	计算值			
U_O/V	测量值			

（4）限幅放大器

1）按图 3.19 所示的电路选择电气元件，接好电路，检查无误后接通电源。

2）3V（直流信号源）固定电压接入电路的同相输入端。

3）u_i（直流信号源）按 -4.5 ~ +4.5V 变化范围变化，用万用表测量对应的 u_o，记录数据。

4）用所记录数据画出 u_o 与 u_i 的传输特性曲线图。

结果数据分析：在测量范围（-4.5 ~ +4.5V）内，限幅放大器的输出转折点有几个，对应的输入电压、输出电压各为多少伏？

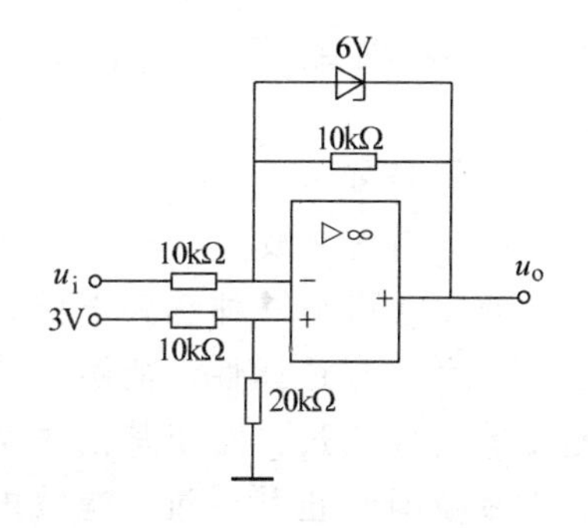

图 3.19 限幅放大器

（5）微分电路

实际的微分电路如图 3.20 所示，由于电容 C 的容抗随输入信号的频率升高而减小，因此输出电压随频率升高而增加，为限制电路的高频电压增益，在输入端与电容 C 之间加入一个小电阻。

1）按图 3.20 的电路推导出 u_o 的解析表达式。

2）按图 3.20 的电路选择电路元件，接好电路。

3）调节函数信号发生器，使之输出频率为 1kHz，峰峰值为 600mV 的三角波，作为电路的输入电压 u_i。

4）检查无误后接通电源。

5）将大小适当的输出电压 u_o 波形稳定地显示在示波器的屏幕上。

6）将电容更改为 0.1μF，观察输出波形的变化。

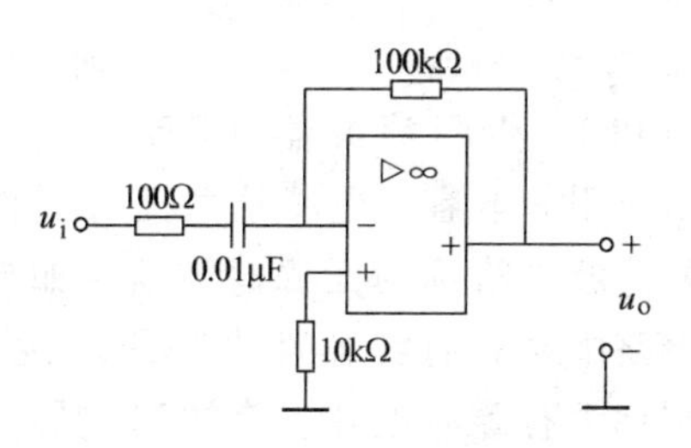

图 3.20 实际微分电路

（6）积分电路

实际的积分电路如图 3.21 所示，在积分电容上并联一个电阻，目的是为了降低电路的低频电压增益，从而消除积分电路的饱和现象。

1）按图 3.21 的电路推导出 u_o 的解析表达式。

2）按图 3.21 的电路选择电路元器件，接好电路。

3）调节函数信号发生器，使之输出频率为 1kHz，峰峰值为 600mV 的方波，作为电路的输入电压 u_i。

4）检查无误后接通电源。

5）将大小适当的输出电压 u_o 波形稳定地显示在示波器的屏幕上。

6）记录示波器显示的波形。

7）将电容更改为 0.1μF，观察输出波形的变化。

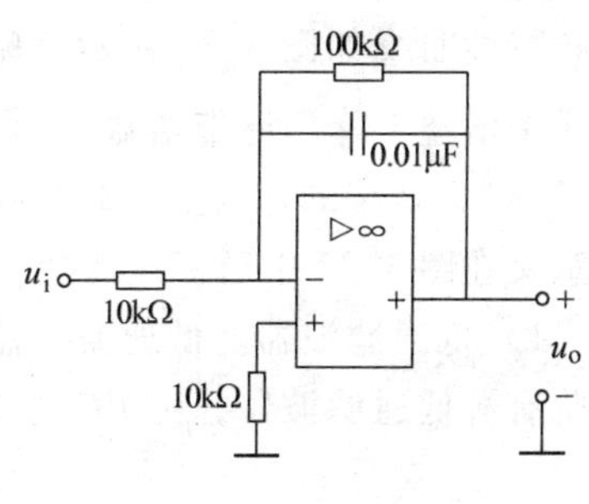

图 3.21 实际的积分电路

7. 实验报告要求

1）按每项实验内容的要求书写实验报告。

2）画出实验电路图，整理实验数据。

3）在同一坐标系中画出相应的输入、输出波形。

4）回答思考题。

8. 思考题

1）在实际测试中，如果发现运算放大器的输出与理论值相差很多，接近电源的负电源电压，是什么原因造成的？

2）积分器输入方波信号，输出三角波信号的幅度大小受哪些因素制约？

3）电阻和电容本身就可以组成一个积分器，为什么还要用运算放大器？

3.4 集成运算放大器的信号处理应用电路

1. 必备知识

（1）有源滤波器

滤波电路是一种选频电路，即对信号的频率具有选择性，能够使特定频率范围的信号通过，而使其他频率的信号大大衰减即阻止其通过。滤波电路按工作频率范围可分为低通滤波器（LPF）、高通滤波器（HPF）、带通滤波器（BPF）、带阻滤波器（BEF）几种。仅由电阻、电容、电感这些无源元件组成的滤波电路称为无源滤波器；如果滤波电路中含有有源器件（如集成运放等）则称为有源滤波器。有源滤波器与无源滤波器相比具有很多优点，但有源滤波只适用于信号处理，不适用于高压大电流的情况。

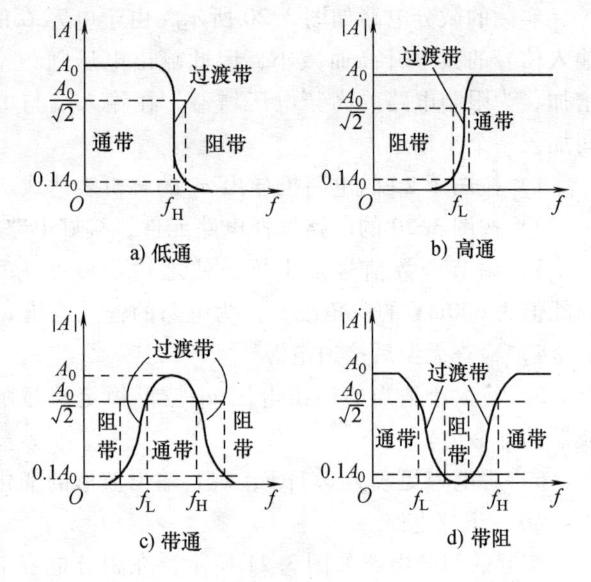

图 3.22 低通、高通、带通和带阻滤波器的幅频特性曲线

低通、高通、带通和带阻滤波器的幅频特性曲线如图 3.22 所示，幅频特性曲线中增益下降到通带增益 A_0 的 $1/\sqrt{2}$时对应的频率称为滤波器的截止频率（也称 -3dB 截止频率），高端的称为上限截止频率 f_H，低端的称为下限截止频率 f_L。通带、阻带、过渡带的意义在图 3.22 中已标注清楚。

1）低通滤波器。低通滤波器用来通过低频信号，衰减或抑制高频信号。图 3.23 所示为一阶有源低通滤波器，由 RC 滤波环节与同相比例运算电路组成，它的传递函数为

$$G(s)=\left(1+\frac{R_F}{R_1}\right)\frac{1}{1+sRC}$$

滤波器的截止频率为 $f_0=\frac{1}{2\pi RC}$，为了改善滤波效果，使 $f>f_0$ 时信号衰减得更快，在一阶低通滤波器的基础上在增加一级 RC 电路就构成了二阶有源低通滤波器，如图 3.24 所示。二阶有源低通滤波器的传递函数为

$$G(s)=\left(1+\frac{R_F}{R_1}\right)\frac{1}{1+3sRC+(sRC)^2}$$

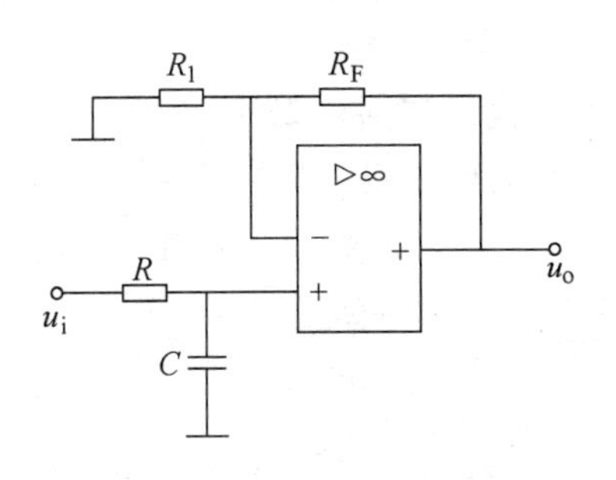

图 3.23　一阶有源低通滤波器

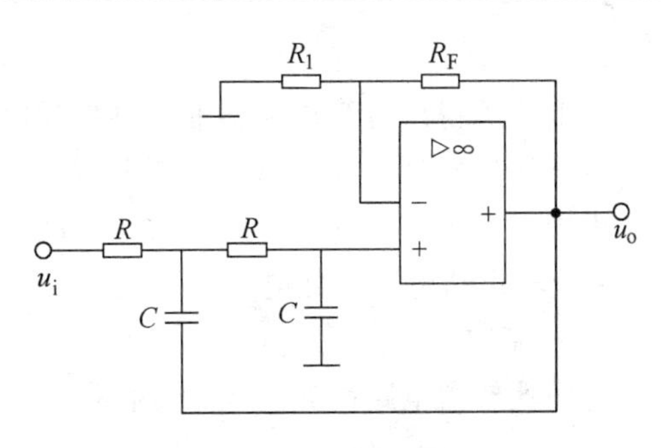

图 3.24　二阶有源低通滤波器

2）高通滤波器。高通滤波器允许输入信号中高于截止频率的信号成分通过，抑制低频信号。将 RC 低通滤波器中 R 和 C 的位置互换，就可以得到 RC 高通滤波器，两者在电路结构上存在对偶关系。一阶有源高通滤波器如图 3.25 所示，二阶有源高通滤波器如图 3.26 所示。

一阶有源高通滤波器的传递函数为

$$G(s)=\left(1+\frac{R_F}{R_1}\right)\frac{1}{1+1/sRC}$$

二阶有源高通滤波器的传递函数为

$$G(s)=A_{up}(s)\cdot\frac{(sRC)^2}{1+[3-A_{up}(s)]sRC+(sRC)^2}$$

式中的二阶高通滤波器的通带增益为 $A_{up}=1+\frac{R_F}{R_1}$，截止频率为 $f_c=\frac{1}{2\pi RC}$，等效品质因数为 $Q=\frac{1}{3-A_{up}}$。

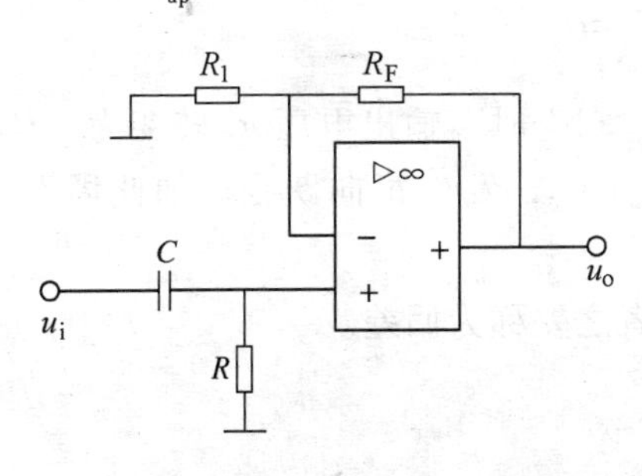

图 3.25　一阶有源高通滤波器

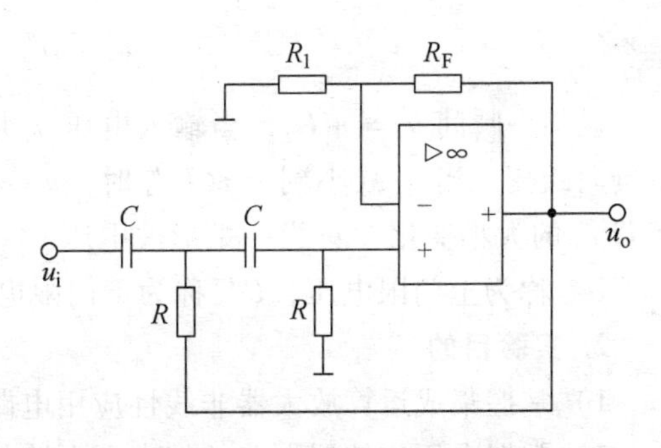

图 3.26　二阶有源高通滤波器

（2）电压比较器

当集成运算放大器工作在开环或引入正反馈时，输出电压将超出运算放大器输出电压的范围，其输出电压 u_o 与其输入电压 $u_i=u_+-u_-$ 之间将不再符合线性关系，即

$$u_o\neq A_{uo}(u_+-u_-)$$

这是由于集成运算放大器工作在开环或正反馈的工作状态，即使输入加入一微小信号电压，也足以使得输出达到饱和（小于并接近正或负电源电压）。其关系可由下式表达：

当 $u_+>u_-$ 时

$$u_o=+U_{Omax}$$

当 $u_+<u_-$ 时

$$u_o = -U_{Omax}$$

由上式可得出运算放大器非线性应用时的转移特性曲线，如图 3.27 所示。

电压比较器是集成运算放大器非线性应用的基础，是对电压幅值进行比较的电路。它将一个模拟量电压信号和一个参考电压相比较，在两者幅度相等的附近，输出电压将产生跃变，相应输出高电压或低电平。

（3）滞回比较器

滞回比较器电路图如图 3.28 所示。

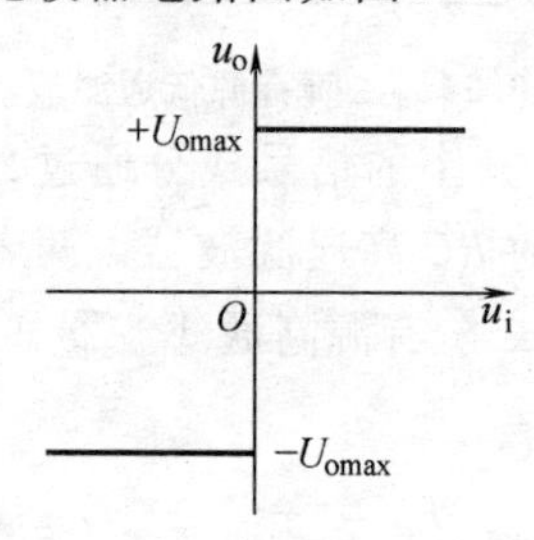

图 3.27　转移特性曲线

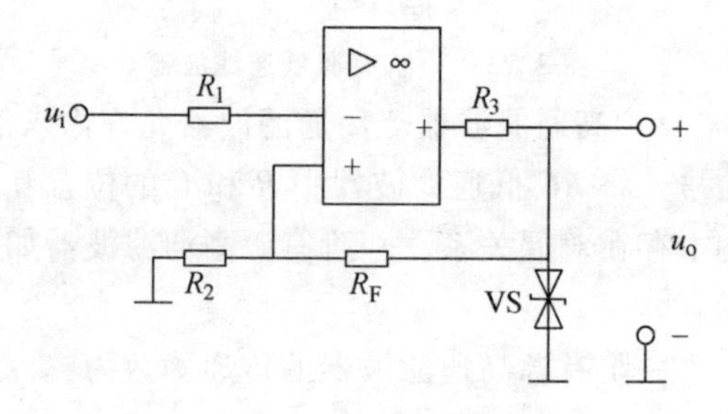

图 3.28　滞回比较器电路

输入电压 u_i 加到反相输入端；从输入端通过电阻 R_F 连到同相输入端以实现正反馈，稳压管 VS 的稳定电压为 U_Z。

当输出电压 $u_o = +U_Z$ 时

$$u_+ = U'_+ = \frac{R_2}{R_2 + R_F} U_Z$$

当输出电压 $u_o = -U_Z$ 时

$$u_+ = U''_+ = -\frac{R_2}{R_2 + R_F} U_Z$$

设某一瞬间 $u_o = +U_Z$，当输入电压 u_i 增大到 $u_i \geqslant U'_+$ 时，输出电压 u_o 转变为 $-U_Z$，发生负向跃变。当 u_i 减小到 $u_i \leqslant U''_+$ 时，u_o 又转变为 $+U_Z$，发生正向跃变。如此周而复始，随着 u_i 的大小变化，u_o 为一矩形波电压。

U'_+ 称为上门限电压，U''_+ 称为下门限电压，两者之差称为回差。

2. 实验目的

1）掌握集成运算放大器非线性应用电路的特点。

2）掌握电压比较器电路的特点和电路的输出规律。

3）掌握集成运算放大器非线性应用电路转移特性曲线的绘制步骤和方法。

4）熟悉由集成运放和阻容元件组成的有源滤波器的原理。

5）学习 RC 有源滤波器的设计及电路调试方法。

3. 仪器与设备

1）实验电路板　1 块

2）双踪示波器　1 台

3）双路直流稳压电源　1 台

4）函数信号发生器　1 台

5）数字万用表　1 只

4. 预习要求

1）复习集成运算放大器的基本理论知识。

2）阅读实验指导书，理解实验原理，了解实验步骤。

5. 注意事项

1）集成运算放大器芯片的电源为正负对称电源，切不可把正、负电源极性接反或将输出端短路，否则会损坏芯片。

2）选择电路元件时，应尽量选取实验板上已有的元件。

3）实验过程中，每当换接电路时，必须首先断开电源，严禁带电操作。

6. 实验内容

（1）低通滤波器

一阶低通滤波器的实验电路见图3.23，推荐参数为：R_1，$R_F=5.1\sim47\text{k}\Omega$；$R=10\sim47\text{k}\Omega$；$C=0.01\sim1\mu\text{F}$；$U_{CC}=\pm12\text{V}$。

1）按照图3.23所示搭建电路，接通电源后首先调零和消除自激振荡。

2）粗测：接通±12V电源。u_i接函数信号发生器，令其输出为幅度为1V的正弦波信号，在滤波器截止频率附近改变输入信号频率，用示波器或交流毫伏表观察输出电压幅度的变化是否具备低通特性，如不具备，应排除电路故障。

3）在输出波形不失真的条件下，选取适当幅度的正弦输入信号，将输入信号幅度记入表3.13中，在维持输入信号幅度不变的情况下，逐点改变输入信号频率。测量输出电压，记入表3.13中。

4）根据表3.13中的数据，描述幅频特性曲线，说明低通滤波器的特点，并在曲线上找到f_c点，与理论计算得到的f_c进行比较，说明误差原因。

表3.13　一阶低通滤波器幅频特性测试记录

输入幅度　（　　）V	
f/Hz	
U_o/V	

（2）高通滤波器

一阶高通滤波器的实验电路如图3.25所示，推荐参数为：R_1，$R_F=5.1\sim47\text{k}\Omega$；$R=10\sim47\text{k}\Omega$；$C=0.01\sim1\mu\text{F}$；$U_{CC}=\pm12\text{V}$。

1）按照图3.25所示搭建电路，接通电源后首先调零和消除自激振荡。

2）粗测：接通±12V电源。u_i接函数信号发生器，令其输出为幅度为1V的正弦波信号，在滤波器截止频率附近改变输入信号频率，用示波器或交流毫伏表观察输出电压幅度的变化是否具备高通特性，如不具备，应排除电路故障。

3）在输出波形不失真的条件下，选取适当幅度的正弦输入信号，将输入信号幅度记入表3.14中，在维持输入信号幅度不变的情况下，逐点改变输入信号频率。测量输出电压，记入表3.14中。

4）根据表3.14中的数据，描述幅频特性曲线，说明高通滤波器的特点，并在曲线上找到f_c点，与理论计算得到的f_c进行比较，说明误差原因。

表 3.14 一阶高通滤波器幅频特性测试记录

输入幅度 （ ）V	
f/Hz	
U_o/V	

(3) 电压比较器

1) 按图 3.29 所示接好电路。

2) 由函数信号发生器调出 1000 Hz、电压幅值为 5V 的正弦交流电压加至 u_i 端。

3) 按表 3.15 改变直流信号源输入 U，用示波器测量输出电压 u_o 的矩形波波形，如图 3.30 所示。

4) 按表 3.15 调节 U 的大小，用示波器观察输出矩形波波形的变化，测量 T_H 和 T 的数值，并记入表 3.15 中。

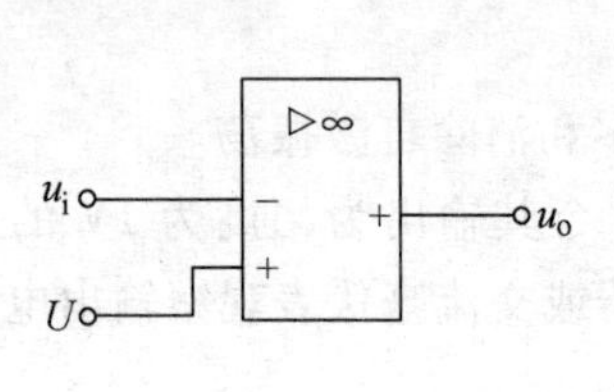

图 3.29 电压比较器

图 3.30 输出电压波形

表 3.15 电压比较器的测量

U/V	测量值	
	T/μs	T_H/μs
−3		
−1		
0		
2		
4		

(4) 滞回比较器电路

1) 按图 3.31 所示的电路选择电路元件，接好电路。

2) 由函数信号发生器调出 1000Hz、电压幅值为 5V 的三角波电压加至 u_i 端。

3) 按表 3.16 改变直流信号源输入 U 端，用示波器测量输出电压 u_o 的矩形波波形，如图 3.32 所示。

4) 按表 3.16 改变 U 的大小，用示波器观察输出矩形波波形的变化，测量 T_H 和 T 的数值。

5) 用示波器观察输出矩形波波形的变化，测量输出 u_o 由负电压跃变为正电压时的 u_i 瞬时值 u_{i+} 和 u_o 由正电压跃变为负电压时 u_i 瞬时值 u_{i-}，记入表 3.16 中。

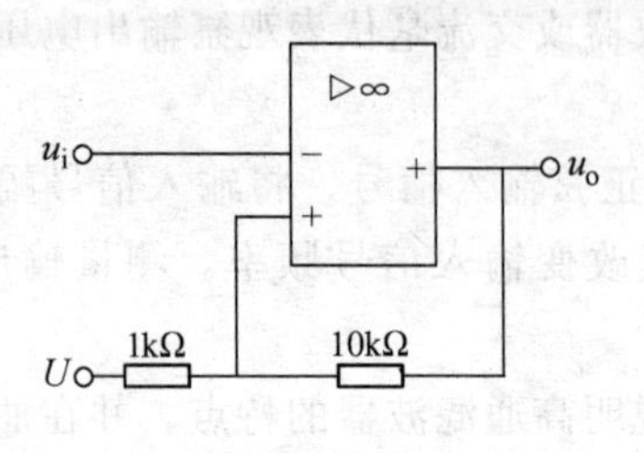

图 3.31 滞回比较器

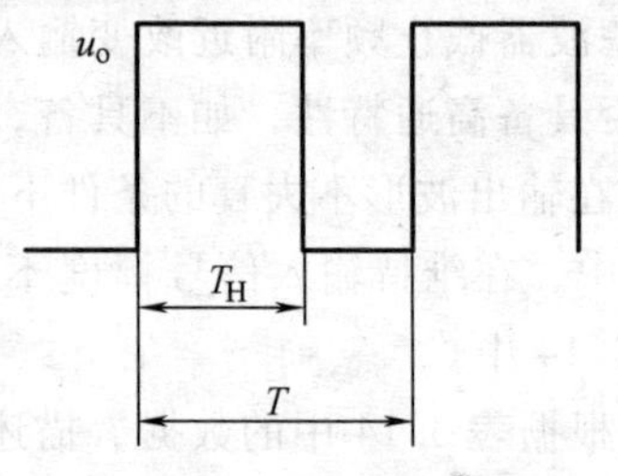

图 3.32 输出电压波形

表 3.16　滞回比较器的测量

U/V	测量值				计算值
	$T/\mu s$	$T_H/\mu s$	u_{i+}/V	u_{i-}/V	$d=\frac{T_H}{T}$
-3					
-1					
0					
2					
3.5					

（5）窗口比较器电路

1）按图 3.33 所示的电路选择电路元件，接好电路，选取 $R_1=2k\Omega$。

2）接通电源，用示波器监视 u_o 端电压的变化。

3）用万用表的直流电压档测量 u_i 的数值，将 u_i 从 0V 开始逐渐增大，观察 u_o 的变化。记录当 u_o 由高电平转变为低电平时 u_i 的电压值 u_{iL} 和当 u_o 由低电平转变为高电平时 u_i 的电压值 u_{iH}。

4）取 $R_1=1k\Omega$，重复 2）和 3）。

5）根据实验结果，画出 $R_1=2k\Omega$ 和 $R_1=1k\Omega$ 两种情况下的转移特性曲线。

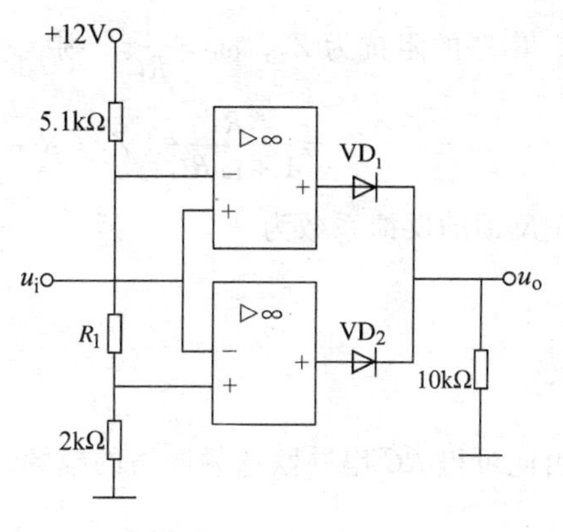

图 3.33　窗口比较器

7. 实验报告要求

1）按每项实验内容的要求书写实验报告。

2）画出实验电路图，整理实验数据。

3）分析滞回电压比较器的工作原理。

4）回答思考题。

8. 思考题

1）如何利用稳压二极管实现电压比较器的输出电压限制在某一特定值？

2）分析滞回比较器与过零比较器相比，有哪些优点？

3.5　集成运算放大器的波形发生应用电路

1. 必备知识

在集成运算放大器组成的波形发生电路中，就其波形而言，可分为正弦波和非正弦波两大类。正弦波发生电路广泛应用于通信、广播、电视等系统；而非正弦波（矩形波、三角波、锯齿波等）发生电路则广泛应用于测量仪器、数字系统及自动控制系统中。

集成运算放大器是一种高增益的放大器，只要加入适当的反馈网络，利用正反馈原理，满足振荡的条件，就可以构成正弦波、方波、三角波和锯齿波等各种振荡电路。但由于受集成运放带宽的限制，其产生的信号频率一般都在低频范围。

（1）*RC* 桥式正弦波振荡电路

RC 桥式正弦波振荡电路如图 3.34 所示。其中 R_1、C_1，R_2、C_2 为串并联选频网络，接于运放的输出与同相输入端之间，构成正反馈，以产生正弦自激振荡。图中 R_3、R_P 及 R_4 组成负反馈网络，调节 R_P 即可改变负反馈的反馈系数，从而调节放大电路的电压放大倍数，使之满足自激振荡的幅度条件。二极管 VD_1、VD_2 的作用是输出限幅，改善输出波形。

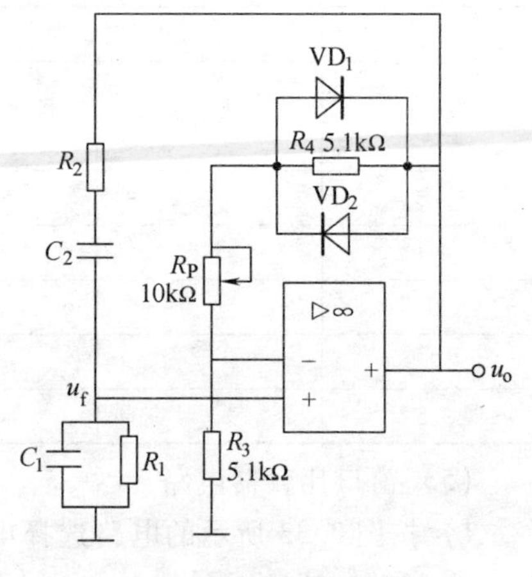

图 3.34　*RC* 桥式正弦波振荡电路

1）*RC* 串并联选频网络的选频特性。一般取 $R_1=R_2=R$，$C_1=C_2=C$，令 R_1、C_1 并联的阻抗为 Z_1，R_2、C_2 串联的阻抗为 Z_2，$\omega_0=\dfrac{1}{RC}$，则

$$Z_1=\frac{R}{1+\mathrm{j}\omega RC},\ Z_2=R+\frac{1}{\mathrm{j}\omega C}$$

正反馈的反馈系数为

$$\dot{F}=\frac{\dot{U}_f}{\dot{U}_o}=\frac{Z_1}{Z_1+Z_2}=\frac{1}{3+\mathrm{j}\left(\dfrac{\omega}{\omega_0}-\dfrac{\omega_0}{\omega}\right)}$$

由此可得 *RC* 串并联选频网络的幅频特性与相频特性分别为

$$F=\frac{1}{\sqrt{3^2+\left(\dfrac{\omega}{\omega_0}-\dfrac{\omega_0}{\omega}\right)^2}}$$

$$\varphi_F=-\arctan\frac{\dfrac{\omega}{\omega_0}-\dfrac{\omega_0}{\omega}}{3}$$

因此，当 $\omega=\omega_0=1/(RC)$ 时，反馈系数的幅值为最大，即 $F=1/3$，而相角 $\varphi_F=0$。

2）起振条件与振荡频率。由图 3.34 可知，在 $\omega=\omega_0=1/(RC)$ 时，经 *RC* 串并联选频网络反馈到运放同相输入端的电压 u_f 与输出电压 u_o 同相，满足自激振荡的相位条件。如果此时负反馈放大电路的电压放大倍数 $A_u>3$，则满足 $A_uF>1$ 的幅度条件。电路起振之后，经过放大，选频网络反馈，再放大等过程，使输出电压幅度愈来愈大，最后受电路中器件的非线性限制，使振荡幅度自动地稳定下来，放大电路的电压放大倍数由 $A_u>3$ 过渡到 $A_u=3$，即由 $A_uF>1$ 过渡到 $A_uF=1$，达到幅度平衡状态。

以上分析表明，只有当 $\omega=\omega_0=1/(RC)$ 时，$\varphi_F=0$，才能满足振荡的相位平衡条件，因此振荡频率由相位平衡条件决定，振荡频率为 $f_0=\dfrac{1}{2\pi RC}$。

电路的起振条件为 $A_u>3$，调节负反馈放大电路的反馈系数即可使 A_u 略大于 3，满足起振的要求。由图 3.34 可知，调节 R_P 使 $(R_P+R_4)/R_3$ 略大于 2 即可。

需要说明，如果放大电路的电压放大倍数 A_u 远大于 3，则随振荡幅度的增长，放大电路会进入非线性严重的区域，输出波形会产生较明显的失真。

3）稳幅措施。为了稳定振荡幅度，通常是在放大电路的负反馈回路里加入非线性元件来自动调整负反馈放大电路的电压放大倍数，从而维持输出电压幅度的基本稳定。图3.34中的两个二极管VD_1、VD_2便是稳幅元件。当输出电压的幅度较小时，电阻R_4两端的电压较小，二极管VD_1、VD_2截止。负反馈系数由R_3、R_P及R_4决定。当输出电压的幅度增加到一定程度时，二极管VD_1、VD_2导通，其动态电阻与R_4并联，使反馈系数加大，电压放大倍数下降。输出电压的幅度越大，二极管的动态电阻越小，电压放大倍数也越小，从而维持输出电压的幅度基本稳定。

（2）矩形波发生器

矩形波发生器电路如图3.35所示，运算放大器作滞回比较器用，VS是双向稳压二极管，使输出电压的幅度被限制在$+U_Z$或$-U_Z$；R_1和R_2构成正反馈电路，R_2上的反馈电压U_R是输出电压幅度的一部分，即

$$U_R = \pm \frac{R_2}{R_1 + R_2} U_Z$$

加在同相端，作为参考电压；R_F和C构成负反馈电路，u_C加在反相输入端，u_C和U_R相比较而决定u_o的极性。

电路的工作稳定后，当u_o为$+U_Z$时，U_R也为正值；这时$u_C < U_R$，u_o通过R_F对电容C充电，u_C按指数规律增长，当u_C增长到等于U_R时，u_o即由$+U_Z$变成$-U_Z$，U_R也变成负值。电容C开始通过R_F放电，而后反向充电。当充电到u_C等于$-U_R$时，u_o即由$-U_Z$又变成$+U_Z$。如此周期性地变化，在输出端得到的是矩形波电压，在电容器两端产生的是三角波电压。

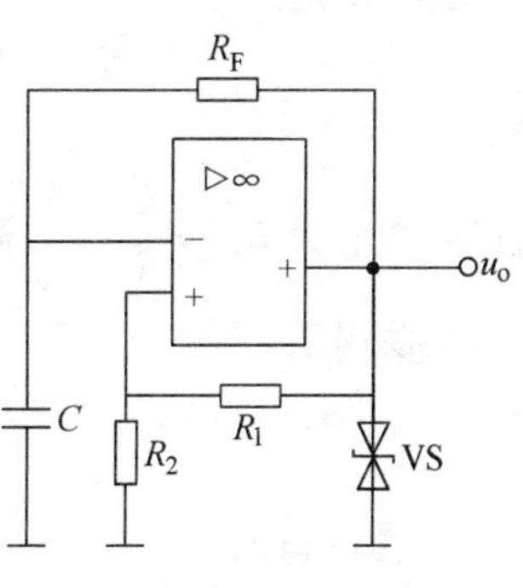

图3.35　矩形波发生器电路

矩形波的周期为

$$T = 2R_F C\ln\left(1 + \frac{2R_2}{R_1}\right)$$

通过改变电容C的充电和放电时间常数，即可实现占空比可调的矩形波发生器电路。

（3）三角波发生器

在上述的矩形波发生器中，将矩形波电压经过积分运算电路后就可以获得三角波。三角波发生器电路如图3.36所示，由滞回比较器和积分器闭环组合而成，积分器A_2的输出反馈给滞回比较器A_1，作为滞回比较器的输入。

电路工作稳定后，当$u_{o1} = +U_Z$时，运放A_1同相输入端的电压为

$$u_{+1} = \frac{R_1}{R_1 + R_2} U_Z + \frac{R_2}{R_1 + R_2} u_o$$

给积分电容C充电，同时u_o按线性规律下降，同时拉动运放A_1的同相输入端电位下降，当运放A_1的同相输入端电位略低于反相端电位（0V）时，u_{o1}从$+U_Z$变为$-U_Z$。当$u_{o1} = -U_Z$时，A_1同相输入端的电压为

$$u_{+1} = \frac{R_1}{R_1 + R_2}(-U_Z) + \frac{R_2}{R_1 + R_2} u_o$$

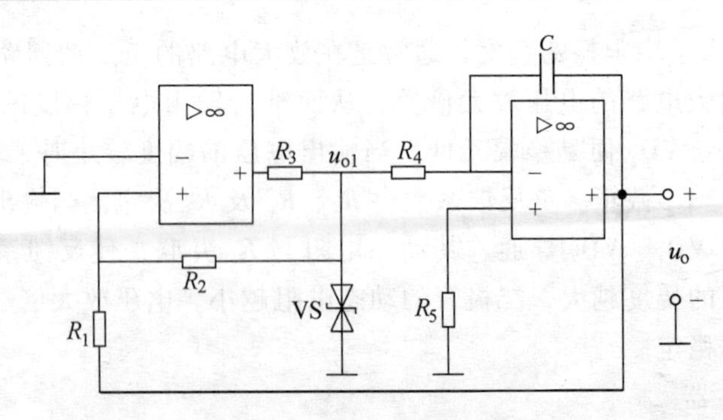

图 3.36　三角波发生器电路

电容 C 开始放电，u_o 按线性规律上升，同时拉动运放 A_1 的同相输入端电位上升，当运放 A_1 的同相输入端电位略大于零时，u_{o1} 从 $-U_Z$ 变为 $+U_Z$。如此周期性地变化，A_1 输出的是矩形波电压 u_{o1}，A_2 输出的是三角波电压 u_o。

当输出达到正向峰值 U_{om}时，此时 $u_{o1}=-U_Z$，A_1 的同相输入端电压 $u_{+1}=0V$，所以有

$$u_{+1}=-\frac{R_1}{R_1+R_2}U_Z+\frac{R_2}{R_1+R_2}u_o=0$$

则正向峰值为 $U_{om}=\frac{R_1}{R_2}U_Z$，同理负向峰值 $-U_{om}=\frac{R_1}{R_2}U_Z$。

振荡周期 T 为

$$T=4R_4C\frac{U_{om}}{U_Z}=\frac{4R_4R_1C}{R_2}$$

2. 实验目的

1）掌握 RC 桥式正弦波振荡电路的原理与设计方法。

2）熟悉矩形波发生器电路的工作原理。

3）熟悉三角波发生器电路的工作原理。

4）了解运放转换速率对振荡波形跳变沿的影响。

3. 仪器与设备

1）实验电路板　1 块

2）双踪示波器　1 台

3）双路直流稳压电源　1 台

4）函数信号发生器　1 台

5）数字万用表　1 只

4. 预习要求

1）分析 RC 桥式正弦波振荡电路的工作原理，计算符合振荡条件的元器件参数值。

2）阅读实验指导书，理解实验原理，了解实验步骤。

5. 注意事项

1）集成运算放大器芯片的电源为正负对称电源，切不可把正、负电源极性接反或将输出端短路，否则会损坏芯片。

2）选择电路元件时，应尽量选取实验板上已有的元件。

3）实验过程中，每当换接电路时，必须首先断开电源，严禁带电操作。

6. 实验内容

（1）RC 桥式正弦波振荡电路

按图3.34所示，接好电路，其中 $R_1=R_2=R=10\text{k}\Omega$，$C_1=C_2=0.01\mu\text{F}$。

振荡电路的调整：开启 ±12V 直流稳压电源，将示波器调至适当的挡位后接至输出端 u_o 处，观察振荡电路输出端 u_o 的波形。若无正弦波输出，可缓慢调节 R_P，使电路产生振荡，观察电路输出波形的变化，解释所观察到的现象。然后仔细调节 R_P，使电路输出较好的基本不失真的正弦波型，进行测量。

按表3.17的参数进行测量，完成以下内容，将结果填入表3.17中的相应位置。

表3.17　RC 桥式正弦波振荡电路的测量

	U_{opp}	U_{fpp}	$\lvert F\rvert$	f_0	u_o 和 u_f 的波形
$R=10\text{k}\Omega$					
$R=20\text{k}\Omega$					
$R=100\text{k}\Omega$					

1）正反馈系数 $\lvert F\rvert$ 的测定。将示波器的两个通道分别接在 u_o 和 u_f 端，仔细调节 R_P，在确保两个通道的正弦波不失真的前提下将输出幅度调的尽量大些，测量 u_o 的峰峰值 U_{opp} 和 u_f 的峰峰值 U_{fpp}，计算出 $\lvert F\rvert=U_{fpp}/U_{opp}$。

2）振荡频率 f_0 的测量。

3）将示波器的两个通道显示的 u_o 和 u_f 的波形画在同一坐标系中，要求体现两个波形之间的相位关系。

结合以上的实验内容，根据理论知识，分析 R 和 C 的不同取值对振荡频率 f_0 的影响。

（2）矩形波发生器电路

1）按图3.37所示的电路选择电路元件，接好电路。

2）接通电源，用示波器测量 u_o 端的矩形波波形，如图3.38所示。

3）按表3.18改变 R_1、R_2 和 C_1 的大小，用示波器观察输出矩形波波形的变化，测量并记录 T_H、T 和 U_{P-P} 的数值，根据测量结果，计算频率 f 和占空比 d。

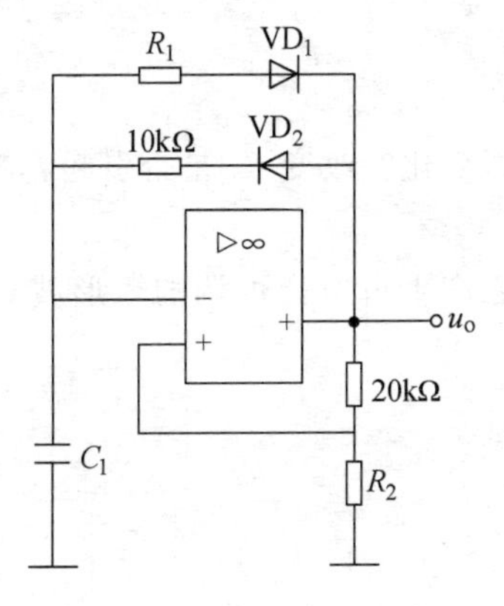

图3.37　矩形波发生器

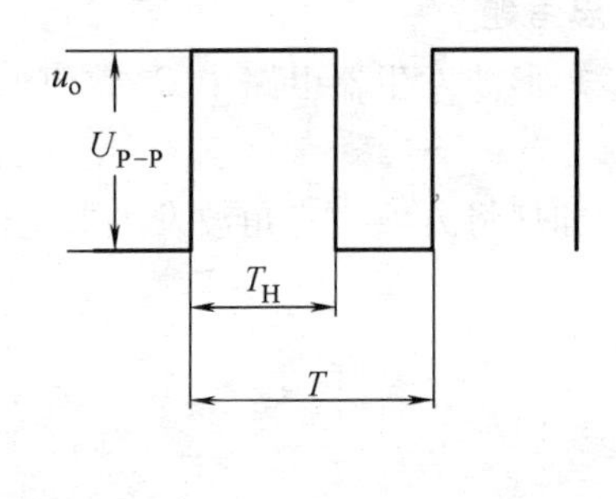

图3.38　输出电压波形

表 3.18 矩形波发生器的测量

调整参数			测量数据			计算值	
$C_1/\mu F$	$R_1/k\Omega$	$R_2/k\Omega$	T/ms	T_H/ms	U_{P-P}/V	f/Hz	d
0.1	51	10					
	2	10					
0.01	51	10					
	2	10					
0.1	51	20					
	2	20					

（3）方波、三角波发生器电路

1）按图 3.39 所示的电路选择电路元件，接好电路。

2）接通电源，用示波器同时观察 u_{o1} 和 u_o 的波形，如没有波形或波形不正确，检查电路，排除故障。用示波器测量并记录方波和三角波的频率和幅值。

3）将电阻 R_4 的值由 20kΩ 减小为 10kΩ，重复上述步骤。

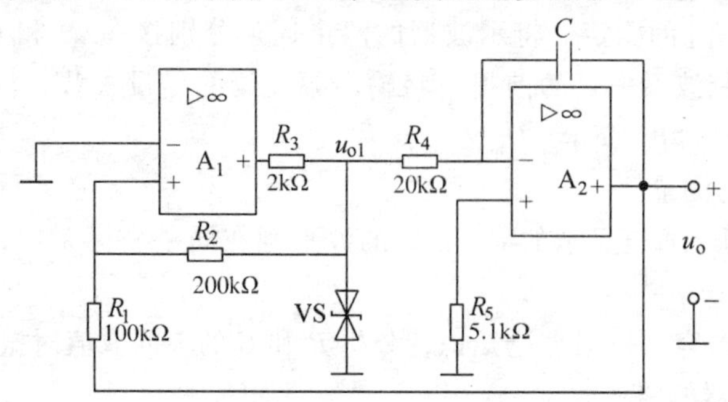

图 3.39 方波、三角波发生器

7. 实验报告要求

1）按每项实验内容的要求书写实验报告。

2）画出实验电路图，整理实验数据。

3）分析 RC 桥式正弦波振荡电路、矩形波发生器、方波三角波发生器工作原理。

4）回答思考题。

8. 思考题

1）矩形波发生器电路中 C_1 数值增大时，f 和 d 是否变化？改变 R_2 是否引起 f 和 d 的变化？

2）如何将方波、三角波发生器电路进行改进，使之产生占空比可调的矩形波和锯齿波信号？

第4章　数字电路基础型实验

数字电路基础型实验的实验目的与模拟电路基础型实验部分类似。数字电路与模拟电路不同之处在于模拟电路的电信号在时间上或数值上是连续变化的模拟信号，数字电路的电信号在时间上和数值上都是不连续变化的数字信号（也称脉冲信号）。

4.1　集成逻辑门及其应用电路

1. 必备知识

与非门是一种应用最为广泛的基本变量逻辑门电路，由**与非**门可以转换成任何形式的其他类型的基本逻辑门，集成**与非**门输入变量的个数一般为2~7个，本次实验所使用的**与非**门为TTL系列的74LS00和74LS20，其电源电压为5V。每门的输入变量个数分别为2和4，74LS00和74LS20集成电路芯片的引脚图如图4.1所示。

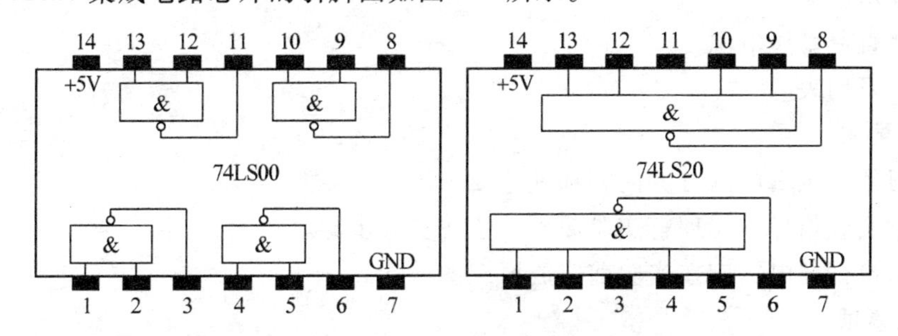

图4.1　74LS00和74LS20引脚图

在本书的数字电路实验中，输入的逻辑信号由实验板上的逻辑信号开关所提供，ON时为输入**1**电平，OFF时为输入**0**电平；输出逻辑电平的测量由观察实验板上的逻辑电平显示器上的发光二极管点亮与否来判断，点亮时表明所测量的逻辑变量为**1**电平，反之表明所测量的逻辑变量为**0**电平。

与非门的输入和输出量同为逻辑电平。实验前，应首先检查所有**与非**门功能是否正确，以验证**与非**门的好坏，这样才能保证实验结果的可靠性。检查的步骤如下：

1）将逻辑信号开关连接到**与非**门的输入端，将逻辑电平显示器连接到**与非**门的输出端。

2）按表4.1验证在实验中所使用的**与非**门（74LS00和74LS20）的逻辑功能是否正确。

表4.1　74LS00和74LS20功能表

74LS20					74LS00		
输入				输出	输入		输出
0	1	1	1	1	0	1	1
1	0	1	1	1	1	0	1
1	1	0	1	1	1	1	0
1	1	1	0	1			
1	1	1	1	0			

在数字电路技术中，**与非**门经常被用来做**非**门使用，**与非**门转换为**非**门通常有两种方法：其一为将一个输入端作为**非**门的输入端，其余空输入端接**1**电平（对于TTL电路来讲，将输入端悬空，即可等效于**1**电平输入）；其二为将**与非**门的所有输入端连成一点作为**非**门的输入端。图4.2所示为用四输入**与非**门74LS20构成**非**门的两种电路形式。

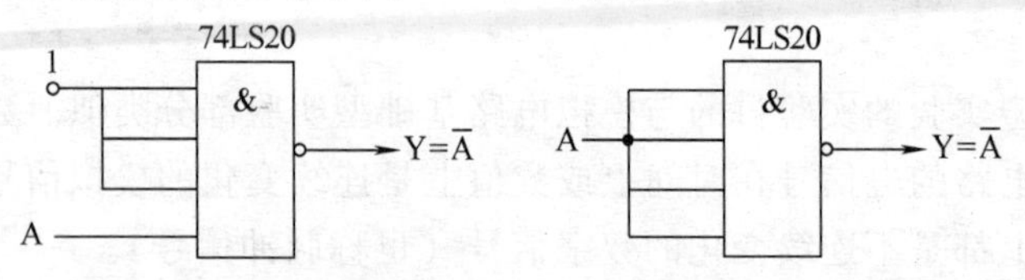

图4.2　利用与非门74LS20构成非门

2. 实验目的

1）掌握**与非**门的基本逻辑功能及使用方法。

2）掌握由**与非**门实现一些较为复杂的逻辑电路的方法。

3）通过实验，进一步理解**与非**门逻辑电路的设计过程。

3. 仪器与设备

1）实验箱　1台

2）双踪示波器　1台

3）双路直流稳压电源　1台

4）数字万用表　1只

4. 预习要求

1）复习集成逻辑门的有关内容和理论知识。

2）阅读实验指导书，理解实验原理，了解实验步骤。

3）要求设计的电路应在实验前完成原理图设计。

5. 注意事项

1）5V电源电压应在直流稳压电源上先调好，断开电源开关后再接入电路。

2）选择电路元件时，应尽量选取实验板上已有的元件。

3）要熟悉芯片的引脚排列，使用时引脚不能接错，特别要注意电源和接地引脚不允许接反。

4）实验过程中，每当换接电路时，必须首先断开电源，严禁带电操作。

6. 实验内容

（1）**与非**门逻辑功能的转换

作为一种基本的逻辑门，**与非**门经常被转换成其他形式的逻辑门使用，转换的过程与组合逻辑电路的综合形式相同。用**与非**门转化为其他形式的逻辑门最为常用的逻辑公式是摩根定律。

1）**与非**门转换为**或**门的方法如下：

a. 按图4.3连接好电路后，接通电源。

b. 按表4.2中的值输入A和B的电平信号，测量Y_1、Y_2和Y的逻辑电平（**1**或**0**电平）。

c. 根据表4.2中数值验证电路的逻辑关系，写出Y、Y_1和Y_2的逻辑表达式。

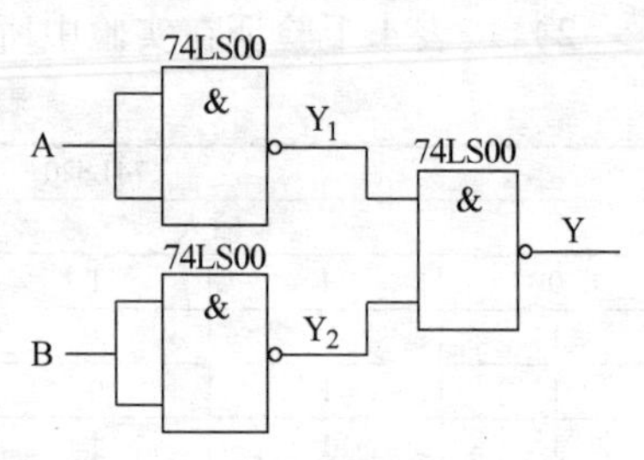

图4.3　利用与非门实现或门

表 4.2　与非门转换为或门测试数据

输入		输出			输入		输出		
A	B	Y	Y_1	Y_2	A	B	Y	Y_1	Y_2
0	**0**				**1**	**0**			
0	**1**				**1**	**1**			

2）**与非**门转换为**异或**门的方法如下：

a. 按图 4.4 连接好电路后，接通电源。

b. 按表 4.3 中的值输入 A 和 B 的电平信号，测量 Y_1、Y_2、Y_3和 Y 的逻辑电平（**1** 或 **0** 电平）。

c. 根据表 4.3 中数值验证电路的逻辑关系，写出 Y、Y_1、Y_2和 Y_3的逻辑表达式。

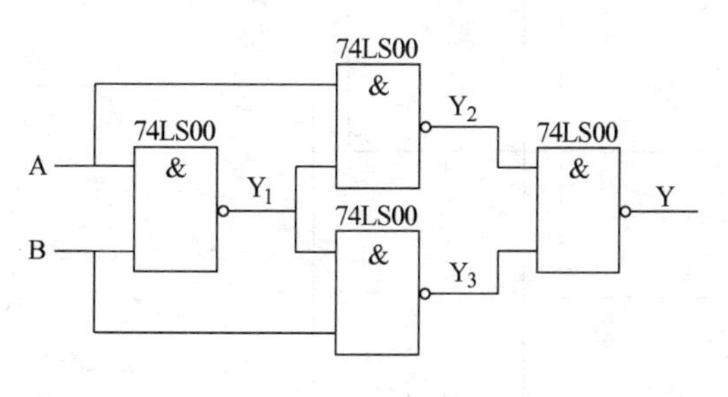

图 4.4　利用与非门实现异或门

表 4.3　与非门转换为异或门测试数据

输入		输出			
0	**0**	Y	Y_1	Y_2	Y_3
0	**0**				
0	**1**				
1	**0**				
1	**1**				

（2）3 位二进制编码器电路

编码器是将数字开关信号转化成为二进制代码的电路。3 位二进制编码器电路是将由 8 位逻辑开关所代表的 Y_0 ~ Y_7共 8 个逻辑输入变量，转化为 C、B 和 A 所代表的 3 位二进制逻辑代码，电路如图 4.5 所示。

1）按图 4.5 连接好电路后，接通电源。

2）输入 Y_0 ~ Y_7共 8 个逻辑输入变量，测量 A、B 和 C 逻辑输出变量的逻辑电平（**1** 或 **0** 电平）。

3）注意：

a. 在 8 个输入中，每次仅能使编码器的一个输入端为 **1** 电平。

b. 输入数据 Y_0的开关，对输出无影响。

c. 总结输出数据，找出其规律。

（3）4 人抢答电路

图 4.6 所示是一个用**与非**门构成的 4 人抢答电路，4 个数据开关 S_1 ~ S_4 由 4 位抢答者控制，无人抢答时，开关均处于 **0** 状态，对应的每个**与非**门（74LS20）输出均为 **1**，对其余的 3 个**与非**门无影响；当其中的任意一位抢答者将开关扳向 1 时，对应的**与非**门输出为 **0** 电平，将其余的 3 个**与非**门锁死，令其开关输入 **1** 时不起作用。

（4）环形多谐振荡器

利用奇数个与非门首尾相接，就组成了基本的环形多谐振荡器。图 4.7 所示是加入电阻和电容后的环形多谐振荡器，通过改变电阻和电容的数值能够改变振荡频率。

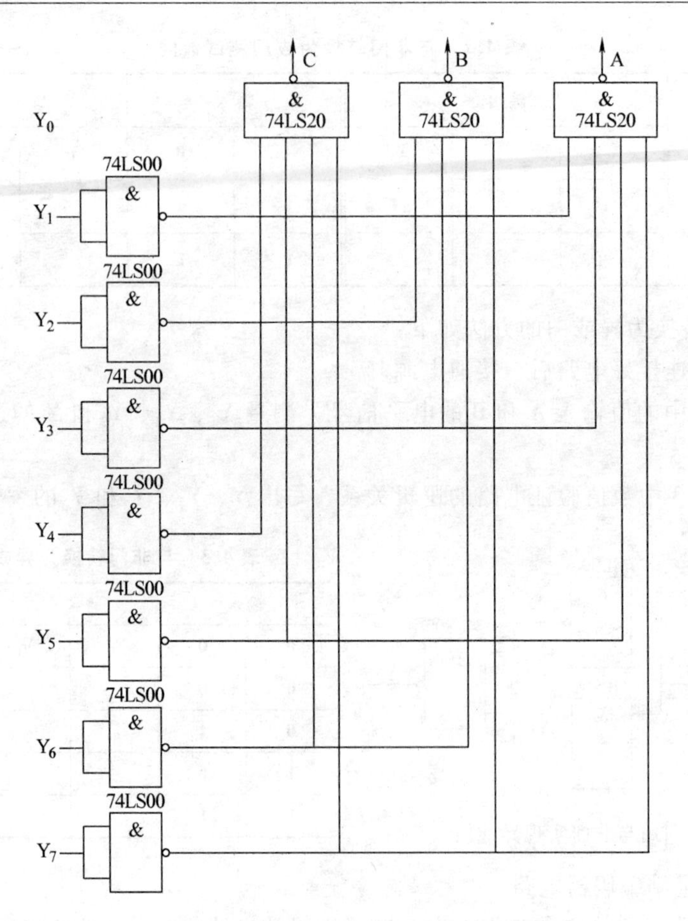

图 4.5　3 位二进制编码器电路

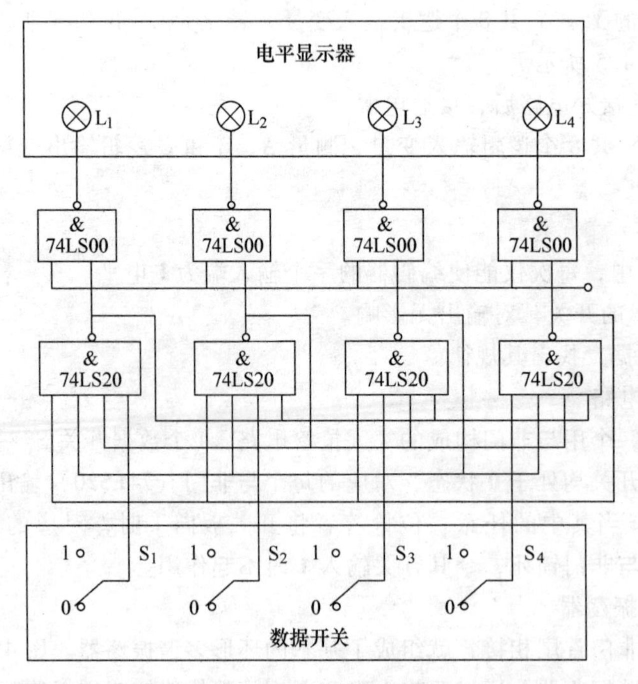

图 4.6　4 人抢答电路

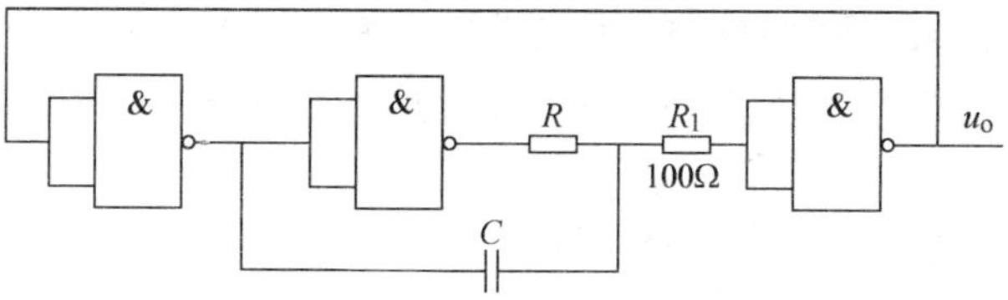

图4.7　环形多谐振荡器

1）按图4.7连接好电路后，接通电源。

2）按表4.4选取 R 和 C 参数，利用示波器观察不同 RC 参数下输出电压波形 u_o。

3）测量不同 RC 参数下输出电压波形 u_o 的幅值、周期和频率，记入表4.4中。

表4.4　环形多谐振荡器测试数据

R/Ω	$C/\mu F$	U_{om}/V	T/ms	f/Hz	R/Ω	$C/\mu F$	U_{om}/V	T/ms	f/Hz
1000	0.01				200	0.01			
1000	0.1				200	0.1			

7. 实验报告要求

1）画出实验电路图，整理实验数据。

2）在实验中所遇到的故障和问题以及解决方法。

8. 思考题

1）简述环形多谐振荡器的工作原理。

2）环形多谐振荡器的周期与哪些因素有关？

4.2　组合逻辑电路

1. 必备知识

组合逻辑电路由基本逻辑门电路组成，是一类没有记忆功能的电路。在任意时刻，电路的输出只取决于该时刻的输入情况，而与过去的输入状态无关。电路中不含记忆元器件，也没有输出到输入的反馈回路。

在组合逻辑电路的设计应用中，要注意竞争与冒险现象的存在。

74LS138中规模集成3线—8线译码器和74LS151集成8选1数据选择器是较为常用的组合逻辑器件。它们不但能够作为数据译码器和数据选择器，而且能够完成其他一些较为复杂的逻辑功能。74LS138与**与非**门配合，可以完成3个或3个以下逻辑变量的组合逻辑电路，如本次实验中的全加器和三地控制一盏灯的电路；利用74LS151和一些基本的逻辑门，同样可实现3或4个逻辑变量的组合逻辑电路，如两个2位数码比较电路和4位数码的判断偶数个**1**电路等。

中规模集成电路与基本逻辑门电路相比，能够完成更为完善的逻辑功能，其电路结构相对复杂得多。使用时，必须首先了解各引脚的定义，对一些不使用的引脚应妥善处理，如接**0**或接**1**电平。

许多中规模集成电路都设有片选端，其含义为仅当片选信号有效时，集成电路才能正常工作，否则处于无效状态。如 74LS151 中规模集成 8 选 1 数据选择器的 $\overline{G}$ 端，只有 $\overline{G}=\mathbf{0}$ 时，其功能才有效；同样，74LS138 3 线—8 线译码器必须在 $\overline{G}_{2A}=\mathbf{0}$、$\overline{G}_{2B}=\mathbf{0}$、$G_1=\mathbf{1}$ 时译码器才能正常工作。

74LS138 中规模集成 3 线—8 线译码器的引脚图如图 4.8 所示。74LS138 是 16 引脚 DIP 芯片，译码地址输入端为 C、B 和 A，高电平有效；译码输出端 $\overline{Y}_7\sim\overline{Y}_0$ 低电平有效；$\overline{G}_{2A}$、$\overline{G}_{2B}$ 和 G_1 为复合片选端，仅当 $\overline{G}_{2A}=\mathbf{0}$、$\overline{G}_{2B}=\mathbf{0}$、$G_1=\mathbf{1}$ 时，译码器才能工作，否则 8 位译码输出全为无效的高电平 **1**，具体功能如表 4.5 所示（表中 H 代表高电平 **1**；L 代表低电平 **0**；×代表任意状态）。

表 4.5　74LS138 功能表

片选端			译码地址			译码输出							
$\overline{G}_{2A}$	$\overline{G}_{2B}$	G_1	C	B	A	$\overline{Y}_0$	$\overline{Y}_1$	$\overline{Y}_2$	$\overline{Y}_3$	$\overline{Y}_4$	$\overline{Y}_5$	$\overline{Y}_6$	$\overline{Y}_7$
H	×	×	×	×	×	H	H	H	H	H	H	H	H
×	H	×	×	×	×	H	H	H	H	H	H	H	H
×	×	L	×	×	×	H	H	H	H	H	H	H	H
L	L	H	L	L	L	**L**	H	H	H	H	H	H	H
L	L	H	L	L	H	H	**L**	H	H	H	H	H	H
L	L	H	L	H	L	H	H	**L**	H	H	H	H	H
L	L	H	L	H	H	H	H	H	**L**	H	H	H	H
L	L	H	H	L	L	H	H	H	H	**L**	H	H	H
L	L	H	H	L	H	H	H	H	H	H	**L**	H	H
L	L	H	H	H	L	H	H	H	H	H	H	**L**	H
L	L	H	H	H	H	H	H	H	H	H	H	H	**L**

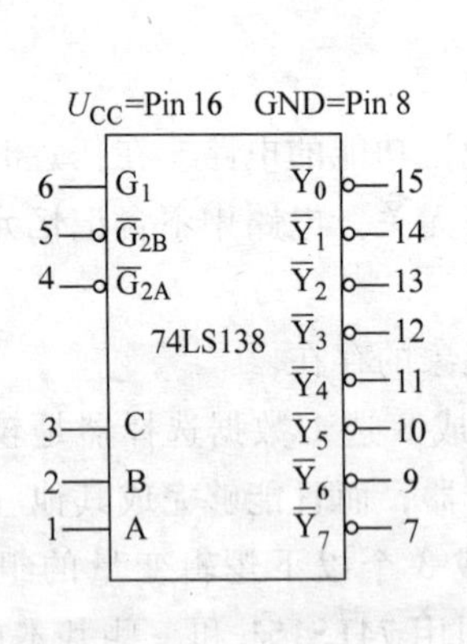

图 4.8　74LS138 引脚图

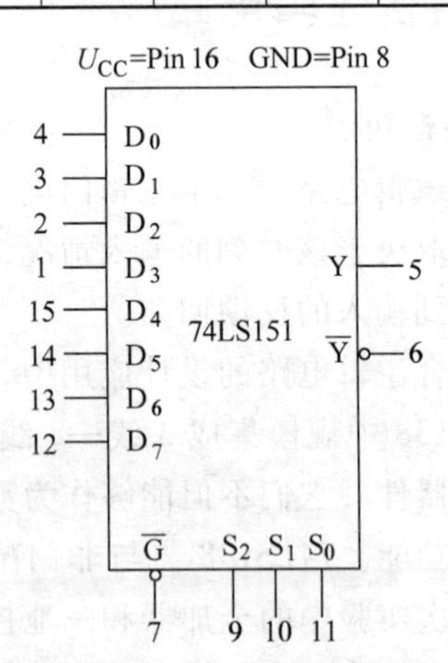

图 4.9　74LS151 引脚图

74LS151 中规模集成 8 选 1 数据选择器的引脚图如图 4.9 所示，其引脚功能如表 4.6 所示。$\overline{D}_0\sim\overline{D}_7$ 中 8 路数据信号中的某一路，能否被选中而输出至 Y，取决于两个逻辑条件：其一为 $\overline{G}=0$，即片选信号有效；其二为必须被由 S_2、S_1 和 S_0 所确定的地址线所选定。其输出逻辑表达式为

$$Y=\overline{G}(\overline{S_2}\,\overline{S_1}\,\overline{S_0}D_0+\overline{S_2}\,\overline{S_1}S_0D_1+\overline{S_2}S_1\overline{S_0}D_2+\overline{S_2}S_1S_0D_3+S_2\overline{S_1}\,\overline{S_0}D_4+S_2\overline{S_1}S_0D_5+S_2S_1\overline{S_0}D_6+S_2S_1S_0D_7)$$

表 4.6　74LS151 功能表

输入				输出		输入				输出	
$\overline{G}$	S_2	S_1	S_0	Y	$\overline{Y}$	$\overline{G}$	S_2	S_1	S_0	Y	$\overline{Y}$
1	×	×	×	0	1	0	1	0	0	D_4	$\overline{D_4}$
0	0	0	0	D_0	$\overline{D_0}$	0	1	0	1	D_5	$\overline{D_5}$
0	0	0	1	D_1	$\overline{D_1}$	0	1	1	0	D_6	$\overline{D_6}$
0	0	1	0	D_2	$\overline{D_2}$	0	1	1	1	D_7	$\overline{D_7}$
0	0	1	1	D_3	$\overline{D_3}$						

2. 实验目的

1）掌握 74LS138 中规模集成 3 线—8 线译码器的逻辑功能和使用方法。

2）掌握 74LS151 中规模集成 8 选 1 数据选择器的逻辑功能和使用方法。

3）通过实验，进一步熟悉组合逻辑电路的分析与设计方法。

3. 仪器与设备

1）实验箱　1 台

2）双踪示波器　1 台

3）双路直流稳压电源　1 台

4）数字万用表　1 只

4. 预习要求

1）复习组合逻辑电路的有关内容和理论知识。

2）阅读实验指导书，理解实验原理，了解实验步骤。

3）要求设计的电路应在实验前完成原理图设计。

5. 注意事项

1）5V 电源电压应在直流稳压电源上先调好，断开电源开关后再接入电路。

2）选择电气元器件时，应尽量选取实验板上已有的元器件。

3）要熟悉芯片的引脚排列，使用时引脚不能接错，特别要注意电源和接地引脚不允许接反。

4）实验过程中，每当换接电路时，必须首先断开电源，严禁带电操作。

6. 实验内容

（1）74LS138 中规模集成 3 线—8 线译码器的基本逻辑功能

具体的实验步骤如下：

1）将 $\overline{G_{2A}}$、$\overline{G_{2B}}$ 和 G_1，C、B 和 A 接逻辑开关输入。

2）将 $\overline{Y_0}$、$\overline{Y_1}$、$\overline{Y_2}$、$\overline{Y_3}$、$\overline{Y_4}$、$\overline{Y_5}$、$\overline{Y_6}$ 和 $\overline{Y_7}$ 接电平指示器。

3）$\overline{G_{2A}}=\mathbf{0}$、$\overline{G_{2B}}=\mathbf{0}$、$G_1=\mathbf{1}$ 时，按表 4.7 检验芯片译码功能。

4）$\overline{G_{2A}}=\mathbf{1}$、$\overline{G_{2B}}=\mathbf{0}$、$G_1=\mathbf{1}$ 时，$\overline{G_{2A}}=\mathbf{0}$、$\overline{G_{2B}}=\mathbf{1}$、$G_1=\mathbf{1}$ 时，$\overline{G_{2A}}=\mathbf{0}$、$\overline{G_{2B}}=\mathbf{0}$、$G_1=\mathbf{0}$ 时，分别检验芯片的译码功能是否有效。74LS138 基本逻辑功能验证如表 4.7 所示。

表 4.7 74LS138 基本逻辑功能验证

译码地址			译码输出							
C	B	A	$\overline{Y}_0$	$\overline{Y}_1$	$\overline{Y}_2$	$\overline{Y}_3$	$\overline{Y}_4$	$\overline{Y}_5$	$\overline{Y}_6$	$\overline{Y}_7$
0	**0**	**0**								
0	**0**	**1**								
0	**1**	**0**								
0	**1**	**1**								
1	**0**	**0**								
1	**0**	**1**								
1	**1**	**0**								
1	**1**	**1**								

（2）用3线—8线译码器构成全减器的逻辑电路

由于74LS138的输出是低电平有效，因此与与非门配合即可实现任何3变量之内的最小项之和表达式。全减器的具体电路如图4.10所示，图中有3个逻辑输入量，其中 A_i 为被减数，B_i 为减数，C_{i-1} 为来自低位的借位；有两个逻辑输出量，D_i 为差；C_i 为本位向高位的借位。译码器的芯片片选端 $\overline{G}_{2A}=\mathbf{0}$；$\overline{G}_{2B}=\mathbf{0}$；$G_1=\mathbf{1}$，处于选中状态。

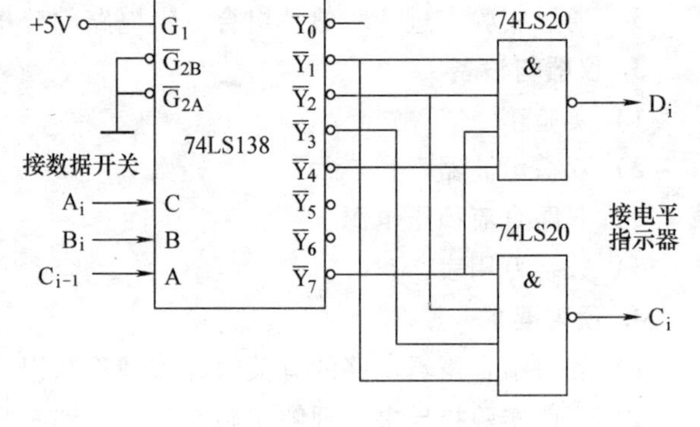

图 4.10 全减器电路图

实验步骤如下：

1）按图4.10连接好电路后，接通电源。

2）按表4.8的内容，记录实验数据。

3）以表4.8所记录的实验数据，写出 D_i 和 C_i 的逻辑表达式。

表 4.8 全减器测试数据

输入端			输出端		输入端			输出端	
A_i	B_i	C_{i-1}	D_i	C_i	A_i	B_i	C_{i-1}	D_i	C_i
0	**0**	**0**			**1**	**0**	**0**		
0	**0**	**1**			**1**	**0**	**1**		
0	**1**	**0**			**1**	**1**	**0**		
0	**1**	**1**			**1**	**1**	**1**		

（3）用3线—8线译码器构成3个开关控制一盏灯的逻辑电路。

3个开关A、B和C为逻辑输入量，**0**代表开关断开，**1**代表开关接通；分别处于不同地点；灯为逻辑输出量，**0**代表灯灭，**1**代表灯亮，受开关A、B和C的控制。当开关A、B和C全为断开状态时，灯处于“灭”状态。在A、B和C中当任意一开关动作（由接通转变为断开，或由断开转变为接通）时，灯的状态即发生转变（由灯亮变为灭或由灭转为亮）。三开关控制一盏灯电路如图4.11所示。

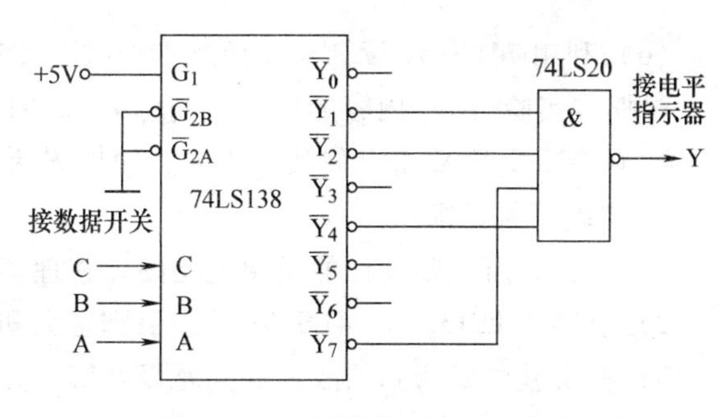

图4.11　三开关控制一盏灯电路

具体实验步骤如下：

1）推导出输出Y的逻辑表达式。

2）按图4.11连接好电路后，接通电源。

3）按表4.9的内容，记录实验数据。

表4.9　三开关控制一盏灯测试数据

开关			灯	开关			灯
A	B	C	Y	A	B	C	Y
0	0	0		1	0	0	
0	0	1		1	0	1	
0	1	0		1	1	0	
0	1	1		1	1	1	

（4）中规模集成8选1数据选择器74LS151的基本逻辑功能

74LS151引脚功能见表4.6，按表4.6的内容验证74LS151的逻辑功能。

（5）用74LS151构成的两位数据比较器电路

图4.12是利用74LS151与74LS00与非门构成的两位数据比较器。将两位数据X_1X_0与两位数据Y_1Y_0进行比较，当$X_1X_0 \geqslant Y_1Y_0$时，比较器输出F为**1**，否则为**0**。

1）按图4.12所示连接好电路后，接通电源。

2）按表4.10中内容，记录实验数据。

3）根据表4.10所记录的实验数据，写出输出F的逻辑表达式。

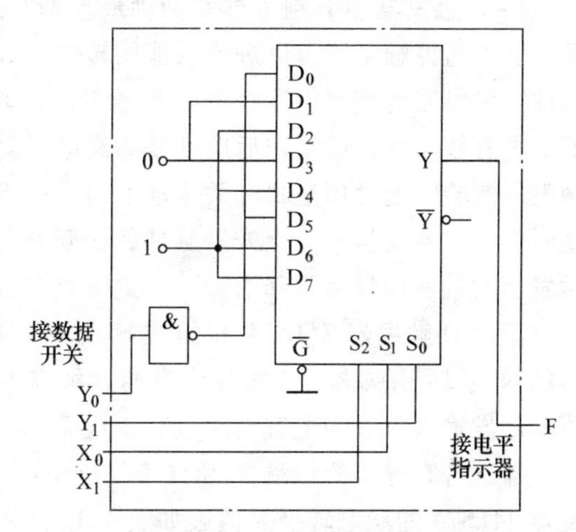

图4.12　两位数据比较器电路

表4.10　两位数据比较器测试数据

X_1	X_0	Y_1	Y_0	F	X_1	X_0	Y_1	Y_0	F
0	0	0	0		1	0	0	0	
0	0	0	1		1	0	0	1	
0	0	1	0		1	0	1	0	
0	0	1	1		1	0	1	1	
0	1	0	0		1	1	0	0	
0	1	0	1		1	1	0	1	
0	1	1	0		1	1	1	0	
0	1	1	1		1	1	1	1	

（6）利用 74LS151 设计 4 位数判别偶数个“1”电路

根据本实验（5）内容的原理，利用 74LS151 与 74LS00 与非门，设计 4 位数的判偶数个 1 电路（当 $X_3X_2X_1X_0$ 中有偶数个 1 时，输出 F 为 1，否则为 0），按设计图接线并完成实验。

7. 实验报告要求

1）事先画出需要设计的实验电路图，整理实验数据。

2）总结 74LS138 和 74LS151 的各引脚定义和芯片功能。

3）在实验中所遇到的故障和问题以及解决方法。

8. 思考题

1）能否用两片 74LS138 构成 4 线—16 线译码器？

2）能否用两片 74LS151 构成 16 选 1 数据选择器？

4.3 触发器及时序逻辑电路

1. 必备知识

时序逻辑电路区别于组合逻辑电路，其任意时刻的输出值不仅与该时刻的输入变量的取值有关，而且与输入变量的前一时刻状态有关。组成时序电路的基本单元是触发器。

J－K 触发器和 D 触发器是两种最基本、最常用的触发器，是构成时序逻辑电路的基本元件。这两种触发器可以进行功能的转换；可以组成计数器、移位寄存器等常用的时序逻辑部件。触发器的使用应注意以下几个方面：其一为触发器都有异步置位端 $\overline{S}_D$ 和复位端 R_D，低电平有效，置位或复位后应恢复为高电平；其二为触发器的触发输入分为上升沿或下降沿触发，实验时通常用逻辑开关手动发出，按下开关（开关由断开状态 0 转变为接通状态 1），这时发出的触发信号为上升沿脉冲，松开开关（开关由接通状态 1 转变为断开状态 0），这时发出的触发信号为下降沿脉冲，这一点应特别引起注意，以免引起逻辑混乱。

集成 D 触发器 74LS74 和集成触发器 74LS112 的引脚如图 4.13 所示。集成 D 触发器 74LS74 为 14 引脚芯片，每片含有两片触发器，含有异步置位端 $\overline{S}_D$ 和异步复位端 $\overline{R}_D$，触发器的触发输入方式为上升沿触发；集成 J－K 触发器 74LS112 为 16 引脚芯片，每片含有两片触发器，含有异步置位端 $\overline{S}_D$ 和异步复位端 $\overline{R}_D$，触发器的触发输入方式为下降沿触发。D 触发器 74LS74 的状态转换真值表如表 4.11 所示；J－K 触发器 74LS112 的状态转换真值表如表 4.12 所示。D 触发器的特征方程为 $Q_{n+1}=D$；J－K 触发器的特征方程为 $Q_{n+1}=J_n\overline{Q}_n+\overline{K}_nQ_n$。

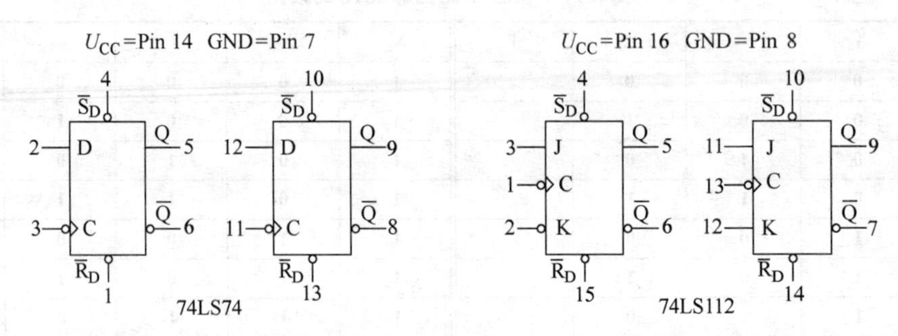

图 4.13 74LS74 和 74LS112 引脚图

表 4.11　74LS74 功能表

$\overline{R}_D$	$\overline{S}_D$	C	D	Q_{n+1}	$\overline{Q}_{n+1}$	$\overline{R}_D$	$\overline{S}_D$	C	D	Q_{n+1}	$\overline{Q}_{n+1}$
0	**1**	×	×	**0**	**1**	**1**	**1**	↓	×	Q_n	$\overline{Q}_n$
1	**0**	×	×	**1**	**0**	**1**	**1**	↑	**0**	**0**	**1**
0	**0**	×	×	**1**	**1**	**1**	**1**	↑	**1**	**1**	**0**

表 4.12　74LS112 功能表

$\overline{R}_D$	$\overline{S}_D$	C	J	K	Q_{n+1}	$\overline{Q}_{n+1}$	$\overline{R}_D$	$\overline{S}_D$	C	J	K	Q_{n+1}	$\overline{Q}_{n+1}$
0	**1**	×	×	×	**0**	**1**	**1**	**1**	↓	**0**	**0**	Q_n	$\overline{Q}_n$
1	**0**	×	×	×	**1**	**0**	**1**	**1**	↓	**0**	**1**	**0**	**1**
0	**0**	×	×	×	**1**	**1**	**1**	**1**	↓	**1**	**0**	**1**	**0**
1	**1**	↑	×	×	Q_n	$\overline{Q}_n$	**1**	**1**	↓	**1**	**1**	$\overline{Q}_n$	Q_n

集成计数器和集成移位寄存器是以触发器为基本逻辑部件构成的，与触发器所构成的时序电路相比，虽然同样是时序电路部件，但其电路更复杂，功能更完善，不需要复杂的电路设计，即可获得所需的电路要求。

74LS161 是 4 位初值可预置的同步计数器。其引脚图如图 4.14 所示，具体功能及引脚定义如表 4.13 所示。

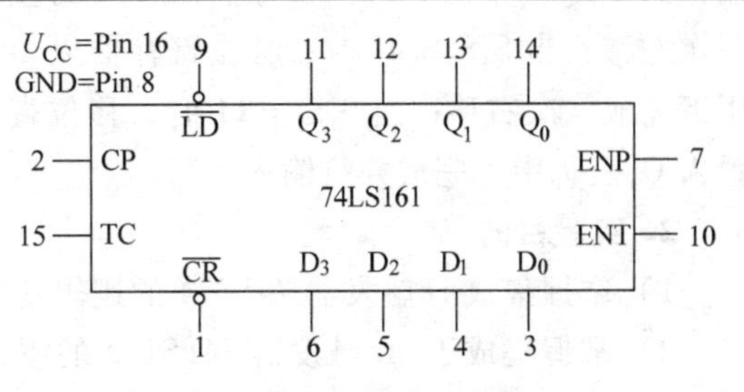

图 4.14　74LS161 引脚图

表 4.13　74LS161 功能表

工作方式	输入						输出 $\overline{Q}_{n+1}$
	$\overline{CR}$	CP	ENP	ENT	$\overline{LD}$	D_n	Q_n
复位	**0**	×	×	×	×	×	**0**
并行输入	**1**	↑	×	×	**0**	**1/0**	**1/0**
保持	**1**	×	**0**	**0**	**1**	×	保持
	1	×	**0**	**1**	**1**	×	保持
	1	×	**1**	**0**	**1**	×	保持
计数	**1**	↑	**1**	**1**	**1**	×	计数

$\overline{CR}$端为计数器的异步复位端，低电平有效，复位时计数器输出 $Q_3 \sim Q_0$皆为 **0** 电平；CP 端为同步时钟脉冲输入端，脉冲上升沿有效。$\overline{LD}$为计数器的并行输入控制端，仅当$\overline{LD}$端为 **0** 电平且$\overline{CR}$为 **1** 电平时，在 CP 脉冲上升沿，电路将 $D_3 \sim D_0$预置入 $Q_3 \sim Q_0$中；ENP 和 ENT 为计数器功能选择控制端，ENP 和 ENT 同为 **1** 时，计数器为计数状态，否则为保持状态。

74LS194 是 4 位同步双向移位寄存器。其输入有串行左移输入、串行右移输入和 4 位并行输入 3 种方式。其引脚图如图 4.15 所示，具体功能表如表 4.14 所示。

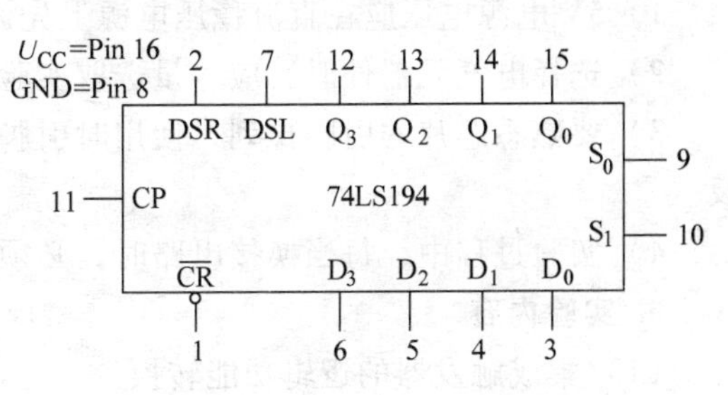

图 4.15　74LS194 引脚图

表 4.14 74LS194 功能表

工作方式	输入							输出			
	$\overline{CR}$	CP	S_1	S_0	DSR	DSL	D_n	Q_3	Q_2	Q_1	Q_0
复位（清零）	**0**	×	×	×	×	×	×	**0**	**0**	**0**	**0**
保持	**1**	×	**0**	**0**	×	×	×	q_3	q_2	q_1	q_0
左移	**1**	↑	**1**	**0**	×	**1/0**	×	**1/0**	q_3	q_2	q_1
右移	**1**	↑	**0**	**1**	**1/0**	×	×	q_2	q_1	q_0	**1/0**
并行输入	**1**	↑	**1**	**1**	×	×	D_n	d_3	d_2	d_1	d_0

$\overline{CR}$端为移位寄存器的异步复位端，低电平有效，复位时移位寄存器的输出 $Q_3 \sim Q_0$皆为 **0**；CP 端为同步时钟脉冲输入端，脉冲上升沿有效；S_1 和 S_0是移位寄存器的移位方式选择端，当 $S_1S_0 = \mathbf{10}$ 时，移位寄存器以 DSL 为左移串行输入端，在 CP 脉冲上升沿的作用下完成一次左移；当 $S_1S_0 = \mathbf{01}$ 时，移位寄存器以 DSR 为右移串行输入端，在 CP 脉冲上升沿的作用下完成一次右移；当 $S_1S_0 = \mathbf{11}$ 时，移位寄存器在 CP 脉冲上升沿的作用下，将 $D_3 \sim D_0$预置入 $Q_3 \sim Q_0$中，完成并行输入。

2. 实验目的

1）掌握集成 D 触发器 74LS74 的逻辑功能及使用方法。

2）掌握集成 J－K 触发器 74LS112 的逻辑功能及使用方法。

3）熟悉一些常见的触发器逻辑功能的相互转换。

4）掌握中规模集成计数器 74LS161 的逻辑功能及使用方法。

5）掌握中规模集成移位寄存器 74LS194 的逻辑功能及使用方法。

3. 仪器与设备

1）实验箱　1 台

2）双踪示波器　1 台

3）双路直流稳压电源　1 台

4）数字万用表　1 只

4. 预习要求

1）复习集成触发器的有关内容和理论知识。

2）阅读实验指导书，理解实验原理，了解实验步骤。

3）要求设计的电路应在实验前完成原理图设计。

5. 注意事项

1）5V 电源电压应在直流稳压电源上先调好，断开电源开关后再接入电路。

2）选择电气元器件时，应尽量选取实验板上已有的元器件。

3）要熟悉芯片的引脚排列，使用时引脚不能接错，特别要注意电源和接地引脚不能接反。

4）实验过程中，每当换接电路时，必须首先断开电源，严禁带电操作。

6. 实验内容

（1）集成触发器的逻辑功能转换

1）J－K 触发器转化成 D 触发器

令J－K触发器的$J_n = D_n$，$K_n = \overline{D}_n$，并带入J－K触发器的特征方程$Q_{n+1} = J_n\overline{Q}_n + \overline{K}_nQ_n$中，得到$Q_{n+1} = D_n$，其结果与D触发器的特征方程完全相同，画出逻辑图如图4.16所示。如此将J－K触发器转化成为了D触发器。注意此时的D触发器的触发方式仍为原来的J－K触发器的下降沿触发方式。按图4.16所示接好电路，并验证其逻辑功能。

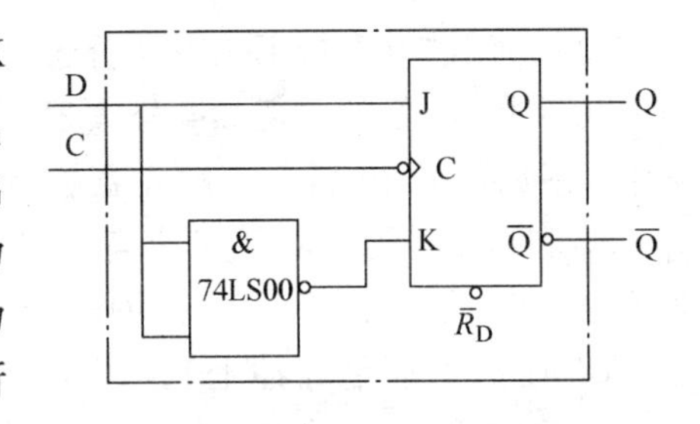

图4.16　J－K触发器转化成D触发器

2）J－K触发器转化成T触发器

T触发器的功能为计数触发器，其特征方程为$Q_{n+1} = T_n\overline{Q}_n + \overline{T}_nQ_n$。T触发器虽然没有产品器件，但可以用其他类型的触发器转化而得到。令J－K触发器的$J_n = K_n = T_n$，并带入方程$Q_{n+1} = J_n\overline{Q}_n + \overline{K}_nQ_n$中，得到方程$Q_{n+1} = T_n\overline{Q}_n + \overline{T}_nQ_n$，其结果与T触发器的特征方程完全相同，由此可画出逻辑图如图4.17所示。转换后T触发器的触发方式仍为原来的J－K触发器的下降沿触发方式。按图4.17所示接好电路，并验证其逻辑功能。

3）D触发器转化成J－K触发器

利用与非门可以实现将D触发器转化成J－K触发器，其逻辑电路图如图4.18所示，按图接好电路，并验证其逻辑功能。

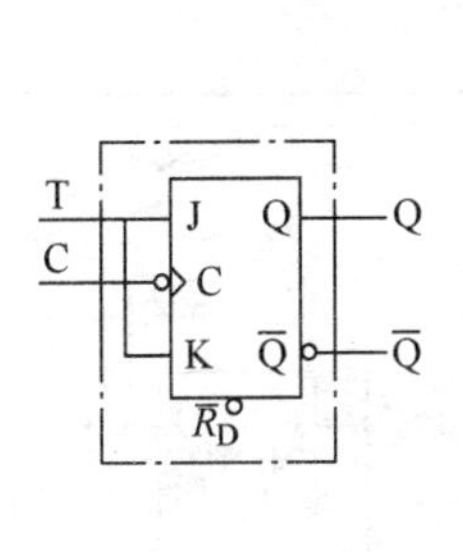

图4.17　J－K触发器转化成T触发器

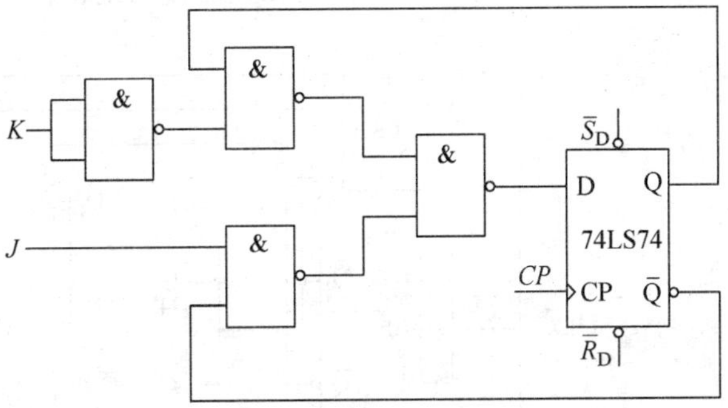

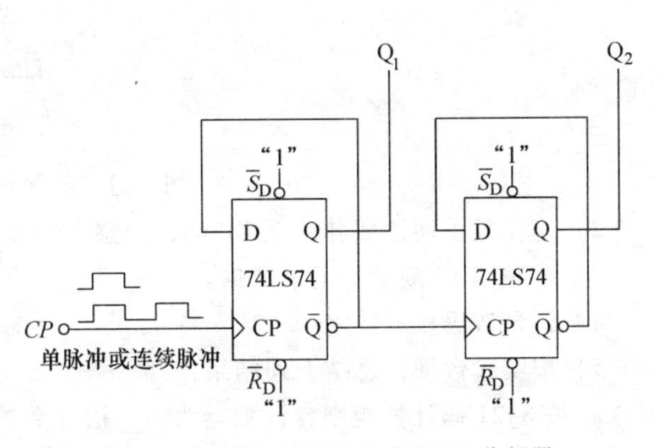

图4.18　D触发器转换为J－K触发器逻辑电路图

（2）利用74LS74设计2-4分频器

利用D触发器74LS74实现2-4分频器。电路如图4.19所示，触发器控制端$\overline{R}_D$、$\overline{S}_D$接逻辑电平**1**。实验分为两步：①用手动单脉冲作驱动信号（*CP*连到手动单脉冲上），用电平指示灯观察Q_1和Q_2的状态。将测试结果填写到下表中。②用连续脉冲作驱动信号，将实验箱上的CD4511数码管D端和C端接低电平，B端与Q_2相连，A端与Q_1相连，观察数码管的显示结果。

图4.19　利用74LS74组成的2-4分频器

（3）利用 74LS112 设计 2-4 分频器

利用 JK 触发器实现 2-4 分频器。电路原理图如图 4.20 所示，触发器控制端 $\overline{R}_D$、$\overline{S}_D$ 和数据端 J、K 分别接高电平 **1**，实验分为两步：①用手动单脉冲作驱动信号（CP 连到手动单脉冲上），用电平指示灯观察 Q_1 和 Q_2 的状态。将测试结果填入表中；②用连续脉冲作驱动信号，将实验箱上的 CD4511 数码管 D 端和 C 端接低电平，B 端与 Q_2 相连，A 端与 Q_1 相连，观察数码管的显示结果。

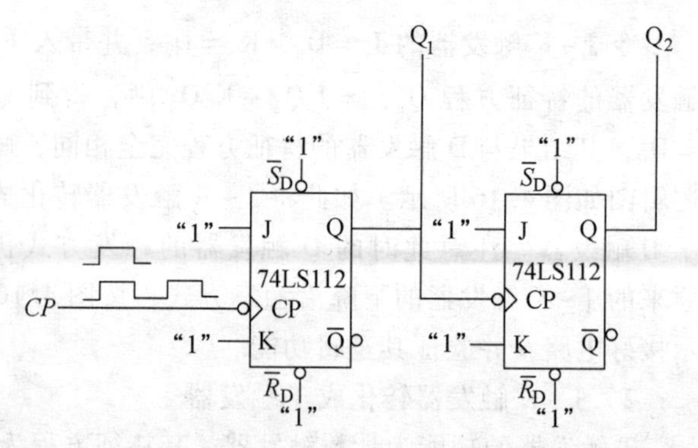

图 4.20　利用 74LS112 组成的 2-4 分频器电路原理图

（4）集成 J－K 触发器 74LS112 构成的异步计数器及数码显示器

图 4.21 是由 4 个 J－K 触发器构成的异步计数器，每个触发器接的 J 和 K 端接电平 **1**，即转化成了 T′触发器。手动发送计数脉冲，计数器由 Q 端输出，计数器的反相输出端输出至 LED 数码显示。与非门的 4 条输入线 Q_3、Q_2、Q_1 和 $\overline{Q}_0$ 与输出至 $\overline{R}_D$ 的输出线决定了计数器的上限和下限。

1）按图 4.21 接好电路，检查无误后接通电源。

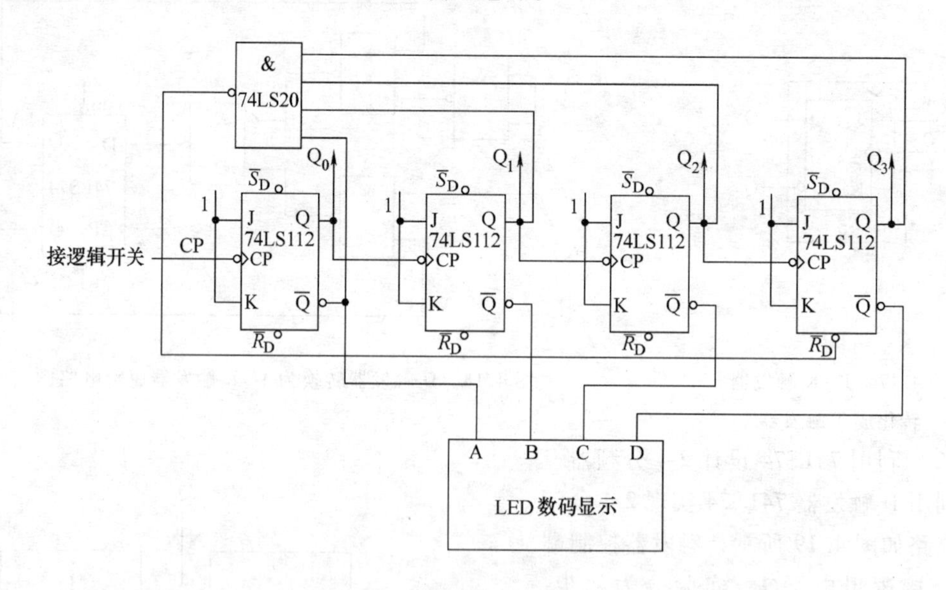

图 4.21　异步计数器

2）连续发手动计数脉冲至 CP 端，观察数码显示，使计数器进入主计数循环。

3）按表 4.15 测量并记录数据。

4）记录数码显示数字。

5）按实验数据，总结下列结果：

a. 按 8421 码计数规则，计数器为____法计数器（加法、减法）。

b. 按数码管的显示，计数器为____法计数器（加法、减法）。

c. 按 8421 码计数规则，其计数范围为从____到____。

d. 按计数器的计数显示，其计数范围为从____到____。

e. 计数器为____进制计数器。

表 4.15　异步计数器测试数据

CP	Q_3	Q_2	Q_1	Q_0	LED 显示
0					
1					
2					
3					
4					
5					
6					
7					
8					
9					
10					
11					
12					
13					
14					
15					

（5）集成 D 触发器 74LS74 构成的环形移位寄存器

图 4.22 是由 4 个 D 触发器构成的环形移位寄存器，反馈取至寄存器的高两位输出，因而可以扩大输出状态的个数。

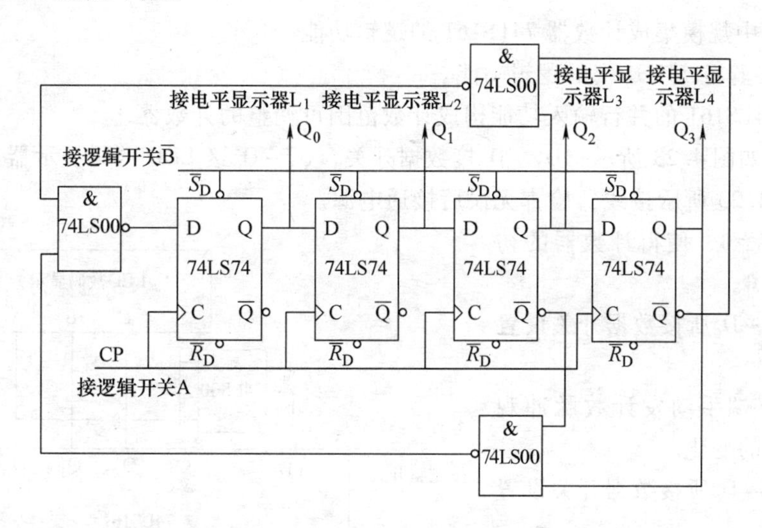

图 4.22　环形移位寄存器

1）按图 4.22 所示接好电路，检查无误后接通电源。

2）发负脉冲到 $\overline{S}_D$ 端，使每位触发器的输出均为 **1**。

3）连续发手动计数脉冲输入至 CP 端，观察触发器的输出。

4）按表 4.16 测量并记录数据。

5）按实验数据，总结下列结果。

a. 移位寄存器输出状态数为____个。

b. 剩余的状态为____个，具体的状态为________。

c. 计数器为____进制计数器。

表 4.16　环形移位寄存器测试数据

逻辑开关 A	Q_3	Q_2	Q_1	Q_0
（逻辑开关 B 初始脉冲）	**1**	**1**	**1**	**1**
1				
2				
3				
4				
5				
6				
7				
8				
9				
10				
11				
12				
13				
14				
15				

（6）验证中规模集成计数器 74LS161 的逻辑功能

按表 4.13 验证 74LS161 的逻辑功能。

（7）用 74LS161 的并行输入功能构成计数范围可调整的计数器

实验电路如图 4.23 所示，$D_3 \sim D_0$ 接数据开关，$Q_3 \sim Q_0$ 接 LED 数码显示器。

1）按图 4.23 所示接线，检查无误后接通电源。

2）$\overline{CR}$ 端置 **0**，使得计数器的初始状态预置为 **0**。

3）将 $D_3 \sim D_0$ 所接数据开关设置为 **0010**。

4）在 CP 端手动发计数脉冲观察并记录输出的变化。

5）将 $D_3 \sim D_0$ 所接数据开关设置为 **0100**。

6）在 CP 端手动发计数脉冲，观察并记录输出的变化。

7）将所得的所有数据计入表 4.17 中。

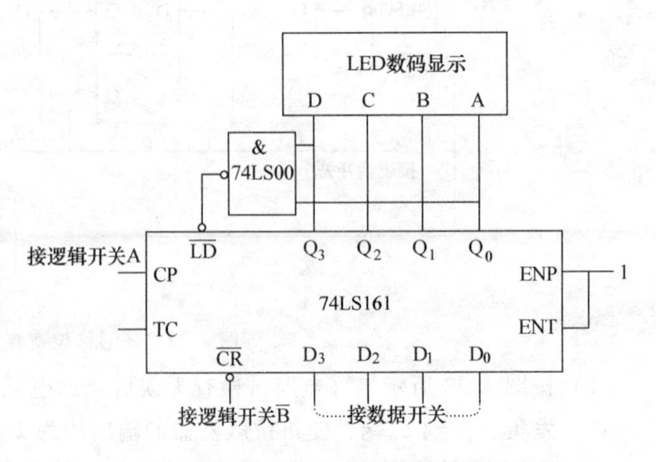

图 4.23　利用 74LS161 构成的计数器

表 4.17 利用 74LS161 的并行输入功能构成计数器测试数据

CP脉冲	($D_3D_2D_1D_0$ = **0010** 时)					($D_3D_2D_1D_0$ = **0100** 时)				
	Q_3	Q_2	Q_1	Q_0	LED显示	Q_3	Q_2	Q_1	Q_0	LED显示
0	**0**	**0**	**1**	**0**		**0**	**1**	**0**	**0**	
1										
2										
3										
4										
5										
6										
7										
8										
9										

分析结果：

a. 当 $D_3D_2D_1D_0$ = **0010** 时，计数器的计数范围为从____到____；计数器为____进制计数器。

b. 当 $D_3D_2D_1D_0$ = **0100** 时，计数器的计数范围为从____到____；计数器为____进制计数器。

(8) 用 74LS161 的$\overline{CR}$端构成异步复位的十进制计数器

实验电路如图 4.24 所示，D_3 ~ D_0接地，Q_3 ~ Q_0接 LED 数码显示器。

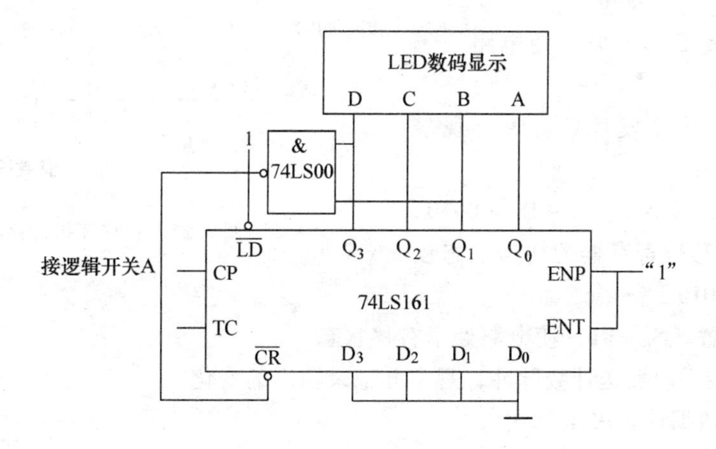

图 4.24 十进制计数器

1) 按图 4.24 所示接线，检查无误后接通电源。

2) 在 CP 端手动发计数脉冲，观察并记录输出的变化。

3) 将所得数据计入表 4.18 中。

分析结果：

a. 计数器的计数范围为从____到____。

b. 若欲使计数器的计数范围为从 **0 ~ 7**，电路应如何变化？

表 4.18　十进制计数器测试数据

CP 脉冲	Q_3	Q_2	Q_1	Q_0	LED 显示
1					
2					
3					
4					
5					
6					
7					
8					
9					
10					

（9）中规模集成移位寄存器 74LS194 构成右移的环扭寄存器

实验电路如图 4.25 所示，$D_3 \sim D_0$接数据开关，$Q_3 \sim Q_0$接电平显示器。

1）按图 4.25 所示接线，检查无误后接通电源。

2）将数据开关预置为 $D_3 \sim D_0 =$ **0000**，$S_1S_0 =$ **11**，使得移位寄存器的初始状态予置为 $Q_3 \sim Q_0 =$ **0000**。

3）重新设置 $S_1S_0 =$ **01**，使电路处于右移状态。

4）在 CP 端手动发计数脉冲，观察并记录输出的变化。

5）将数据开关预置 $D_3 \sim D_0 =$ **0010**，$S_1S_0 =$ **11**，使得移位寄存器的初始状态预置为 $Q_3 \sim Q_0 =$ **0010**。

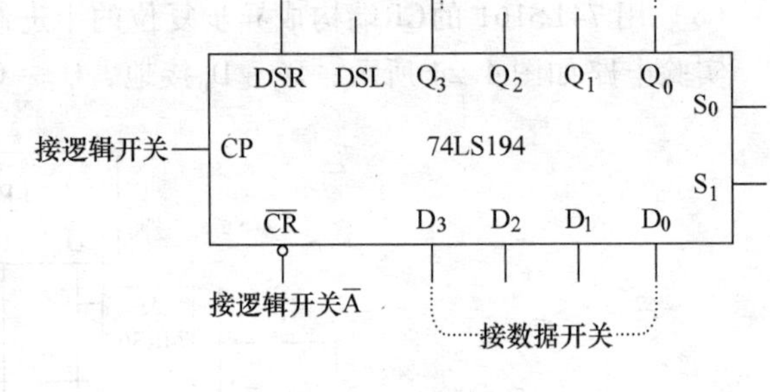

图 4.25　右移环扭寄存器

6）重新设置 $S_1S_0 =$ **01**，使电路处于右移状态。

7）在 CP 端手动发送计数脉冲，观察并记录输出的变化。

8）将所得数据计入表 4.19 中。

表 4.19　右移环扭寄存器测试数据

CP 脉冲	（预置 $D_3D_2D_1D_0 =$ **0000** 时）				（预置 $D_3D_2D_1D_0 =$ **0010** 时）			
	Q_3	Q_2	Q_1	Q_0	Q_3	Q_2	Q_1	Q_0
0	**0**	**0**	**0**	**0**	**0**	**0**	**1**	**0**
1								
2								
3								

（续）

CP 脉冲	（预置 $D_3D_2D_1D_0$ = **0000** 时）				（预置 $D_3D_2D_1D_0$ = **0010** 时）			
	Q_3	Q_2	Q_1	Q_0	Q_3	Q_2	Q_1	Q_0
4								
5								
6								
7								
8								
9								
10								
11								

结果：

a. 当 $D_3 \sim D_0$ = **0000** 时，移位寄存器的状态数为____个。

b. 当 $D_3 \sim D_0$ = **0010** 时，移位寄存器的状态数为____个。

7. 实验报告要求

1）事先画出需要设计的实验电路图，整理实验数据。

2）总结 74LS74、74LS112、74LS161 和 74LS194 的各引脚定义和芯片功能。

3）总结实验指导书中涉及的触发器类型、触发方式，是上升沿触发还是下降沿触发？

8. 思考题

1）在进行计数器实验时，有时会出现按动一次开关，计数器的输出跳动若干次的现象，这是什么原因造成的？

2）如何理解 74LS161 的异步清零和同步置数功能中“同步”和“异步”的意义？

4.4　555 集成定时器及其应用

1. 必备知识

555 集成定时器是一种将模拟功能和逻辑功能混合在一块集成芯片上的集成定时器电路。具有成本低，结构简单，使用灵活等优点，是一种用途广泛的集成电路。用 555 集成定时器可以构成单稳态触发器、多谐振荡器和施密特触发器等多种电路。555 集成定时器的结构原理和引脚排列图如图 4.26 所示。

555 集成定时器的基本结构由一个异步 R－S 触发器为核心，两个电压比较器 C_1 与 C_2，3 个 5kΩ 电阻串联和放电晶体管构成。3 个 5kΩ 串联电阻将电源电压 U_{CC} 分压成 $\frac{1}{3}U_{CC}$ 和 $\frac{2}{3}U_{CC}$，触发器的 R_D 和 S_D 端分别由两个电压比较器 C_1 与 C_2 的输出控制，当 C_1 反向端（高电平触发端 6）的输入电压高于 $\frac{2}{3}U_{CC}$ 时，触发器被复位，输出 3 端为 **0**，同时放电晶体管输出 7 端对地导通；当 C_2 同向端（低电平触发端 2）的输入电压低于 $\frac{1}{3}U_{CC}$ 时，触发器被复位，输出 3 端为 **0**，同时放电晶体管输出 7 端对地导通；当 C_2 同向端（低电平触发端 2）的输入电压低于$\frac{1}{3}U_{CC}$时，触发器被置位，输出 3 端为 **1**，同时放电晶体管输出 7 端对地截止；引脚 4 为复位输入端，低电平有效，复位时不论其他引脚状态如何，输出 3 端被强制复位为 **0**；5 端为电压控制端，若外加一参考电压 U，则可改变 C_1 与 C_2 的比较电压值为 U 和$\frac{1}{2}U$，5 端的电压控制功能若不使用，则可将 5 端与地之间接一 0.1μF 电容，以防干扰。

555 定时器的引脚图如图 4.27 所示，电源电压范围为 5 ~ 18V。输出电流可达 200mA，可以直接驱动继电器、发光二极管、扬声器及指示灯等。555 定时器的工作原理说明列在表 4.20 中。

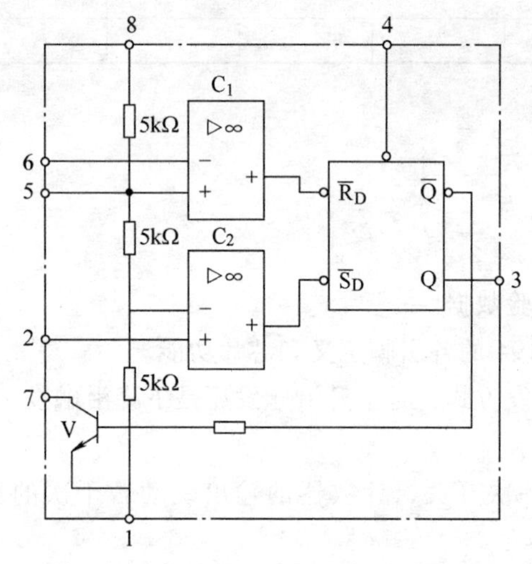

图 4.26　555 集成定时器内部电路图

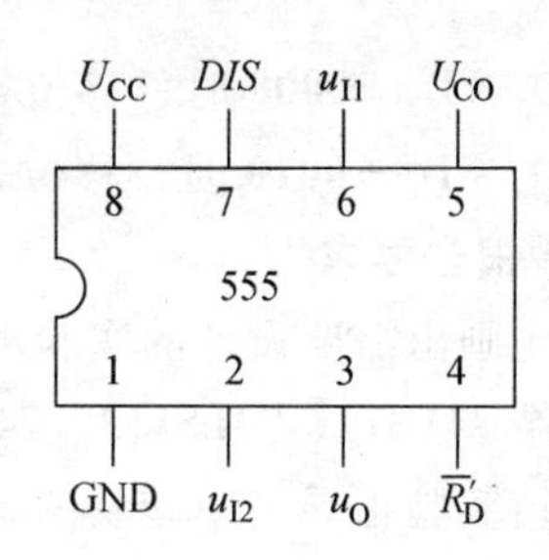

图 4.27　555 集成定时器的引脚图

表 4.20　555 定时器的工作原理说明表

$\overline{R}'_D$	u_{I1}	u_{I2}	$\overline{R}_D$	$\overline{S}_D$	Q	u_O	V
0	×	×	×	×	×	低电平电压（0）	导通
1	$>\frac{2}{3}U_{CC}$	$>\frac{1}{3}U_{CC}$	0	1	0	低电平电压（0）	导通
1	$<\frac{2}{3}U_{CC}$	$<\frac{1}{3}U_{CC}$	1	0	1	高电平电压（1）	截止
1	$<\frac{2}{3}U_{CC}$	$>\frac{1}{3}U_{CC}$	1	1	保持	保持	保持

2. 实验目的

1）掌握 555 集成定时器的基本逻辑电路功能及使用方法。

2）学习使用 555 集成定时器构成一些常见的应用电路。

3）通过本次实验，加深对 555 集成定时器的认识。

3. 仪器与设备

1）实验电路板　　1块

2）双踪示波器　　1台

3）双路直流稳压电源　　1台

4）函数信号发生器　　1台

5）数字万用表　　1只

4. 预习要求

1）复习555集成电路的基本内容和常见的应用电路。

2）阅读实验指导书，理解实验原理，了解实验步骤。

5. 注意事项

1）注意555定时器的工作电压，5V电源电压应在直流稳压电源上先调好，断开电源开关后再接入电路。

2）选择电路元器件时，应尽量选取实验板上已有的元器件。

3）要熟悉芯片的引脚排列，使用时引脚不能接错，特别要注意电源和接地引脚不允许接反。

4）实验过程中，每当换接电路时，必须首先断开电源，严禁带电操作。

6. 实验内容

（1）555集成定时器电路构成的多谐振荡器

图4.28所示为用555集成定时器电路组成的多谐振荡器。调节10kΩ电位器，使得图示中R_A的电阻值为5.1kΩ，利用示波器观察振荡器输出u_o和电容C_1上电压u_{C1}的波形，测量出波形的最大值、最小值、周期T、频率f、占空比D，并与理论值比较。要求绘制输出波形图，标注实验数据，分析讨论问题。

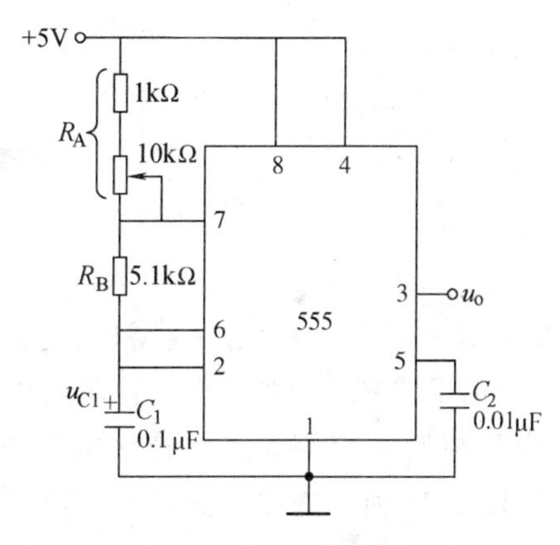

图4.28　多谐振荡器电路

注意：1）测量电阻R_A时，应保证R_A与电路其他部分断开。

2）必须使用示波器的直流耦合方式。该电路应保留，为后边单稳态电路提供输入。

讨论：根据实验波形和实验数据，与理论值进行比较？分析当10kΩ电位器阻值增大时，利用示波器观察多谐振荡器输出电压波形u_o，观察输出波形的周期，频率和占空比如何变化？

（2）555集成定时器构成的压控振荡电路

将图4.79中555定时器的引脚5接一可调电压源，可用实验箱上47kΩ电位器或10kΩ电位器分压获得，分别测出当控制电压为1.5V、3V、4.5V时的振荡频率、占空比，并与理论值比较。

控制电压为1.5V时，振荡频率 = ________　占空比 = ________。

控制电压为3V时，振荡频率 = ________　占空比 = ________。

控制电压为4.5V时，振荡频率 = ________　占空比 = ________。

与理论值比较：

（3）施密特触发器

利用555的高低电平触发的回差电平，可构成具有滞回特性的施密特触发器。施密特触发器回差控制有两种方式：其一为电压控制端引脚5不外加控制电压，此时高低电平的触发电压分别为$\frac{2}{3}U_{CC}$和$\frac{1}{3}U_{CC}$不变；其二为电压控制端引脚5外加控制电压U，其高低电平的触发电压分别为U和$\frac{1}{2}U$，可随着U改变而变化。

1）电压控制端引脚5不外加控制电压。图4.29所示为电压控制端不外加控制电压的施密特触发器。按图4.29所示连接线路，输入信号u_i利用函数信号发生器给出，调节函数信号发生器给出图4.30所示的输入波形。利用示波器同时观察输入信号u_i和输出信号u_o，要求在同一坐标系绘制输入和输出波形。测量高低电平的触发电压，并在坐标图中标出，与理论值进行比较。

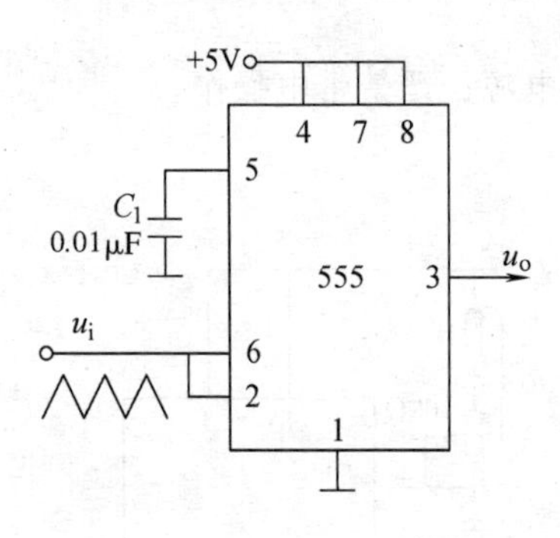

图4.29　不外加控制电压的施密特触发器

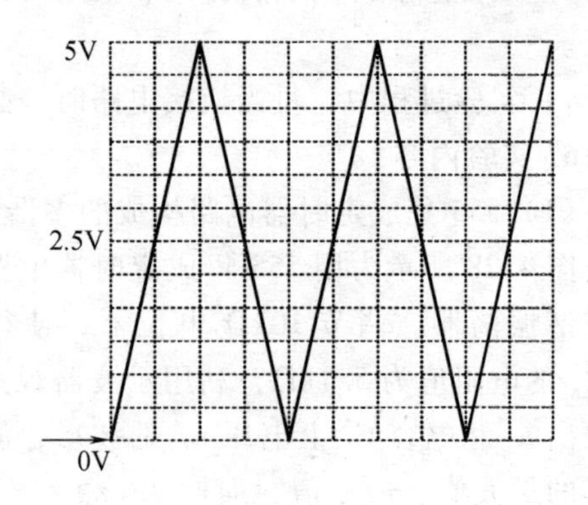

图4.30　施密特触发器输入波形

2）电压控制端引脚5外加控制电压。图4.31所示为电压控制端引脚5外加控制电压的施密特触发器，按图4.31所示连接线路。输入信号u_i与上一题的输入波形相同。电压控制端U_C输入直流电压信号，可用实验箱上47k电位器分压获得。改变电压控制端电压信号，利用示波器同时观察输入信号u_i和输出信号u_o，要求在同一坐标系绘制输入和输出波形（只需绘制$U_C=4V$时的波形）。按照表4.21测量高低电平的触发电压。

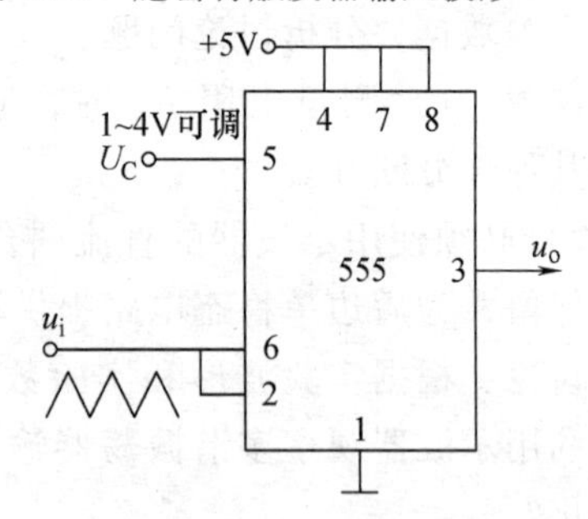

图4.31　外加控制电压的施密特触发器

表4.21　外加控制电压施密特触发器测试数据

U_C/V	1	2	3	4
高电平触发电压/V				
低电平触发电压/V				

（4）由555定时器组成的单稳态触发器

由555定时器和外接定时元件R、C构成的单稳态触发器如图4.32所示。u_i输入触发信号，下降沿有效，加在555定时器的2引脚，u_o 是输出信号。

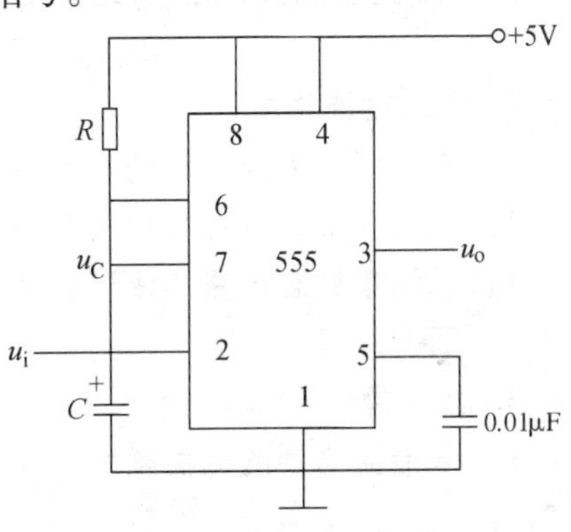

图4.32　由555定时器和外接定时元件 R、C 构成的单稳态触发器

当没有触发信号即 u_i 高电平时，电路工作在稳定状态，$u_o=0$，图4.26中晶体管V饱和导通。当 u_i 下降沿到来时，电路被触发，立即由稳态翻转为暂稳态，$Q=1$，$u_o=1$，晶体管V截止，电容 C 开始充电，u_C 按指数规律增长。当 u_C 充电到 $\frac{2}{3}U_{CC}$ 时，高电平比较器动作，比较器 C_1 翻转，输出 u_o 从高电平返回低电平，晶体管V重新导通，电容 C 上的电荷很快经放电开关管放电，暂态结束，恢复稳态，为下个触发脉冲的来到作好准备。

1）按图4.32连线，取 $R=6.8\text{k}\Omega$，$C=0.1\mu\text{F}$，输入信号 u_i 由单次脉冲源提供，用双踪示波器观测 u_i、u_C 和 u_O 波形。测定幅度、周期和暂稳态的维持时间 t_w。

2）改变 RC 参数值，观察不同 RC 参数下，由555定时器组成的单稳态触发器的暂稳态时间如何变化。

（5）555多谐振荡器构成警笛电路

警笛电路的发声原理是间歇的多谐振荡器，由两片555电路 C_1 和 C_2 构成。电路如图4.33所示。C_1 以及相应的外围电路构成了低频多谐振荡器，输出低频调制脉冲；C_2 以及相应的外围电路构成了高频的多谐振荡器，输出音频范围的脉冲。C_1 输出端直接接至 C_2 的电压控制端。当 C_1 输出为高电平时，C_2 构成的高频多谐振荡器正常工作，输出音频脉冲。当 C_1 输出为低电平时，C_2 构成的高频多谐振荡器停止振荡。所以 C_2 输出是间歇的音频信号。

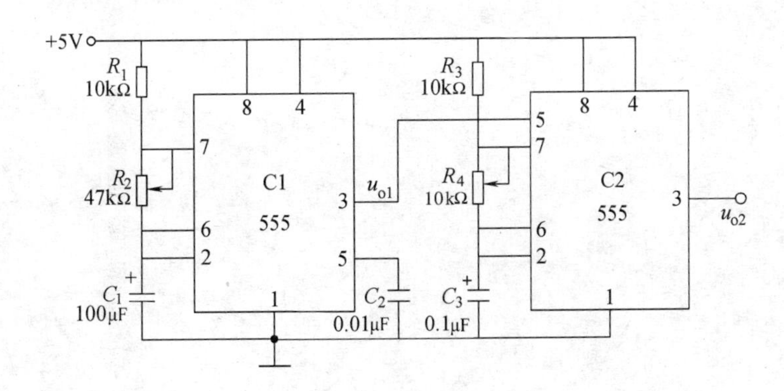

图4.33　555多谐振荡器构成警笛电路

1）按图4.33连接好电路后，接通电源。

2）调节 C_1 的 RC 回路中的47kΩ电位器，用示波器测量并记录 C_1 输出波形的最高频率 $f_{1\max}$ 和最低频率 $f_{1\min}$。

3）调节 C_2 的 RC 回路中的10kΩ电位器，用示波器测量并记录 C_2 输出波形的最高频率 $f_{2\max}$ 和最低频率 $f_{2\min}$。

断开示波器探头，在 u_{o2} 处连接实验箱上的扬声器，分别调节 R_2 和 R_4，聆听声音如何变化？

7. 实验报告要求

1） 事先画出需要设计的实验电路图，整理实验数据。

2） 按各项实验内容写出实验报告。

3） 总结单稳态电路、多谐振荡器及施密特触发器的功能和各自特点。

4） 回答思考题。

8. 思考题

1） 多谐振荡器的振荡频率主要由哪些元件决定？单稳态触发器输出脉冲宽度与什么有关？

2） 在实验中 555 定时器 5 引脚所接的电容起什么作用？

第5章　电子电路综合设计

电子电路综合设计是在基本掌握了基本单元电路原理的基础上进行电路设计与调试，是对所学知识综合全面的运用。通过电子电路综合设计，可提高学生对基础知识及基本实验技能的运用能力，掌握有关参数及电子电路的内在规律，这对培养学生的综合开发能力、培养创新思维具有十分重要的意义。

5.1　简易电子琴的设计

1. 设计任务与要求要求

要求采用 *RC* 正弦波振荡电路，设计一个简易电子琴。

C调音阶对应的频率表如表5.1所示，当按下某按键或开关时，电子琴电路能够起振，并发出该按键或开关对应的音阶。

表5.1　C调音阶对应的频率表

C调	1	2	3	4	5	6	7	$\dot{1}$
f/Hz	264	297	330	352	396	440	495	528

2. 预习要求

1）熟悉 μA741 集成运算放大器的引脚排列及功能。

2）熟悉 *RC* 正弦波振荡电路的工作原理。

3）设计相应的电路图，标注元器件参数，并进行仿真验证。

3. 仪器设备及元器件

1）直流稳压电源　　1台

2）双踪示波器　　1台

3）函数信号发生器　　1台

4）数字万用表　　1只

5）EEL-69 模拟、数字电子技术实验箱　　1台

6）“集成运算放大器应用”实验板　　1块

μA741 集成运算放大器、二极管、按键、开关、电阻、电容、导线若干。

4. 设计报告要求

1）写明设计题目、设计任务、设计环境以及所需的设备元器件。

2）绘制经过实验验证、完善后的电路原理图。

3）编写设计说明、使用说明与设计小结。

4）列出设计参考资料。

5. 注意事项

1）集成运算放大器的正、负电源极性不要接反，不要将输出端短路，否则会损坏芯片。

2）实验过程中，每当更改电路时，必须首先断开电源，严禁带电操作。

5.2 触摸延时开关电路的设计

1. 设计任务与要求

在现代建筑中，过道楼梯照明开关常采用触摸延时开关，其功能是当人用手触摸开关时，照明灯点亮并持续一段时间后自动熄灭，这种开关既节能又使用方便。

实现延时的电路其基本原理是依据了 *RC* 电路中电容两端电压不能突变的特性。人体本身带有一定电荷，当人的手接触导体时，这些电荷就经人手转移到导体上，形成瞬间的微弱的电流，这一微弱电流经过晶体管放大后，就可以控制较大的负载开关动作。

要求延时时间在 10 ~ 30s 可调。

2. 预习要求

1）熟悉单极晶体管放大电路的工作原理。

2）熟悉 NPN 晶体管和 PNP 晶体管的工作原理。

3）设计相应的电路图，标注元器件参数，并进行仿真验证。

3. 仪器设备及元器件

1）直流稳压电源 1 台

2）双踪示波器 1 台

3）函数信号发生器 1 台

4）数字万用表 1 只

5）EEL-69 模拟、数字电子技术实验箱 1 台

6）“集成运算放大器应用” 实验板 1 块

3DG6 晶体管、9012 晶体管、9013 晶体管、发光二极管、电阻、电解电容、导线若干。

4. 设计报告要求

1）写明设计题目、设计任务、设计环境以及所需的设备元器件。

2）绘制经过实验验证、完善后的电路原理图。

3）编写设计说明、使用说明与设计小结。

4）列出设计参考资料。

5. 注意事项

1）注意电解电容的正负极性，不要接错。

2）实验过程中，每当更改电路时，必须首先断开电源，严禁带电操作。

5.3 温度控制器的设计

1. 设计任务与要求

温度控制器是实现测量温度和控制温度的电路，通过对温度控制电路的设计、安装和调试了解温度传感器件的原理和性能，进一步熟悉集成运算放大器的线性和非线性应用。

要求温度控制器具有温度采集功能，测温和控温范围为室温至 60℃，精度为 ±1℃。温度控制器通过比较采集到的温度和设定温度的数值，控制执行机构（LED 指示灯）的动作。

温度控制器的基本组成框图如图 5.1 所示，该电路由温度传感器、K-℃变换器、温度设

置、比较单元和执行单元组成。温度传感器的作用是把温度信号转换成电流或电压信号，K-℃变换器将绝对温度 K 变换成摄氏温度℃。信号经放大和刻度定标（0.1V/℃）后送入比较器与预先设定的固定电压（对应控制温度点）进行比较，由比较器输出电平高低变化来控制执行机构（LED 指示灯）工作，利用 LED 指示灯的亮灭，实现温度自动控制。

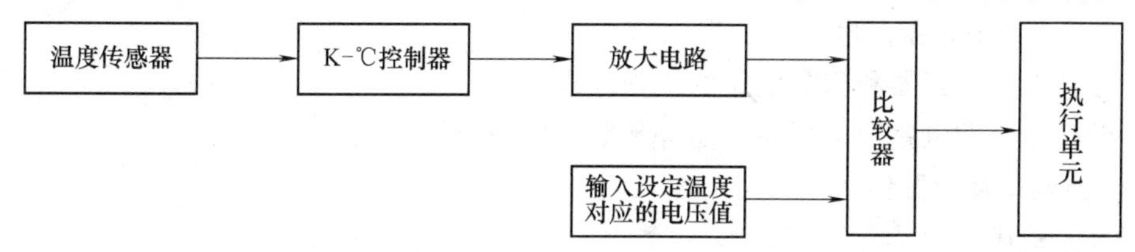

图 5.1　温度控制器框图

2. 预习要求

1）熟悉 AD590 温度传感器的引脚定义、工作原理和性能。

2）熟悉集成运算放大器的引脚排列和功能。

3）熟悉集成运算放大器的线性应用和非线性应用电路的工作原理。

4）设计相应的电路图，标注元器件参数，并进行仿真验证。

3. 仪器设备及元器件

1）直流稳压电源　1 台

2）双踪示波器　1 台

3）函数信号发生器　1 台

4）数字万用表　1 只

5）EEL-69 模拟、数字电子技术实验箱　1 台

6）“集成运算放大器应用”实验板　1 块

μA741 集成运算放大器、AD590 温度传感器、3DG6 晶体管、9012 晶体管、9013 晶体管、发光二极管、电阻、电解电容、导线若干。

4. 设计报告要求

1）写明设计题目、设计任务、设计环境以及所需的设备元器件。

2）绘制经过实验验证、完善后的电路原理图。

3）编写设计说明、使用说明与设计小结。

4）列出设计参考资料。

5. 注意事项

1）注意不可把集成运算放大器的正、负电源极性接反或将输出端短路。

2）实验过程中，每当更改电路时，必须首先断开电源。

5.4 函数信号发生器的设计

1. 设计任务与要求

函数信号发生器能自动产生正弦波、三角波和方波等电压波形。本设计要求利用集成运算放大器组成正弦波-方波-三角波函数信号发生器电路，所有波形具有 5V 的峰值，其中方波和三角波为对称方波和对称三角波。该电路适用于 1 ~ 10kHz 范围内的各种频率。

先由 RC 桥式振荡电路产生正弦波，然后通过电压比较器（过零比较器）电路将正弦波变换成方波，再由积分电路将方波变成三角波。

2. 预习要求

1）熟悉集成运算放大器的引脚排列和功能。

2）熟悉 RC 桥式振荡电路的工作原理。

3）熟悉电压比较器和积分电路的工作原理。

4）设计相应的电路图，标注元器件参数，并进行仿真验证。

3. 仪器设备及元器件

1）直流稳压电源 1台

2）双踪示波器 1台

3）函数信号发生器 1台

4）数字万用表 1只

5）EEL-69 模拟、数字电子技术实验箱 1台

6）"集成运算放大器应用"实验板 1块

μA741 集成运算放大器、稳压管、滑线变阻器、电阻、电容、导线若干。

4. 设计报告要求

1）写明设计题目、设计任务、设计环境以及所需的设备元器件。

2）绘制经过实验验证、完善后的电路原理图。

3）编写设计说明、使用说明与设计小结。

4）列出设计参考资料。

5. 注意事项

1）注意不可把集成运算放大器的正、负电源极性接反或将输出端短路。

2）实验过程中，每当更改电路时，必须首先断开电源，严禁带电操作。

5.5 压控波形发生器的设计

1. 设计任务与要求

电压-频率变换是信号处理的重要内容，常用于模拟电路系统和数字电路系统的接口电路中。电压-频率变换的基本原理是用电压去控制振荡器的振荡频率，因此也称为压控振荡器，其输出波形可以是矩形波、三角波，也可以是正弦波。要求利用集成运算放大器等元器件设计压控波形发生器，其原理框图如图 5.2 所示。输出信号的频率 f 和控制电压 u_C 的关系为 $f = 50u_C$。式中，u_C 得单位为 V，变化范围为 1 ~ 5V；频率 f 的单位为 Hz，频率误差小于 10% 。

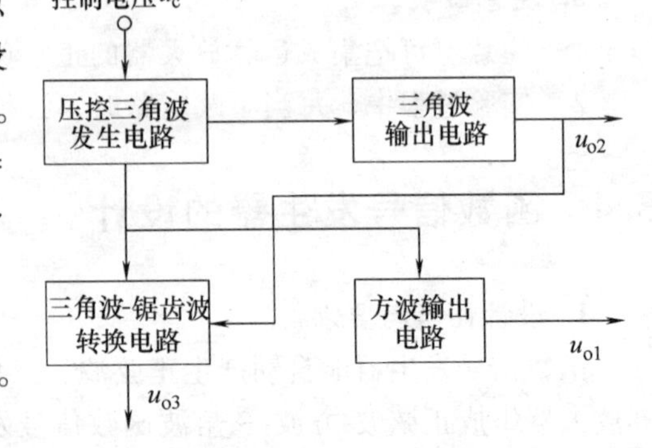

图 5.2 压控波形发生器的原理框图

2. 预习要求

1）熟悉集成运算放大器的引脚排列和功能。

2）熟悉压控振荡器的工作原理。

3）设计相应的电路图，标注元器件参数，

并进行仿真验证。

3. 仪器设备及元器件

1）直流稳压电源　1台
2）双踪示波器　1台
3）函数信号发生器　1台
4）数字万用表　1只
5）EEL-69模拟、数字电子技术实验箱　1台
6）“集成运算放大器应用”实验板　1块

集成运算放大器μA741、稳压管、二极管、滑线变阻器、电阻、电容、导线若干。

4. 设计报告要求

1）写明设计题目、设计任务、设计环境以及所需的设备元器件。
2）绘制经过实验验证、完善后的电路原理图。
3）编写设计说明、使用说明与设计小结。
4）列出设计参考资料。

5. 注意事项

1）注意不可把集成运算放大器的正、负电源极性接反或将输出端短路。
2）实验过程中，每当更改电路时，必须首先断开电源，严禁带电操作。

5.6 彩灯控制电路的设计

1. 设计任务与要求

本设计要求利用74LS194移位寄存器为核心器件设计一个八路彩灯循环系统，要求彩灯显示以下花型：

花型Ⅰ-8路彩灯由中间到两边对称地依次点亮，全亮后仍由中间向两边依次熄灭。

花型Ⅱ-8路彩灯分成两半，从左自右顺次点亮，再顺次熄灭。

2. 预习要求

1）熟悉74LS194移位寄存器的引脚排列及功能。
2）熟悉74LS00、74LS20与非门的引脚排列及功能。
3）设计相应的电路图，标注元器件参数，并进行仿真验证。

3. 仪器设备及元器件

1）直流稳压电源　1台
2）数字万用表　1只
3）EEL-69模拟、数字电子技术实验箱　1台

74LS194移位寄存器，74LS00、74LS20与非门，电阻，电容，导线若干。

4. 设计报告要求

1）写明设计题目、设计任务、设计环境以及所需的设备元器件。
2）绘制经过实验验证、完善后的电路原理图。
3）编写设计说明、使用说明与设计小结。
4）列出设计参考资料。

5. 注意事项

实验过程中，每当更改电路时，必须首先断开电源，严禁带电操作。

5.7 智力竞赛抢答器的设计

1. 设计任务与要求

利用 74LS175 D 触发器设计供 4 人用的智力竞赛抢答器，用以判断抢答优先权。

抢答开始之前，由主持人按下复位开关清除信号，所有的指示灯和数码管均熄灭。当主持人宣布“开始抢答”后，首先做出判断的参赛者立即按下按钮，对应的指示灯点亮，同时数码管显示该选手的序号，而其余 3 个参赛者的按钮将不起作用，信号也不再被输出，直到主持人再次清除信号为止。

数码管显示要求利用实验箱上的 CD4511 数码管实现。

2. 预习要求

1）熟悉 74LS175 D 触发器的引脚排列及功能。

2）熟悉 74LS00、74LS20 与非门的引脚排列及功能。

3）设计相应的电路图，标注元器件参数，并进行仿真验证。

3. 仪器设备及元器件

1）直流稳压电源　1 台

2）数字万用表　1 只

3）EEL-69 模拟、数字电子技术实验箱　1 台

74LS175D 触发器，74LS00、74LS20 与非门，CD4511 数码管，电阻，电容，导线若干。

4. 设计报告要求

1）写明设计题目、设计任务、设计环境以及所需的设备元器件。

2）绘制经过实验验证、完善后的电路原理图。

3）编写设计说明、使用说明与设计小结。

4）列出设计参考资料。

5. 注意事项

实验过程中，每当更改电路时，必须首先断开电源，严禁带电操作。

5.8 汽车尾灯控制电路的设计

1. 设计任务与要求

汽车尾灯状态变换情况如图 5.3 所示。

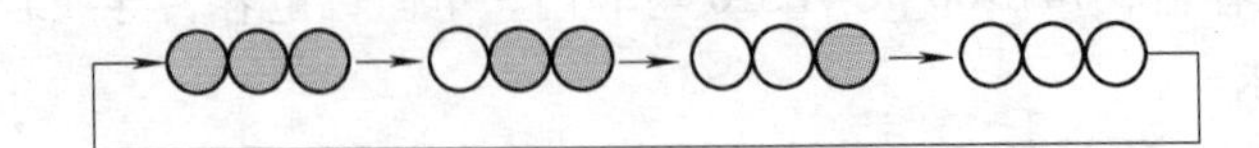

图 5.3　汽车尾灯状态变化情况

用 6 个指示灯模拟汽车的 6 个尾灯，左、右各有 3 个，用两个开关分别控制左转弯

和右转弯灯。当右转弯时，右边的 3 个灯则按图 5.2 所示周期地亮与灭，而左边的 3 个尾灯则全灭；左转弯时左边的 3 个灯则按图 5.2 所示周期地亮与灭，而右边的 3 个尾灯则全灭。

当急刹车开关接通时，则所有的 6 个尾灯全亮。

当停车时，6 个尾灯全灭。

2. 预习要求

1）熟悉 74LS194 移位寄存器的引脚排列及功能。

2）熟悉 74LS161 集成计数器的引脚排列及功能。

3）设计相应的电路图，标注元器件参数，并进行仿真验证。

3. 仪器设备及元器件

1）直流稳压电源　1 台

2）数字万用表　1 只

3）EEL-69 模拟、数字电子技术实验箱　1 台

74LS194 移位寄存器，74LS161、74LS00、74LS20、74LS08、74LS32，电阻，电容，导线若干。

4. 设计报告要求

1）写明设计题目、设计任务、设计环境以及所需的设备元器件。

2）绘制经过实验验证、完善后的电路原理图。

3）编写设计说明、使用说明与设计小结。

4）列出设计参考资料。

5. 注意事项

实验过程中，每当更改电路时，必须首先断开电源，严禁带电操作。

5.9　利用 DAC0832 产生阶梯波

1. 设计任务与要求

利用 74LS161 集成计数器和 DAC0832 数/模转换芯片产生阶梯波，阶梯波的波形如图 5.4 所示，其中每一阶梯的幅值不限，阶梯波的阶数也不限。

2. 预习要求

1）熟悉 DAC0832 的引脚排列及工作原理。

2）熟悉 74LS161 集成计数器的引脚排列及功能。

3）设计相应的电路图，标注元器件参数，并进行仿真验证。

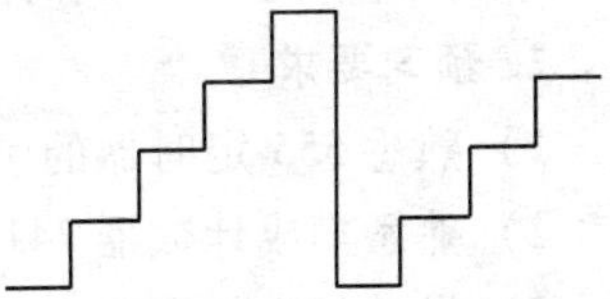

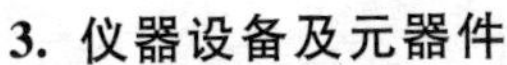

图 5.4　阶梯波示意图

3. 仪器设备及元器件

1）直流稳压电源　1 台

2）数字万用表　1 只

3）EEL-69 模拟、数字电子技术实验箱　1 台

DAC0832 数/模转换芯片，74LS161、74LS194、74LS00、74LS20、74LS08、74LS32，电阻，电容，导线若干。

4. 设计报告要求

1）写明设计题目、设计任务、设计环境以及所需的设备元器件。

2）绘制经过实验验证、完善后的电路原理图。

3）编写设计说明、使用说明与设计小结。

4）列出设计参考资料。

5. 注意事项

实验过程中，每当更改电路时，必须首先断开电源，严禁带电操作。

5.10　数字钟的设计

1. 设计任务与要求

数字钟是一个时、分、秒直观显示的计时装置，计时周期为24h，具有校时功能。一个基本的数字钟电路一般由振荡器、分频器、计数器、译码器、显示器等几部分组成，其原理框图如图5.5所示。

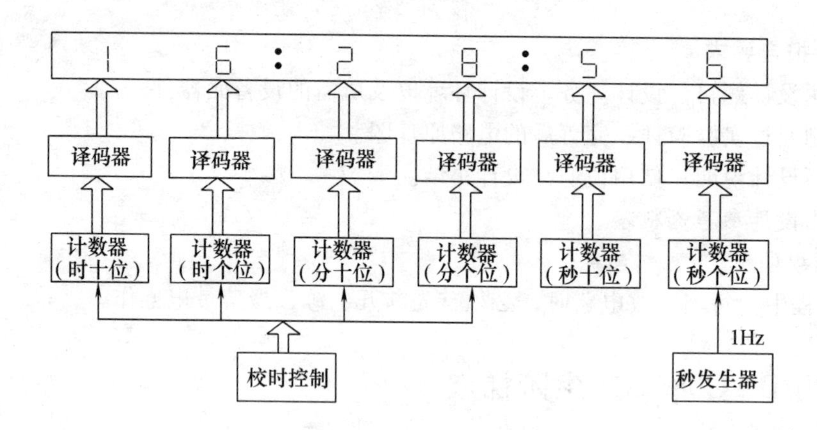

图5.5　数字钟原理框图

要求该数字钟准确计时，数字形式显示时、分和秒的时间。最大显示时间为9小时59分59秒，再输入一个秒脉冲后，显示零，然后循环计时。

2. 预习要求

1）熟悉555定时器的引脚排列及多谐振荡器的工作原理。

2）熟悉集成计数器74LS161的引脚排列及功能。

3）设计相应的电路图，标注元件参数，并进行仿真验证。

3. 仪器设备及元器件

1）直流稳压电源　　1台

2）数字万用表　　1只

3）EEL-69模拟、数字电子技术实验箱　　1台

555定时器、74LS161、74LS00、74LS04、74LS20、74LS08、74LS32、74LS47、电阻、电容、导线若干。

4. 设计报告要求

1）写明设计题目、设计任务、设计环境以及所需的设备元器件。

2）绘制经过实验验证、完善后的电路原理图。

3）编写设计说明、使用说明与设计小结。

4）列出设计参考资料。

5. 注意事项

实验过程中，每当更改电路时，必须首先断开电源，严禁带电操作。

附　录

附录 A　常用电路元器件简介

A.1　电阻器

电阻器是电气、电子设备中用得最多的基本元件之一。主要用于控制和调节电路中的电流和电压，或用作消耗电能的负载。

1. 种类

电阻器的种类有很多，通常分为3大类：固定电阻，可变电阻，特种电阻。在电子产品中，以固定电阻应用最多。

2. 参数

电阻器的参数主要有容许误差、标称阻值、标称功率、温度系数、最大工作电压、噪声等。一般在选用电阻器时，仅考虑其中的容许误差、标称阻值及标称功率3项参数，其他各项参数只在特殊情况下才考虑。

（1）容许误差

电阻器的容许误差是指电阻器的实际阻值相对于标称阻值的最大容许误差范围。容许误差越小，电阻器的精度越高。电阻器常见的容许误差有±5%、±10%和±20%这3个等级。

（2）标称值

电阻器的标称值即电阻器表面所标注的阻值。电阻器常见的标称值有E24、E12和E6系列，分别对应不同的精度等级。

表A.1为电阻器常见的3种系列标称值及容许误差。

表A.1　E24/E12/E6系列标称值

系列	容许误差	标称值/Ω
E24	±5%	1.0　1.1　1.2　1.3　1.5　1.6　1.8　2.0 2.2　2.4　2.7　3.0　3.3　3.6　3.9　4.3 4.7　5.1　5.6　6.2　6.8　7.5　8.2　9.1
E12	±10%	1.0　1.2　1.5　1.8　2.2　2.7 3.3　3.9　4.7　5.6　6.4　8.2
E6	±20%	1.0　1.5　2.2　3.3　4.7　6.8

（3）额定功率

电阻器的额定功率指电阻器在直流或交流电路中，长期连续工作所允许消耗的最大功率。有两种标志方法：2W以上的电阻，直接用数字印在电阻体上；2W以下的电阻，以自身体积大小来表示功率。

电阻器额定功率系列如表 A.2 所示。

表 A.2　电阻器额定功率系列

线绕电阻额定功率/W	非线绕电阻额定功率/W
0.05　0.125　0.25　0.5　1　2　4　8　12　16　25　40　50　75　100　150　250　500	0.05　0.125　0.25　0.5　1　2　5　10　25　50　100

3. 型号

（1）型号命名方法

电阻器的型号由 4 部分组成：

第一部分是元件的主称，用一个字母表示。例如 R 表示电阻，W 表示电位器。

第二部分是元件的主要材料，一般用一个字母表示。例如 X 表示线绕，Y 表示氧化膜。

第三部分是元件的主要特征，一般用一个数字或一个字母表示。例如 1 表示普通，7 表示精密，G 表示功率型。

第四部分是元件的序号，一般用数字表示。表示同类产品中不同品种，以区分产品的外形尺寸和性能指标等。

（2）型号命名示例

RJ71——精密金属膜电阻器

RX11——通用线绕电阻器

4. 阻值及误差的识别

电阻器的阻值和允许偏差的标注方法有直标法、色标法和文字符号法。最常用为色标法。色标的含义如表 A.3 所示。

表 A.3　色标的含义

颜色	左第一位	左第二位	左第三位	右第二位	右第一位
棕	1	1	1	10^1	±1%
红	2	2	2	10^2	±2%
橙	3	3	3	10^3	—
黄	4	4	4	10^4	—
绿	5	5	5	10^5	±0.5%
蓝	6	6	6	10^6	±0.2%
紫	7	7	7	10^7	±0.1%
灰	8	8	8	10^8	—
白	9	9	9	10^9	—
黑	0	0	0	10^0	—
金	—	—	—	10^{-1}	±5%
银	—	—	—	10^{-2}	±10%
无色	—	—	—	—	±20%

色标法一般有两种表示法：一种是阻值为三位有效数字，共 5 个色环；另一种是阻值为

两位有效数字，共 4 个色环。右侧最后一环表示误差等级，右侧第二位表示倍率 i，即在有效数字后面乘 10^i。误差等级有时也用字母表示，不加者表示误差等级为 ±20%。图 A.1 为色标法示例，图 a 为一 4 环电阻器，色环顺序从左到右依次是黄紫橙银，表示阻值为 47kΩ ±10%；图 b 为一 5 环电阻器，色环顺序从左到右依次是棕紫绿金棕，表示阻值为 17.5Ω ±1%。

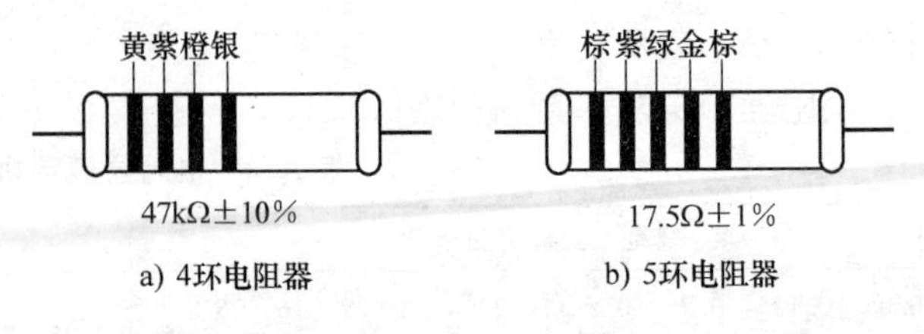

图 A.1　色标法示例

A.2　电位器

电位器是一种阻值连续可调的可变电阻器，具有两个固定端和一个滑动端。

1. 种类

电位器的种类很多，按制造材料划分，可分为线绕电位器和非线绕电位器。前者额定功率大（可达数十瓦以上），寿命长，但其制作成本高，阻值范围小（通常 100Ω ~ 100kΩ）。后者阻值范围大（数欧到数兆欧），功率一般有 0.1W、0.125W、0.25W、0.5W、1W 和 2W 几种。

2. 参数

电位器主要技术参数有 3 项：标称值、额定功率和阻值变化规律。

（1）标称值

电位器的标称值系列与电阻器的标称值相同，可参见表 A.1。

（2）额定功率

电位器的额定功率是两个固定端之间允许消耗的最大功率。额定功率系列值如表 A.4 所示。

表 A.4　电位器额定功率系列值

额定功率系列/W	线绕电位器/W	非线绕电位器/W
0.025	—	
0.05	—	
0.1	—	
0.25	0.25	0.25
0.5	0.5	0.5
1.0	1.0	1.0
1.6	1.6	—
2	2	2
3	3	3
5	5	—
10	10	—
16	16	—
25	25	—
40	40	—
63	63	—
100	100	—

（3）阻值变化规律

电位器的阻值变化规律是指电位器的滑动片触点在旋转时，其阻值随旋转角度而发生的变化关系。变化规律有 3 种不同形式，分别用字母 X、D、Z 表示，如图 A.2 所示。

X 型为直线型，其阻值按角度均匀变化。它适于作分压、调节电流等用。如在电视机中做场频调整。

D 型为对数型，其阻值按旋转角度依对数关系变化（即阻值变化开始快，以后缓慢），这种方式多用于仪器设备的特殊调节。在电视机中采用这种电位器调整黑白对比度，可使对比度更加适宜。

Z 型为指数型，其阻值按旋转角度依指数关系变化（阻值变化开始缓慢，以后变快），它普遍使用在音量调节电路里。由于人耳对声音响度的听觉特性是接近于对数关系的，当音量从零开始逐渐变大的一段过程中，人耳对音量变化的听觉最灵敏，当音量大到一定程度后，人耳听觉逐渐变迟钝。所以音量调整一般采用指数式电位器，使声音变化听起来显得平稳、舒适。

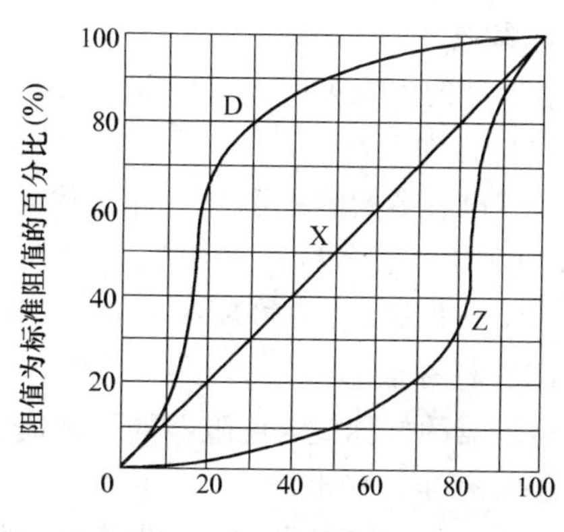

图 A.2　电位器旋转角与实际阻值变化关系

电路中进行一般调节时，采用价格低廉的碳膜电位器；在进行精确调节时，宜采用多圈电位器或精密电位器。

3. 型号

电位器常用型号及含义如表 A.5 所示。

表 A.5　电位器型号及含义

型　　号	含　　义	型　　号	含　　义
WT	碳膜电位器	WS	实芯电位器
WH	合成膜电位器	WX	线绕电位器
WJ	金属膜电位器		

A.3　电容器

顾名思义，电容器就是“储存电荷的容器”。尽管电容器品种繁多，但它们的基本结构和原理是相同的。两片相距很近的金属中间被某绝缘物质（固体、气体或液体）所隔开，就构成了电容器。两片金属称为极板，中间的物质叫做介质。

电容的基本单位为法拉（F）。但实际上，法拉是一个很不常用的单位，因为电容器的容量往往比 1F 小得多，常用的电容单位有微法（μF）、纳法（nF）和皮法（pF）等，它们的关系是：$1\text{F} = 10^6\mu\text{F}$，$1\mu\text{F} = 10^3\text{nF} = 10^6\text{pF}$。

在电子线路中，电容用来通过交流而阻隔直流，也用来存储和释放电荷以充当滤波器，平滑输出脉动信号。

1. 种类

电容器可分为固定电容器、微调电容器和可变电容器。常见的是固定电容器，最多见的是电解电容器和瓷介电容器。

2. 参数

电容器的参数很多，这里仅介绍几个常用参数。

（1）容许误差

固定电容器的容许误差用百分数或误差等级表示，可分为 9 级，即 ±0.5%（005 级）、±1%（01 级）、±2%（0 级）、±5%（Ⅰ级）、±10%（Ⅱ级）、±20%（Ⅲ级）、+20% ~ −10%（Ⅳ级）、+30% ~ −20%（Ⅴ级）和 +1% ~ −1%（Ⅵ级）。

（2）标称值

电容器的标称值与电阻器的标称值相同，可参见表 A.1。

（3）额定工作电压

电容器的额定工作电压是指按技术指标规定长期连续工作时，电容器两端所能承受的最大安全电压，一般以直流电压在电容器上标出。

（4）绝缘电阻

电容器的绝缘电阻是指电容器两极间的电阻，又叫漏电电阻。

电容器的绝缘电阻的大小取决于构成介质的质量和厚度，绝缘电阻越小，两极间产生的漏电电流越大，引起电容器发热，最终导致电容器热击穿。因此，选用绝缘电阻较大的好。

（5）电容温度系数

温度、湿度和压力等对电容器的容量都会产生影响。其中温度的影响最大，常用电容器的电容温度系数表示。

3. 容量及误差的识别

（1）电容器容量的识别

1）直接表示法。是用代表数量的字母 m（10^{-3}）、μ（10^{-6}）、n（10^{-9}）和 p（10^{-12}）加上数字组合表示的方法。例如，4n7 表示 4.7×10^{-9}F = 4700pF；33n 表示 33×10^{-9}F = 0.33μF；4p7 表示 4.7pF 等。有时用无单位的数字表示容量，当数字大于 1 时，其单位为 pF；当数字小于 1 时，其单位为 μF。例如，3300 表示 3300pF；0.022 表示 0.022μF。

2）数码表示法。一般用 3 位数字来表示容量的大小，单位为 pF。前两位为有效数字，后一位表示倍率 i，即在有效数字后面乘 10^i。例如 223 表示 22×10^3 = 22000pF。需注意的是如果第三位是 9，即 $i=9$，则表示有效数字后面乘 10^{-1}。例如 479 表示 47×10^{-1} = 4.7pF。

3）色码表示法。这种表示法与电阻器的表示法类似。一般有 3 条色码，通常由顶端开始向下排列。前两条色码表示有效数字，第三条色码表示倍率，单位为 pF。例如棕黑红表示 1000pF。有时前两条色码为同一种颜色，则被涂成一条较宽的色码。例如红红橙，前两条红色码被一条较宽的色码代替，为红（宽）橙（窄）两条色码，表示 22000pF。

（2）电容器误差的识别

1）直接表示法。将电容器的绝对误差直接标出，如 8.2 ±0.4pF，表示该电容器的容量在（8.2 −0.4）pF ~（8.2 +0.4）pF 之间。

2）字母表示法。字母表示法是用字母表示误差范围的方法。电容器误差的字母及含义如表 A.6 所示。

表 A.6　电容器误差的字母及含义

字母	W	B	C	D	F	G	J	K	M	N
误差（%）	±0.05	±1	±0.25	±0.5	±1	±2	±5	±10	±20	±30

字母	Q	T	S	Z	R
误差（%）	-10 ~ +30	-10 ~ +50	-20 ~ +50	-20 ~ +80	-10 ~ +100

A.4　二极管

二极管有两个电极，并且分为正负极，一般把极性标示在二极管的外壳上。大多数用一个不同颜色的环来表示负极，有的直接标上“-”号。

二极管最明显的性质就是它的单向导电特性，这是因为它的内部具有一个 PN 结。用万用表测量二极管的阻值时，如果将红表笔接二极管的负极，黑表笔接二极管的正极，测得的阻值较小，为二极管正向电阻。如果将黑表笔接二极管负极，红表笔接二极管正极，测得的阻值较大，为二极管反向电阻。

1. 种类

二极管有多种类型：按材料，可分为锗二极管、硅二极管、砷化镓二极管；按结构，可分为点接触型二极管和面接触型二极管；按用途，又可分为整流二极管、检波二极管、稳压二极管、光敏二极管和开关二极管等。

点接触型二极管的工作频率高，不能承受较高的电压和通过较大的电流，多用于检波、小电流整流或高频开关电路。面接触型二极管的工作电流和能承受的功率都较大，但适用的频率较低，多用于整流、稳压、低频开关电路等方面。

2. 参数

二极管的主要参数有正向整流电流、反向电流、最高反向工作电压、最大峰值电流、正向压降等。

（1）正向整流电流 I_F

也称正向直流电流，是指在电阻负载条件下的单向脉动电流的平均值，手册一般给出的是额定正向整流电流。I_F 的大小随二极管的品种而异，小的十几毫安，大的几千安培。

（2）反向电流 I_R

也称反向漏电流，是指在二极管加反向电压（不超过最高反向工作电压）时，流过二极管的电流。I_R 一般在微安级以下，大电流二极管一般也在毫安级以下。

（3）最高反向工作电压 U_{RM}

也称最大反向耐压，是指为防止击穿而规定的二极管反向电压极限值。U_{RM} 一般为击穿电压的二分之一到三分之二。通常，U_{RM} 在型号中用后缀字母表示，也有用色环表示的。

（4）最大峰值电流 I_{FSM}

是指瞬间流过二极管的最大正向单次峰值电流。I_{FSM} 一般比 I_F 大几十倍。

（5）正向压降 U_F

是指在规定的正向电流条件下，二极管的正向电压降。U_F 反映了二极管正向导电时正向电阻的大小和损耗的大小。

常用二极管的主要参数如表 A.7 所示。

表 A.7　常用二极管的主要参数

参数 型号	额定正向整流 电流 I_F/A	最大峰值电流 I_{FSM}/A	正向压降 U_F/V	反向电流 I_R/μA	最高反向工作 电压 U_{RM}/V
1N4001					50
1N4002					100
1N4003					200
1N4004	1	30	1.1	5	400
1N4005					600
1N4006					800
1N4007					1000
1N5391					50
1N5392					100
1N5393					200
1N5394					300
1N5395	1.5	50	1.4	10	400
1N5396					500
1N5397					600
1N5398					800
1N5399					1000
PS200					50
PS201					100
PS202					200
PS204	2	200	1.2	15	400
PS206					600
PS208					800
PS2010					1000
1N5400					50
1N5401					100
1N5402					200
1N5403					300
1N5404	3	200	1.2	10	400
1N5405					500
1N5406					600
1N5407					800
1N5408					1000
P600A					50
P600B					100
P600D					200
P600G	6	400	0.9	25	400
P600J					600
P600K					800
P600L					1000
1N4148	0.1				100

A.5　晶体管

晶体管具有3个电极，其最主要的功能是电流放大和开关作用。二极管是由一个PN结构成的，而晶体管由两个PN结构成，共用的一个电极成为晶体管的基极（用字母B表示）。其他的两个电极成为集电极（用字母C表示）和发射极（用字母E表示）。由于不同的组合方式，形成了一种是NPN型的晶体管，另一种是PNP型的晶体管。图A.3为晶体管的电路符号。有一个箭头的电极是发射极，箭头朝外的是NPN型晶体管，而箭头朝内的是PNP型。实际上箭头所指的方向是电流的方向。

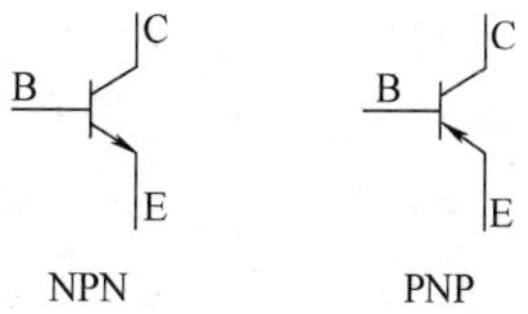

图A.3　晶体管的电路符号

1. 种类

晶体管的种类很多，按使用的半导体材料不同，可分为锗晶体管和硅晶体管两类。国产锗晶体管多为PNP型，硅晶体管多为NPN型；按制作工艺不同，可分为扩散管、合金管等；按功率不同，可分为小功率管、中功率管和大功率管；按工作频率不同，可分为低频管、高频管和超高频管；按用途不同，又可分为放大管和开关管等。

电子制作中常用的晶体管有90××系列，包括低频小功率硅管9013（NPN）、9012（PNP），低噪声管9014（NPN），高频小功率管9018（NPN）等。它们的型号一般都标在塑壳上，而样子都一样，都是TO-92标准封装。在老式的电子产品中还能见到3DG6（低频小功率硅管）、3AX31（低频小功率锗管）等，它们的型号也都印在金属的外壳上。我国生产的晶体管有一套命名规则，电子工程技术人员和电子爱好者应该了解晶体管符号的含义。

符号的第一部分“3”表示晶体管。符号的第二部分表示器件的材料和结构：A——PNP型锗材料；B——NPN型锗材料；C——PNP型硅材料；D——NPN型硅材料。符号的第三部分表示功能：U——光电管；K——开关管；X——低频小功率管；G——高频小功率管；D——低频大功率管；A——高频大功率管。另外，3DJ型为场效应管，BT打头的表示半导体特殊元件。

2. 参数

晶体管的参数很多，对于不同的晶体管，其参数的侧重点有所不同，现将晶体管的主要参数分为极限参数、直流参数和交流参数分别介绍如下：

（1）极限参数

1）P_{CM}——集电极最大允许功率损耗。

2）I_{CM}——集电极最大允许电流。

3）T_{JM}——最大允许结温。

4）R_{T}——热阻。

（2）直流参数

1）U_{CE}——集电极-发射极之间的电压。

U_{CEO}——第三电极基极开路时集电极-发射极之间的电压。

U_{CES}——BE短路时集电极-发射极之间的电压。

$U_{(BR)CEO}$——第三电极基极开路时集电极-发射极之间的击穿电压。

$U_{CE(sat)}$——集电极-发射极之间的饱和压降。

2）U_{CBO}，$U_{(BR)CBO}$。

3）U_{EBO}，$U_{BE(sat)}$，$U_{(BR)EBO}$。

2）、3）两组参数的含义与1）类似。

4）I_{CBO}——发射极开路，C-B之间的反向饱和电流。

5）I_{CEO}——基极开路，C-E之间的反向饱和电流（穿透电流）。

6）H_{FE}（β）——共发射极接法短路电流放大系数，也称直流β。

（3）交流参数

1）f_{α}——共基极接法的截止频率。

2）f_{β}——共发射极接法的截止频率。

3）h_{ie}——共发射极接法的输入电阻。

4）h_{fe}——共发射极接法的短路交流电流放大系数。

5）h_{re}——共发射极接法的交流开路电压反馈系数。

6）h_{oe}——共发射极接法的交流开路输出导纳。

7）f_T——特征频率。

8）N_F——噪声系数。

9）K_P——功率增益。

10）C_{ob}——共基极接法的输出电容。

11）$r_{bb'}$——基区扩散电阻（基区本征电阻）。

常用晶体管的主要参数如表A.8所示。

表A.8　常用晶体管的主要参数

参数 / 型号	极限参数		直流参数					交流参数		极性
	P_{CM} /mW	I_{CM} /mA	$U_{(BR)CBO}$ /V	$U_{(BR)CEO}$ /V	I_{CBO} /μA	$U_{CE(sat)}$ /V	H_{FE}	f_T /MHz	C_{ob} /pF	
CS9011	310	100	≥20	≥18	≤0.05	≤0.3	28	≥150	≤3.5	NPN
CS9011E							39			
CS9011F							54			
CS9011G							72			
CS9011H							97			
CS9011I							132			
CS9012	600	500	≥25	≥25	≤0.5	≤0.6	64	≥150		PNP
CS9012E							78			
CS9012F							96			
CS9012G							118			
CS9012H							144			
CS9013	400	500	≥25	≥25	≤0.5	≤0.6	64	≥150		NPN
CS9013E							78			
CS9013F							96			
CS9013G							118			
CS9013H							144			

（续）

参数 / 型号	极限参数		直流参数					交流参数		极性
	P_{CM} /mW	I_{CM} /mA	$U_{(BR)CBO}$ /V	$U_{(BR)CEO}$ /V	I_{CBO} /μA	$U_{CE(sat)}$ /V	H_{FE}	f_T /MHz	C_{ob} /pF	
CS9014	300	100	≥20	≥18	≤0.05	≤0.3	60	≥150		NPN
CS9014A							60			
CS9014B							100			
CS9014C							200			
CS9014D							400			
CS9015	310	100	≥20	≥18	≤0.05	≤0.5	60	≥50	≤6	PNP
CS9015A	600					≤0.7	60	100		
CS9015B							100			
CS9015C							200			
CS9015D							400			
CS9016	310	25	≥20	≥20	≤0.05	≤0.3	28	500		NPN
CS9016D							28			
CS9016E							39			
CS9016F							54			
CS9016G							72			
CS9016H							97			
CS9017	310	100	≥15	≥12	≤0.05	≤0.5	28	600	2	NPN
CS9017D							28			
CS9017E							39			
CS9017F							54			
CS9017G							72			
CS9018	310	100	≥15	≥12	≤0.05	≤0.5	28	700		NPN
CS9018D							28			
CS9018E							39			
CS9018F							54			
CS9018G							72			

附录 B　常用仪器仪表的使用

B.1　DF1731SB3AD 三路直流稳压电源

1. 操作面板说明

DF1731SB3AD 三路直流稳压电源的面板如图 B.1 所示。

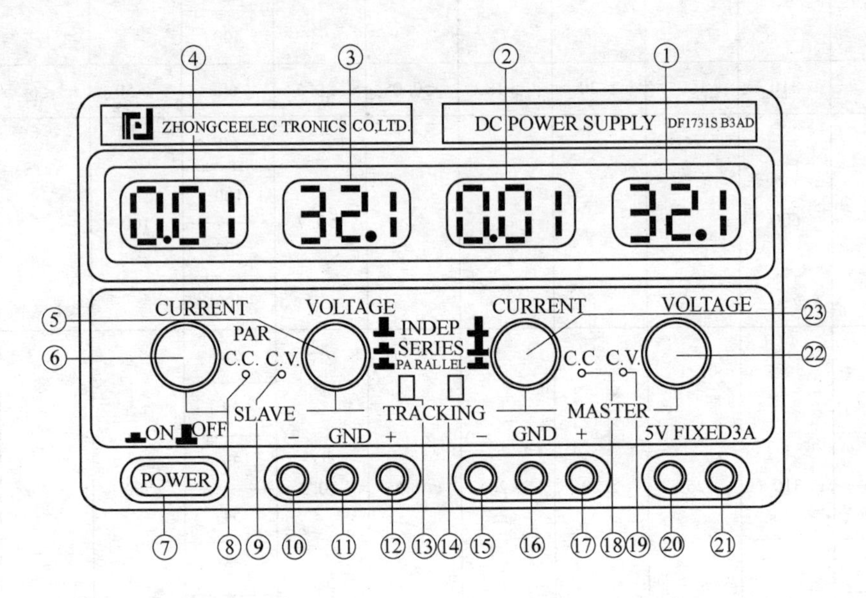

图 B.1　DF1731SB3AD 三路直流稳压电源

面板上各器件的名称及功能说明如下：

①、②　数字显示屏：显示主路输出电压、电流值。

③、④　数字显示屏：显示从路输出电压、电流值。

⑤　从路稳压输出电压调节旋钮：调节从路输出电压值。

⑥　从路稳流输出电流调节旋钮：调节从路输出电流值（即限流保护点调节）。

⑦　电源开关：当此电源开关被置于“ON”（即开关处于▁位置）时，机器处于“开”状态，此时稳压指示灯亮或稳流指示灯亮。反之，机器处于“关”状态（即开关处于▟位置）。

⑧　从路稳流状态或二路电源并联状态指示灯：当从路电源处于稳流工作状态时或二路电源处于并联状态时，此指示灯亮。

⑨　从路稳压状态指示灯：当从路电源处于稳压状态时，此指示灯亮。

⑩　从路直流输出负接线柱：输出电压的负极，接负载负端。

⑪、⑯　机壳接地端。

⑫　从路直流输出正接线柱：输出电压的正极，接负载正端。

⑬、⑭　二路电源独立、串联、并联控制开关。

⑮　主路直流输出负接线柱：输出电压的负极，接负载负端。

⑰　主路直流输出正接线柱：输出电压的正极，接负载正端。

⑱　主路稳流状态指示灯：当主路电源处于稳流工作状态时，此指示灯亮。

⑲　主路稳压状态指示灯：当主路电源处于稳压工作状态时，此指示灯亮。

⑳　固定5V直流电源输出负接线柱：输出电压负极，接负载负端。

㉑　固定5V直流电源输出正接线柱：输出电压正极，接负载正端。

㉒　主路稳压输出电压调节旋钮：调节主路输出电压值。

㉓　主路稳流输出电流调节旋钮：调节主路输出电流值（即限流保护点调节）。

2. 使用方法说明

DF1731SB3AD三路直流稳压电源既可作为稳压源，也可作为稳流源使用。在此我们仅介绍其实验室常用功能（稳压源功能）。

（1）双路可调电源独立使用

1）将⑬和⑭开关均置于弹起位置（即▟位置）。

2）将稳流调节旋钮⑥和㉓顺时针调节到最大。

3）打开电源开关⑦。

4）调节电压调节旋钮⑤和㉒，使从路和主路输出直流电压至需要的电压值时，稳压状态指示灯⑨和⑲发光。

（2）双路可调电源串联使用

1）将⑬开关按下（即▁位置），⑭开关弹起（即▟位置）。

2）调节主电源电压调节旋钮㉒，从路的输出电压严格跟踪主路输出电压。使输出电压最高可达两路电压的额定值之和（即端子⑩和⑰之间电压）。

3. 注意事项

1）直流稳压电源输出端不可短路。

2）电压源的输出电压以万用表的实际测量值为准，屏幕显示只能作为参考。

3）两路可调电源独立使用时，若只带一路负载，为延长机器的使用寿命，减少功率管的发热量，应使用在主路电源上。

4）在两路电源串联以前应先检查主路和从路电源的负端是否有连接片与接地端相连，如有则应将其断开，否则在两路电源串联时将造成从路电源的短路。

5）在两路电源处于串联状态时，两路的输出电压由主路控制，但是两路的电流调节仍然是独立的。因此，在两路串联时应注意电流调节旋钮6的位置，如旋钮6在反时针到底的位置或从路输出超过限流保护点，此时从路的输出电压将不再跟踪主路输出电压，所以一般两路串联时应将旋钮6顺时针旋到最大。

B.2　示波器

B.2.1　DS-8608A型示波器

DS-8608A为模拟、数字及存储多功能示波器，具有双通道输入，可以测量DC-100MHz带宽、灵敏度为5mV/div～5V/div的信号。DS-8608A型双踪示波器面板如图B.2所示。

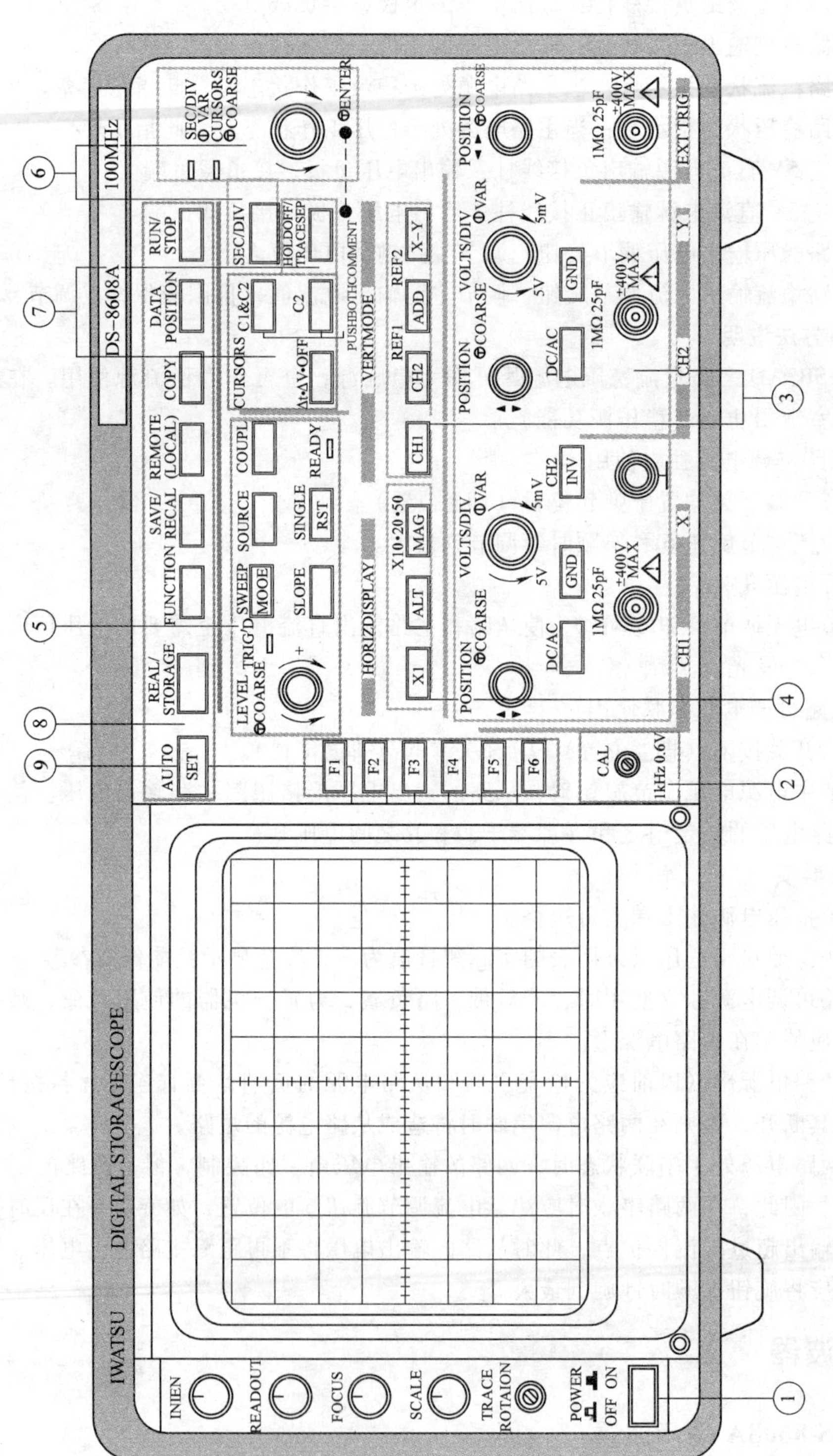

图 B. 2　DS-8608A 型双踪示波器面板

1. 操作面板说明

为便于说明，规定〖〗表示按键，【】表示旋钮。“仅实时”表示该功能仅在模拟工作方式下有效，“仅存储”表示该功能仅在数字功能方式下有效。

①　电源和屏幕调节

〖POWER〗键：电源开关。

【INTEN】旋钮：亮度旋钮，调节扫描线的亮度。

【READOUT】旋钮：读出旋钮，调节数字读出字符的亮度。

【FOCUS】旋钮：聚焦旋钮。

【SCALE】旋钮：刻度线旋钮，调节刻度线亮度。

【TRACE ROTATION】旋钮：调节扫描线的旋转。

②　校准电压输出

CAL端：输出校准电压信号，用于仪器操作检查，探头波形调节等。

③　垂直轴

CH1和CH2（输入）连接端：连接输入信号。

接地端子：仪器的接地端。

〖DC/AC〗（CH1/CH2）键：可选择如下两种信号输入耦合方式

a）DC：输入信号直接送入垂直放大器的输入端，信号中的交、直流成分均被显示。

b）AC：输入信号经一电容耦合到垂直放大器的输入端，信号中的直流成分被阻断，屏幕上仅显示信号中的交流成分。

〖GND〗（CH1/CH2）键：垂直放大器的输入端接地，屏幕显示接地电平，即测量的基准电平。

〖INV〗（CH2）键：反相显示通道2的输入信号。

【POSITION】（CH1/CH2）旋钮：垂直移动信号波形。

【VOLTS/DIV】（CH1/CH2）旋钮：电压灵敏度旋钮，选择屏幕垂直方向每格所代表的伏特值。

〖CH1〗和〖CH2〗键：选择在屏幕上显示信号波形的输入通道。

〖ADD〗键：显示两个通道输入信号代数相加的结果波形。

外部触发（输入）端：连接外部触发信号。

【POSITION】旋钮：水平移动信号波形。

〖X—Y〗键：X—Y显示。

④　水平轴（仅实时方式）

〖×1〗键：显示×1波形和取消倍乘。

〖ALT〗键：交替显示×1和倍乘波形。

〖MAG〗键：选择倍乘（×10，×20，×50）。

⑤　触发

【TRIG LEVEL】旋钮：调节触发电平。

TRIG LED指示：产生触发脉冲时发亮。

〖SOURCE〗键：选择触发信号源（CH1，CH2，EXT，LINE）。

〖COUPLE〗键：选择触发耦合方式（AC，DC，HF REJ，LF REJ，TV—V）。

〖SLOPE〗键：选择触发极性（+，-）。

〖MODE〗SWEEP 键：选择扫描方式（AUTO，NORM，SINGLE）。

〖RST〗SINGLE 键：单次扫描或复位。

READY 指示：等待信号时发亮。

⑥ 扫描方式

〖SEC/DIV〗键：选择 SEC/DIV，HOLDOFF，TRACE SEP，CURSORS 或 ENTER 其中之一。

【SEC/DIV】旋钮：选择扫描时间。

SEC/DIV 指示：〖SEC/DIV〗键按下时发光。

⑦ 光标

〖Δt · ΔV · OFF〗键：选择 Δt（时间测量），ΔV（电压测量），OFF（取消）。

〖C1&C2〗键：由【SEC/DIV】同时移动 C1（光标 1）和 C2（光标 2）。

〖C2〗键：仅移动 C2（光标 2）。

CURSORS 指示：选择 C1&C2 或 C2 时发亮。

〖HOLDOFF/TRACE SEP〗键：

HOLDOFF：由【SEC/DIV】调节抑制时间。

TRACE SEP：【SEC/DIV】调节扫描线的分离。

⑧ 存储功能

〖SET AUTO〗键：自动设置测量条件。

〖REAL/STORAGE〗键：选择实时或存储方式。

〖FUNCTION〗键：选择平均值处理，最大保持处理等。

〖SAVE/RECALL〗键：存储/调出数据。

〖REMOTE〗（LOCAL）键：设置接口条件。

〖COPY〗键：输出一个拷贝，DS-521E（选件）。

〖DATE POSITION〗键：选择触发点。

〖RUN/STOP〗键：存储方式下启动或停止采样。

⑨ 〖F1〗到〖F6〗键：选择功能菜单屏幕上的项目。

〖F1〗AVERAGE；

〖F2〗MAX HOLD；

〖F3〗CALC；

〖F4〗ENVELOPE（CH1）；

〖F5〗PROBE；

〖F6〗EQU/ROLL。

2. 使用方法说明

按下电源开关，指示灯亮，在屏幕上显示一条或两条扫描线（分别代表 CH1 和 CH2）、刻度线以及相关提示信息。如没有，可首先按〖SET AUTO〗键，并适当调节【INTEN】旋钮、【READOUT】旋钮。屏幕显示如图 B. 3 所示。

（1）基本测量

1）根据被测信号的性质，通过按键〖DC/AC〗和〖GND〗正确选择输入耦合方式。

a）选择 AC 输入耦合时，输入信号经过一个电容器进入示波器，此时信号的直流成分

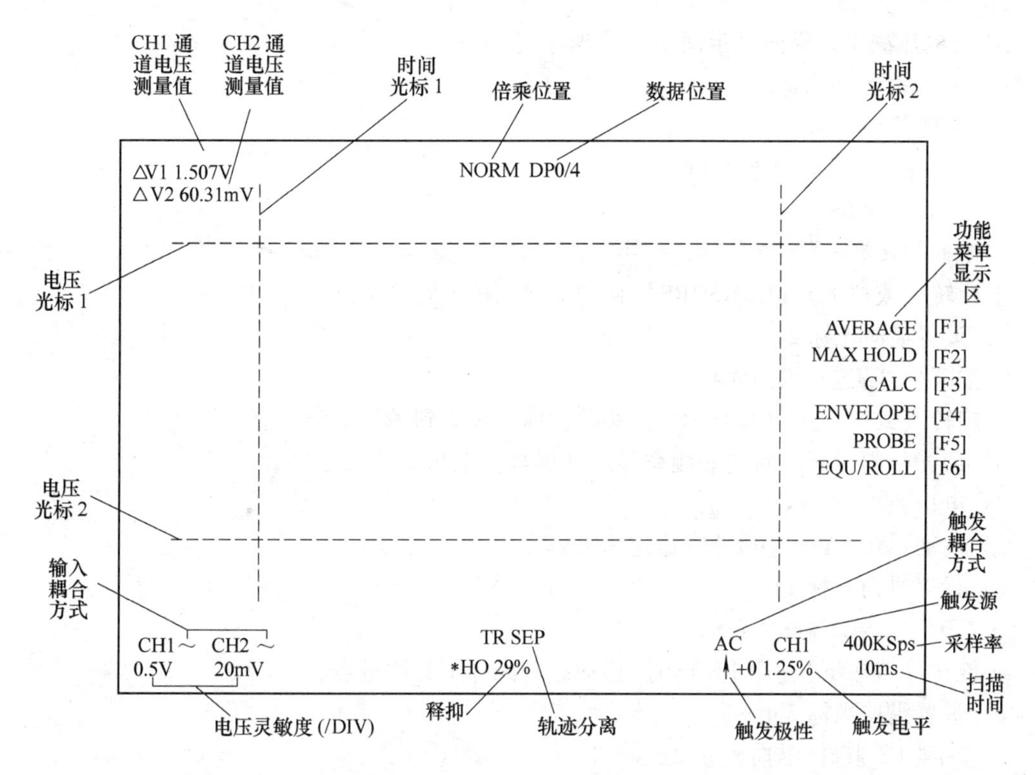

图 B.3　DS-8608A 示波器的屏幕显示

被隔断，示波器屏幕上显示的波形仅是信号的交流成分此时“～”标记显示在屏幕左下角。

b）选择 DC 耦合时，输入信号直接进入示波器，输入信号的交直流成分同时被显示在屏幕上。

c）选择 GND 时，垂直放大器的输入端接地，屏幕显示一条直线，此条直线相当于输入电压为零时，信号电压在示波器屏幕上的位置。这一位置作为测量的基准电平。

2）接入输入信号后，首先按〖SET〗自动调节示波器扫描时间和电压灵敏度，输入信号波形显示于荧光屏中，以此为基础，可以继续自定的调节。

3）调节电压灵敏度，通过旋转（或按下）相应通道的旋钮【VOLTS/DIV】选择电压灵敏度，选定的电压灵敏度显示在屏幕的左下角。

4）设置扫描时间，通过旋转（或按下）旋钮【SEC/DIV】来选择扫描时间，扫描时间显示在屏幕右下角，范围为 0.2s/div～20ns/div。只有 SEC/DIV 指示亮时，才可设置扫描时间。

注意：旋钮【VOLTS/DIV】以及【SEC/DIV】有两种工作方式：旋钮和按钮，其中旋钮为微调，按钮为粗调（其变化方向为上一次微调方向），因此我们可以快速进行各种调节。其他标有“COARSE”的旋钮也具有这种功能，调节方法相同。

5）读取信号。相应通道所测量信号的垂直和水平方向每格数量值显示于屏幕最下方，通过读取数据便可得知测量信号幅值及频率。

（2）光标测量

用光标可以测量时间差及电压差。通过按键〖Δt · ΔV · OFF〗选择光标测量，其测量内容随着每次按动该按键以 Δt→ΔV→OFF 顺序循环切换，其中，

Δt：时间测量，横向显示两个测量光标（‖）；

ΔV：电压测量，纵向显示两个测量光标（═）；

OFF：取消光标测量。

1）时间差和频率

a）按动〖Δt · ΔV · OFF〗键选定为 Δt。

b）设置横向光标 1

· 按下〖C1&C2〗选择光标。

· 旋转（或按下）【CURSORS】移动横向光标 1 到测量点。

c）设置横向光标 2

· 按下〖C2〗选择横向光标 2。

· 旋转（或按下）【CURSORS】移动横向光标 2 到另一个测量点。

d）两光标间所测时间差和频率显示在屏幕左上角。

2）电压差

a）按动〖Δt · ΔV · OFF〗键选定为 ΔV。

b）设置纵向光标 1

· 按下〖C1&C2〗选择光标。

· 旋转（或按下）【CURSORS】移动纵向光标 1 到测量点。

c）设置纵向光标 2

· 按下〖C2〗选择纵向光标 2。

· 旋转（或按下）【CURSORS】移动纵向光标 2 到另一个测量点。

d）两光标间所测电压显示在屏幕左上角。

B.2.2 RIGOL DS-5062CA 型数字存储示波器

1. 操作面板简介

DS-5062CA 数字示波器面板如图 B.4 所示，包括：

① 菜单操作键：位于显示屏幕右侧的灰色按键（自上而下 1、2、3、4、5），通过它们，可以设置当前菜单的不同选项。

② 探头补偿器：位于面板右下角，提供一频率为 1kHz、峰峰值为 3V 的方波信号，可用于示波器自检。

示波器自检方法：打开电源开关，将探头上的开关设定为 1X，并将示波器探头与通道 1（通道 2）连接，按 CH1（CH2）功能键显示通道 1（通道 2）的操作菜单，按与探头项目相对应的 3 号菜单操作键，选择与探头同比例的衰减系数，即设定为 1X。将探头端部和接地夹接到探头补偿器的连接器上。按动位于示波器右上方的 AUTO 自动设置按键，几秒钟内，可观察到稳定的方波显示。

③ CH1、CH2 信号输入端：位于面板下方，信号由此输入。

④ EXT TRIG：外触发信号输入端。

2. 基本功能说明

（1）垂直控制区——VERTICAL

1）垂直 POSITION 旋钮：控制信号的垂直显示位置。当转动垂直 POSITION 旋钮时，指示地的标识跟随波形而上下移动，可通过该旋钮调节对称波形基准线。

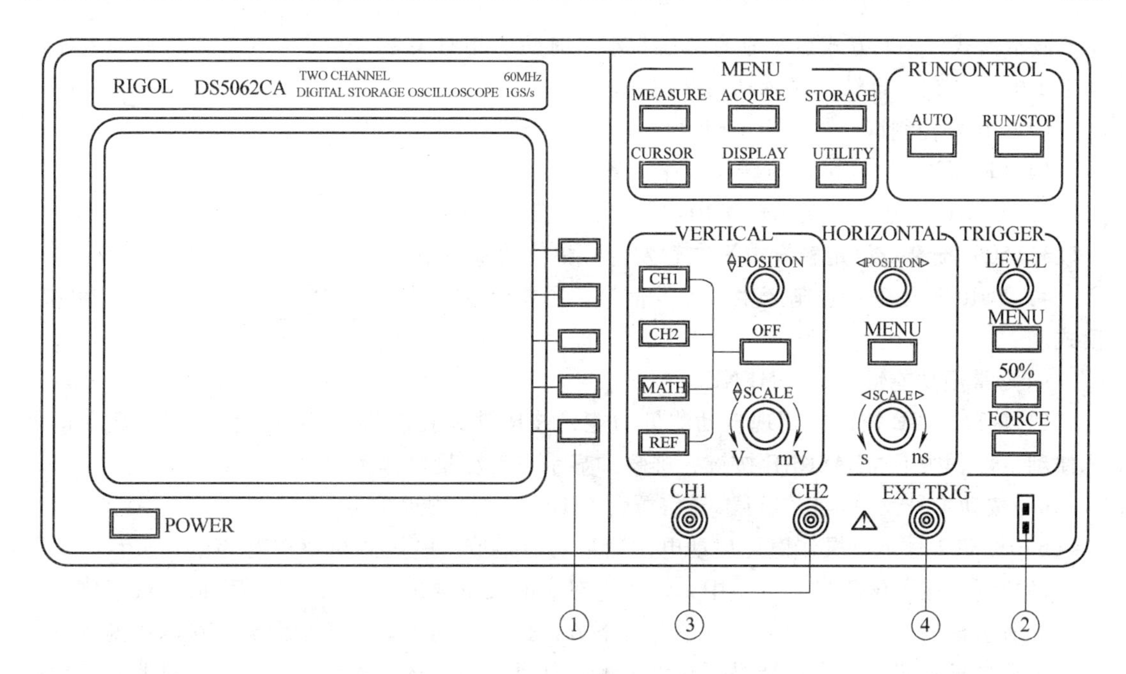

图 B.4　DS-5062CA 数字示波器面板

2）垂直 SCALE 旋钮：可调节信号垂直灵敏度“Volt/div（伏/格）”，另外按下垂直 SCALE 旋钮可作为设置输入通道的粗调/细调的快捷键。

3）CH1、CH2 按键：分别显示 CH1、CH2 通道波形，有下拉菜单提示测量操作。

例如，按下 CH1 功能按键，屏幕显示 CH1 通道的操作菜单，按动 1 号菜单操作键，可选择耦合方式，如选定交流，即阻挡了输入信号的直流成分，屏幕上仅显示信号的交流成分；选定直流，则输入信号的交流和直流成分均被显示；选定接地，则断开输入信号，屏幕上仅显示一条水平线。按动 3 号菜单操作键，可选择探头衰减系数，同学们应注意，探头衰减系数应与探头上的开关设定值保持一致。按动 5 号菜单操作键进入下一页菜单。档位调节由 2 号菜单键控制，可分别对垂直方向的波形显示进行粗调和微调。3 号菜单键控制反相功能，选择打开，可使波形反相显示，选择关闭，波形正常显示。

4）MATH 按键：显示 CH1、CH2 通道波形数学运算的结果。按下 MATH 按键，屏幕显示相应的操作菜单。按动 1 号菜单操作键可分别选择将信源 A 与信源 B 相加、相减、相乘、相除及进行 FFT 运算。按动 2 号菜单操作键，可选择信源 A 为 CH1 或 CH2 通道波形。按动 3 号菜单操作键，可选择信源 B 为 CH1 或 CH2 通道波形。按动 5 号菜单操作键可选择打开或关闭数学运算波形的反相功能。

5）REF 按键：配合下拉菜单可显示参考信号波形。

6）OFF 按键：具备关闭菜单的功能。当菜单未隐藏时按 OFF 按键可快速关闭菜单。如果在按 CH1 或 CH2 后立即按 OFF 键，则同时关闭菜单和相应通道。

（2）水平控制区——HORIZONTTAL

1）水平 POSITION 旋钮：可调节信号水平位移，水平移动触发点和设置触发释抑时间。

2）水平 SCALE 旋钮：可调节信号水平扫描速度“s/div（秒/格）”。

3）MENU 按键：显示 TIME 菜单。在此菜单下，可以开启/关闭延迟扫描或切换 X-T、

X-Y 显示模式。X-T 方式显示垂直电压与水平时间的相对关系，X-Y 方式可在水平轴上显示通道 1 电压，在垂直轴上显示通道 2 电压。

（3）触发控制区——TRIGGER

1）LEVEL 旋钮：可调节触发电平位置。

2）MENU 按键：可调出触发操作菜单，改变触发设置。

3）50% 按键：设定触发电平在触发信号幅值的垂直中点。

4）FORCE 按键：强制产生一触发信号，主要应用于触发方式中的“普通”和“单次”模式。

（4）常用功能键区——MENU

1）MEASURE 按键：实现自动测量功能，该按键为我们快速准确地获取实验数据提供了便利条件。按下 MEASURE 按键，屏幕即显示自动测量操作菜单。

a）按动 1 号菜单操作键可选择信源为 CH1 或 CH2 通道信号。

b）按动 2 号菜单操作键可启动电压测量功能菜单。电压测量菜单有 3 个分页，由 1 号菜单键控制。在电压测量分页一中，可通过对应的菜单键选择峰峰值、最大值、最小值、平均值。所选择的自动测量结果显示在屏幕下方，最多可同时显示 3 个数据。在电压测量分页二中可选择显示幅度等测量结果，在电压测量分页三中可选择显示测量信号的过冲值及预冲值。

c）按动 3 号菜单操作键，选择时间测量功能，可以显示频率、周期等测量结果。方法与②类似。

d）按动 4 号菜单操作键选择清除测量，此时，所有的自动测量值从屏幕消失。

e）按动 5 号菜单操作键可选择打开或关闭全部测量的结果显示。

2）CURSOR 按键：可用光标测量电压，时间等参数。在两个位移旋钮配合下有手动等 3 种模式。

3）ACQUIRE 按键：可进行采样系统的功能测试，有下拉菜单提示测量操作。

4）DISPLAY 按键：可进行显示系统的功能转换，有下拉菜单提示测量操作。

5）STORAGE 按键：可进行存储系统的功能转换，有下拉菜单提示测量操作。

6）UTILITY 按键：可进行辅助系统的功能设置，有下拉菜单提示测量操作。

（5）运行控制键区——RUN CONTROL

1）AUTO 按键：自动设置波形。通常接入信号波形后，首先按下此键，屏幕即自动显示信号波形，如有需要，可在此基础上进行手动调节，使波形达到最佳。

2）RUN/STOP 按键：可运行或停止波形采样，由于屏幕波形不断刷新，因此屏幕上显示的测量结果随之不断改变，按动该键，即可获得稳定的结果显示。

B.2.3　AgilentDSO5032A 型示波器

AgilentDSO5032A 型示波器不仅包括功能直观的面板按键，而且这些按键还能启动显示屏上的软键菜单，进而访问示波器更广泛的用途。

1. 操作面板简介

AgilentDSO5032A 型示波器面板如图 B.5 所示，包括：

①　电源开关。

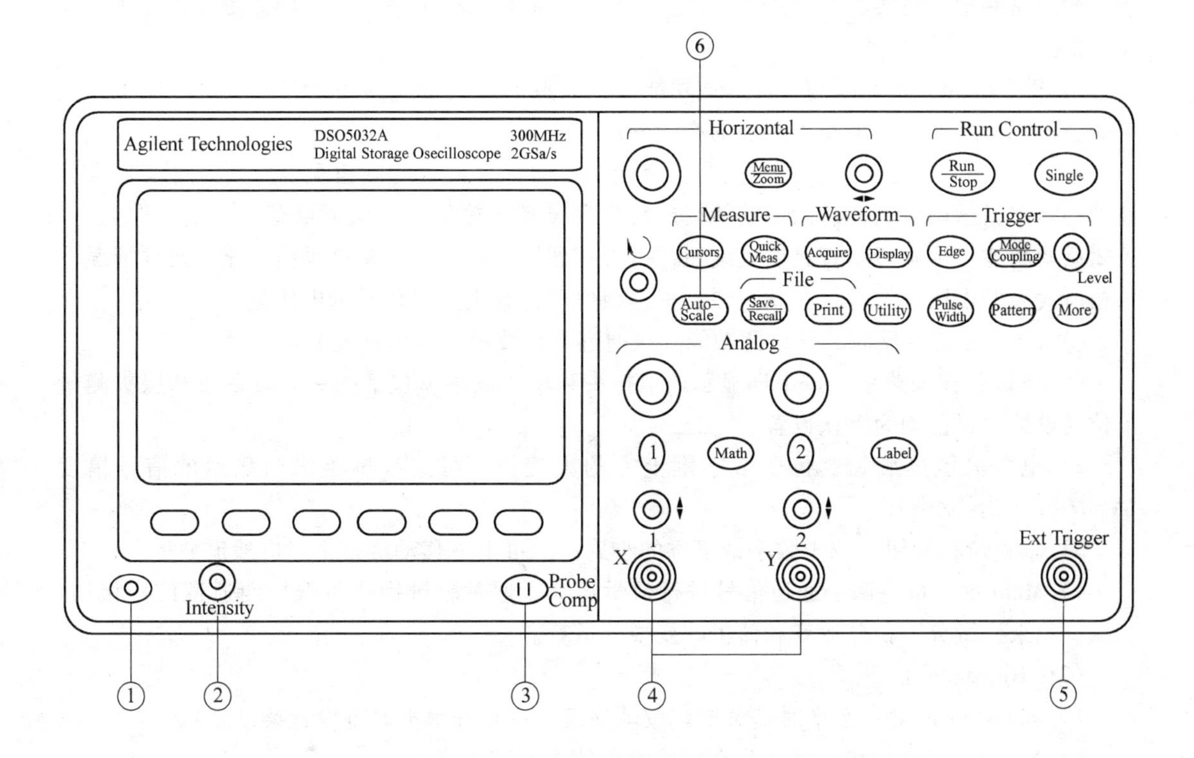

图 B.5 AgilentDSO5032A 型示波器面板

② Intensity：亮度调节旋钮。

③ Probe comp：校准信号输出端。可用于示波器自检。

④ 输入通道：该型号示波器具有两个输入通道，将探头连接到示波器通道的 BNC 连接器，进行实验测量时，探头的红夹接到需要测量的电路节点，黑夹接到实验电路的接地点。

⑤ Ext Trigger：外触发信号输入端。

⑥ Autoscale：自动定标键。为方便测量，同学们将测试信号通过探头正确引入示波器后，首先按下自动定标键 Autoscale，示波器即可实现自动配置，以最佳状态显示信号。屏幕左下角显示当前功能下的软件菜单，其中，undo Autoscale 为取消自动定标操作，Channels Displayed 可选择自动定标后显示所有通道信号或仅显示打开的通道信号。

2. 主要功能说明

示波器面板上其他功能按键被分为几大区域，包括 Horizontal 区、Run Control 区、Measure 区、Waveform 区、Trigger 区、Analog 区等，下面仅对实验常用功能区进行说明。

（1）Analog 区

1）数字键 1、2：控制两个通道的开启和关闭。当前开启的通道数字键为点亮状态。屏幕显示开启通道的信号波形。按动已开启的通道数字键，则屏幕显示该通道菜单，其中：

a）Coupling：耦合方式。可选择被测信号的耦合方式，如选择交流，则仅显示信号中的交流成分，如选择直流，则显示信号的所有成分。当前选中方式显示在软键菜单上。

b）Imped：阻抗设置。可将示波器通道输入阻抗设置为 1MΩ 或 50MΩ。1MΩ 模式适用于一般用途测量，在实验室使用的示波器已默认为此模式，同学们不可随意更改，以防示波器受损。

c）BW Limit：带宽限制。开启该功能时，通道的最大带宽约为25MHz，对于低于此频率的波形，可从波形中消除不必要的高频噪声。

d）Vernier：通道微调。此开关与数字键上方的垂直灵敏度旋钮配合使用，可实现屏幕波形的纵向显示调节。开启微调功能，旋转垂直灵敏度旋钮，可微调屏幕波形的纵向变化，关闭微调功能，再旋转垂直灵敏度旋钮，可观察到屏幕波形的大幅度纵向变化。两种情况下每格所代表的电压值均显示在状态栏，根据该值可计算出被测信号的电压值。

e）Invert：通道反向。开启此功能，该通道显示波形电压值被反向。

f）Probe：探头菜单。按下即显示通道探头菜单。该菜单包括探头衰减系数和探头测量单位的设置，目前均为默认设置。

2）电压灵敏度旋钮：位于数字键上方的大旋钮。可选择屏幕纵向显示的信号幅度“Volt/div（伏特/格）”。

3）垂直位移旋钮：位于数字键下方的小旋钮。可上下移动屏幕上对应通道波形。

4）Math键：可将两个通道信号进行数学运算。通过软键操作可选择两通道信号相加、相减、相乘、微分、积分运算和傅里叶变换等运算。

（2）Horizontal区

1）menu/zoom键：水平时基菜单。按动该键，可打开水平时基设置菜单。其中

a）Nomal：正常扫描模式。是在实验室中的主要应用模式。

b）Vernier：时基微调。与面板上方的时间/格旋钮配合使用，可调节信号的扫描速度。开启Vernier功能，旋转时间/格旋钮，波形在水平方向上以较小的增量变化；关闭Vernier功能，旋转时间/格旋钮，波形在水平方向上大幅度变化，扫描速度即每格所代表的时间值显示在屏幕右上方，以一个完整变化波形所占格数乘以该值即可计算出待测信号周期。

2）时间/格旋钮：位于menu/zoom键左侧的大旋钮。可调节信号水平扫描速度“s/div（秒/格）”。

3）延迟旋钮：位于menu/zoom键左侧的小旋钮。可调节波形在水平方向上的位移。

（3）Measure区

该区按键可对屏幕显示信号进行参数测量。

1）游标测量

按动面板上的Cursors键，该键被点亮，即启动了游标。游标是在所选波形源上指示X轴值和Y轴值的水平和垂直标识，位置随输入旋钮的旋转而移动。屏幕下方为开启的游标测量菜单，包括

a）Mode：游标模式。其中manual为同学们在实验室通常使用的游标模式。选择该模式后，游标测量菜单上方显示ΔX、1/ΔX及ΔY值。ΔX是X1和X2游标间的差，ΔY是Y1和Y2游标间的差。

b）Source：选择游标测量的模拟通道。

c）XY：用于选择当前进行测量的是X游标还是Y游标。X游标是横向显示的两条竖直虚线，Y游标是纵向显示的两条水平虚线。

时间测量按如下步骤进行：

·选择菜单软键 XY 为 X 游标。

·按下 X1 软键，调节输入旋钮，移动横向分布的第一条游标至一个测量点。

·按下 X2 软键，调节输入旋钮，移动第二条游标至另一个测量点。

·如果按下 X1X2 软键，可同时移动两条横向分布的游标。

X1 和 X2 软键上分别标明两条游标相对于触发点的时间。ΔX 为两游标间的时间差值，1/ΔX 为时间差值的倒数。若两游标间的波形恰好为一个周期，则 1/ΔX 即为被测信号的频率。

电压测量按如下步骤进行：

·选择菜单软键 XY 为 Y 游标。

·按 Y1 软键，调节输入旋钮，将纵向分布的第一条游标移至一个测量点。

·按 Y2 软键，调节输入旋钮，将第二条游标移至另一个测量点。

·如果按下 Y1Y2 软键，可同时移动两条纵向分布的游标。

Y1 和 Y2 软键上分别标明两条游标相对于接地电平的电位，ΔY 为两游标间的电压差值。

2）自动测量

按动面板上的 Quick Meas 键，该键被点亮，即启动了自动测量功能。屏幕下方为打开的自动测量菜单，菜单上方显示最后四次测量结果，最新测量结果显示在最右边。功能菜单说明如下：

a）Source：选择待测通道。

b）Select：提供波形幅度、平均值、峰峰值、频率、相位、周期等 22 个测量项目，操作时，先按动 Select 软键，开启测量项目菜单，再通过调节输入旋钮选定待测项目。

c）Measure：按动此键开始测量，被测波形的频率值显示在专用行最右边。

d）Clear Meas：清除当前显示的所有自动测量结果。

（4）Run Control 区

1）Run/Stop：运行控制键。当该键点亮为绿色时，示波器处于连续运行模式，对同一信号进行多次采集，显示波形实时更新；按动 Run/Stop 键，该键变为红色，示波器停止采集数据，屏幕显示停止前的测量轨迹。

2）Single：单次采集键。按一次采集一次数据。

3. 注意事项

实验中，若同学们调乱了示波器的显示状态，可按 Save/Recall 键，再按 Default Setup 软键，即可将示波器恢复到初始默认设置。

B.3　安捷伦 33210A 型函数信号发生器

1. 面板介绍

Agilent33210A 型函数信号发生器面板如图 B.6 所示，包括

①　电源开关

②　显示屏

③　菜单操作软键

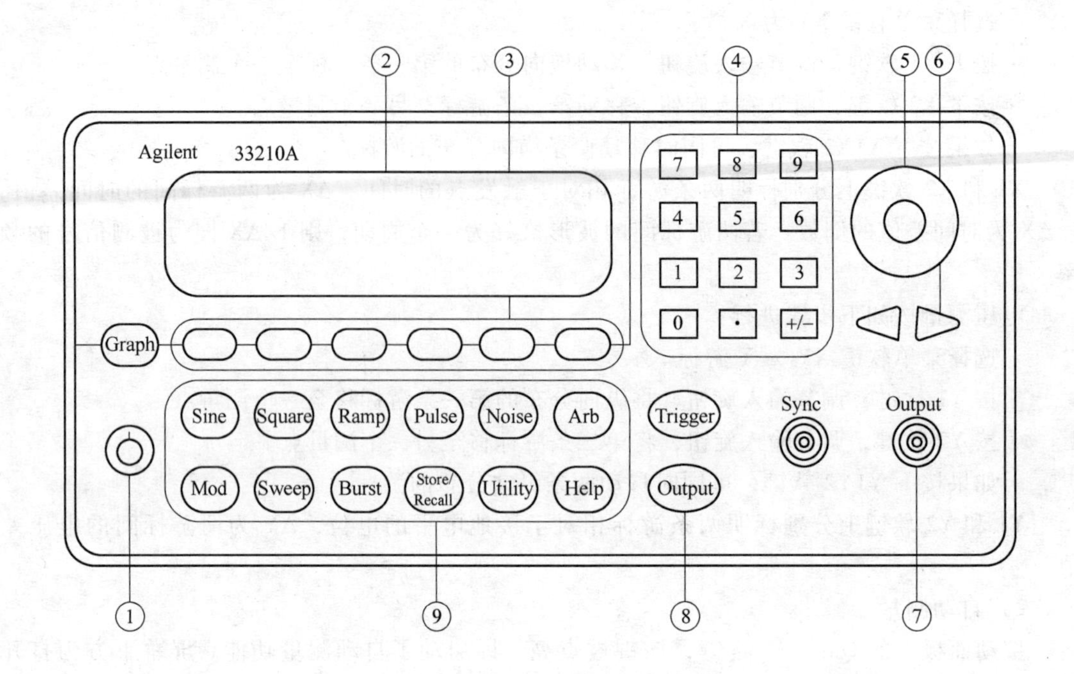

图 B.6 Agilent33210A 型函数信号发生器面板

④ 数字键

⑤ 旋钮

⑥ 光标键

⑦ 信号输出端

⑧ 信号输出控制按键

⑨ 功能按键

2. 使用说明

打开电源开关，屏幕显示 1kHz 及正弦波标志，此为该仪器的默认设置，需注意的是：为保护设备，开机后信号源的输出为关闭状态，只有按下信号输出控制键 Output，即该键呈点亮状态时，信号才被输出。我们利用示波器来观察信号发生器的输出波形。将测试线接到信号发生器的信号输出端 Output，并与示波器的测试探头相接，注意两条测试线的红色信号端相接，黑色地端相接。按 Output 键，示波器屏幕便显示出信号发生器的输出信号波形。

(1) 频率的设置

例如设定频率为 1.2kHz，可通过如下两种方法进行：方法一为利用数字键实现。先按菜单软键选择频率，屏幕显示当前频率，输入数字 1.2，再按菜单软键选择单位 kHz 即可。方法二为利用旋钮和光标键实现。先通过光标键定位数字，顺时针调节旋钮，可增大当前光标选定数字，逆时针调节旋钮，可减小当前光标选定数字。

以上介绍的两种方法普遍适用于该信号发生器的其他参数设置，下面仅以数字键方法为例进行介绍。

(2) 幅度的设置

例如设定正弦波峰峰值为 5V：按菜单软键选择幅度，输入数字 5，再按菜单软键选择 U_{P-P}，即可从示波器的显示读出当前输出的正弦波峰峰值为 5V。

（3）直流偏移电压的设置

例如给当前输出的正弦波添加一个 -1V 的直流偏移分量。操作如下：按 Offset，屏幕显示当前直流偏移电压为 0V，输入数字 -1，再选择单位 VDC。

（4）方波占空比的设置

例如设定占空比为 20%，首先按方波键，改变输出信号为方波。再按软键菜单 Duty Cycle 键，屏幕显示当前方波占空比为 50%，输入数字 20，并选择软键菜单的百分号。

（5）直流输出电压的设置

信号发生器还可在 ±5V 的范围内输出直流电压。例如，设定输出 2.5V 的直流电压。首先按 Utility 键，再按软键菜单选择 DC ON，输入数字 2.5，并选择单位 VDC，即可得到 2.5V 的直流输出电压。

3. 注意事项

1）信号发生器的输出端不可短接。

2）万万不可将信号发生器与直流稳压电源的输出端直接短路。

3）为保护仪器，只有按下信号输出控制键 Output，即该键呈点亮状态时，信号才被输出。

4）信号发生器的实际输出与屏幕显示可能会有偏差，实验中以毫伏表或示波器的实际测量值为准。

B.4　交流毫伏表

交流毫伏表是一种用来测量正弦电压的电子仪表，显示数值为交流信号的有效值。万用表的交流电压挡，一般只能用于测量低频交流电压。而交流毫伏表测量交流信号，具有测量频率范围宽、电压范围大，且输入阻抗大、灵敏度高等特点，故常被用作一般的放大器和电子设备的测量。

B.4.1　AS2294 系列双通道交流电压表

AS2294A 及 AS2294D 为电路实验室常用的两种型号的交流电压表，能够测量毫伏级电压，因此也称交流毫伏表。AS2294A 采用硬开关控制并指示被测电压的输入量程，AS2294D 采用数码开关和单片及结合控制被测电压的输入量程，用指示灯指示量程范围。二者均由两路电压表组成，功能基本相同。下面主要以 AS2294A 型交流电压表为例向同学们予以介绍。

1. 功能介绍

AS2294A 型交流电压表面板如图 B.7a 所示。

①　电源开关：按下接通电源，指示灯亮。接通电源后，首先将测试线的红黑两个夹子短接，观察表针是否归零，如需要可进行机械调零。

②　独立、同步开关：两路电压表既可作为两台独立的电压表使用，也可以作为同步电压表使用，此功能由独立、同步开关控制。当开关置于上方“SEPARATOR”时，为两台独

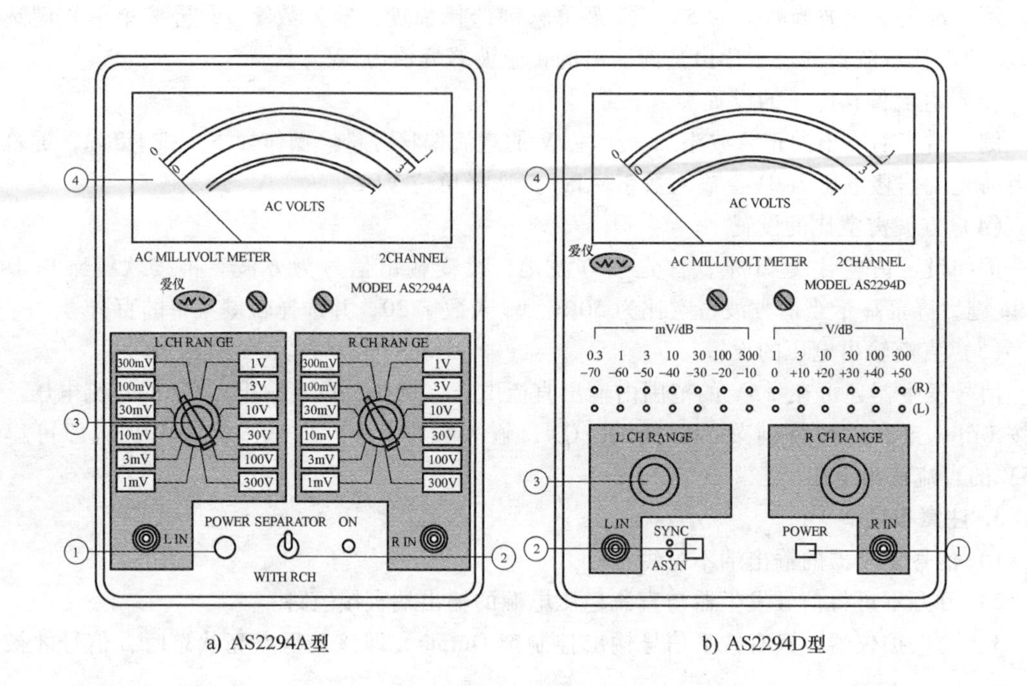

a) AS2294A型　　b) AS2294D型

图 B. 7　AS2294 系列双通道交流电压表面板

立的电压表，测量信号分别由两个 BNC 测试接口输入；当开关置于下方 “WICH RCH” 时，为同步电压表。此时，右侧量程选择旋钮同时控制两路电压表量程，而左侧量程选择旋钮处于闲置状态。

③　电压量程选择旋钮：旋钮周围黑色字体标识的为电压量程，红色字体标识的为电压增益。

④　表盘：具有两个指针，黑色指针指示左通道电压测量值，红色指针指示右通道电压测量值。表盘上还标有 4 条刻度线，当选择电压量程的数值为 1、10、100 时，从第一条刻度线读取数据；当选择电压量程的数值为 3、30、300 时，从第二条刻度线读取数据。指针满偏时的数值为所选择的量程值。若选择测量电压增益，则读取第三、四条刻度线以红色标识的 DB 值。

仪表的后面板有一个浮地、共地开关。当作为两台单独电压表使用时，将开关置于上方 “FLOAT” 为浮地测量状态，两路电压表的参考地与机壳三者分开；否则将开关置于下方 “GND” 为共地状态，此时两路电压表的参考地在内部与机壳连在一起。

AS2294D 型交流电压表如图 B. 7b 所示，量程档位标志在面板中央，通过量程选择旋钮选定的档位，对应指示灯变亮。其独立、同步功能由面板左下方的灰色按键控制，ASYN 灯亮时为独立操作；SYNC 灯亮时为同步操作，此种状态下，两路量程选择旋钮均可调节电压表量程。

2. 注意事项

1）所测交流电压中的直流分量不得大于 100V。

2）对于 AS2294A 型交流电压表，测量量程在不知被测电压大小的情况下应尽量置于高量程挡，以免输入过载。而对于 AS2294D 型交流电压表，初始状态不需设定。

3）接通电源及输入电压后，由于电容的冲放电过程，指针有所晃动，需待指针稳定后读取数据。

B. 4. 2　DA-16 型晶体管毫伏表

1. 操作面板说明

DA-16 型晶体管毫伏表面板如图 B. 8 所示。面板上各部件的名称及功能说明如下：

① 表盘：具有上下两排刻度尺，分别为 0 ~ 10 和 0 ~ 3。

② 调零旋钮。

③ 被测信号输入端。

④ 电源开关。

⑤ 量程转换开关：分为 1mV/3mV/10mV/30mV/0. 1V/0. 3V/1V/3V/10V/30V/300V 共 11 个量程。

⑥ 电源指示灯：电源接通时亮。

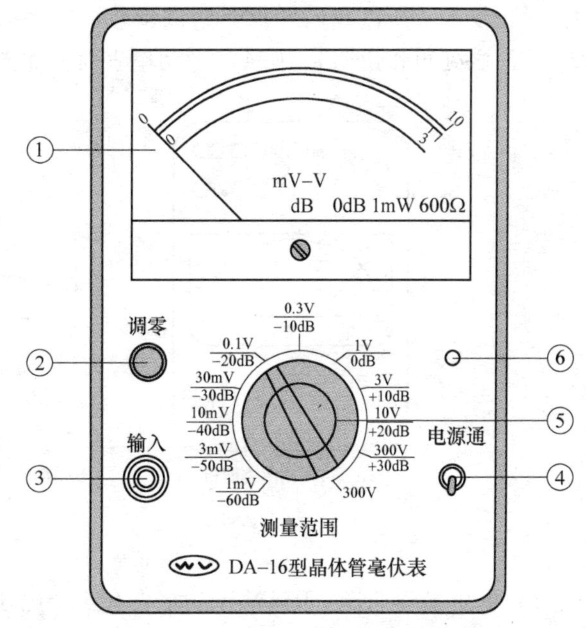

图 B. 8　DA-16 型晶体管毫伏表面板

2. 使用方法说明

1）将量程转换开关旋至较高量程挡，接通电源。

2）将输入插头的两端短接，调量程转换开关至最小档，调节“调零旋钮”，使指针指零。

3）估计被测电压范围，调量程转换开关至合适量程档。如事先不能估计被测电压范围，需将量程转换开关调至最高档进行测试，然后视被测电压的大小，将量程转换开关调至合适档位。

4）测量时，注意仪器的地线要与被测电路的零电位点可靠相接，以免引入干扰和减少测量误差。

5）用完后，应该把量程转换开关调至最大档，关闭电源。

3. 注意事项

1）仪表的刻度尺有 0 ~ 10 和 0 ~ 3 两条，应根据所选量程使用相应的刻度尺，当选用量程挡位为 1mV/10mV/0. 1V/1V/10V 时，从 0 ~ 10 刻度尺上读取数据；当选用量程档位为 3mV/30mV/0. 3V/3V/30V/300V 时，从 0 ~ 3 刻度尺上读取数据。切勿误用。

2）测量时量程应选得适当，尽量让指针指在表面的右半面，量程应从大转换到小，否则在被测电压明显大于最大量程时将打断表针，损坏表头。

3）由于仪表的输入阻抗相当高，感应电压可能会使表针超过满偏，因此在不测量时尽量用表笔短路，测量时仪表表笔的地端尽可能的与被测电压的地端相连。用“mV”档测量时，测完后应先将量程换大再取下表笔。

B.5 功率表

功率表是电动系仪表，用于直流电路和交流电路中测量电功率。其测量结构主要由固定的电流线圈和可动的电压线圈组成。

1. 功能介绍

D34W 型功率表、D51 型功率表为电路实验室使用的两种功率表。由于 D34W 型功率表的接线较复杂，所以我们着重介绍该型号的功率表（D51 型功率表的使用方法与其基本类似，不同之处再作说明），D34W 型功率表面板如图 B.9a 所示。

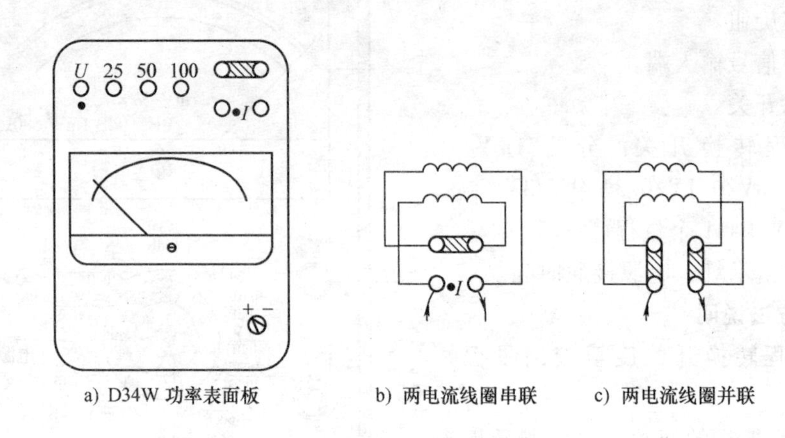

a) D34W 功率表面板　b) 两电流线圈串联　c) 两电流线圈并联

图 B.9　D34W 型功率表

1）电压量程选择：D34W 型功率表有 4 个电压接线柱，其中一个为标有“·”的公共端，另外 3 个是电压量程选择端，分别为 25V、50V 和 100V 量程选择端。

2）电流量程选择：没有标明量程，我们可以通过改变 4 个接线柱的连接方式来选择电流量程，利用活动连接片将两个 0.25A 的电流线圈串联，可得到 0.25A 的量程，如图 B.9b 所示；利用活动连接片将两个电流线圈并联，电流输入输出接线柱不变，可以得到 0.5A 的量程如图 B.9c 所示。

3）正负换向开关：测量时，如遇仪表指针反向偏转，应改变正负换向开关极性。

对于 D51 型功率表，左边为两个电压接线柱，通过电压量程转换开关可分别选择电压量程为 75V、150V、300V 及 600V，该电压量程转换开关兼作正负换向开关。右边的两个接线柱是电流接线柱，通过电流量程转换开关可选择电流量程为 0.25A 或 0.5A。

2. 使用方法

1）接线：用功率表测量功率时，需要使用 4 个接线柱，两个电压线圈接线柱和两个电流线圈接线柱。电压线圈并联接入被测电路，电流线圈串联接入被测电路。通常情况下，电压线圈的“·”端和电流线圈的“·”端应短接在一起。否则，功率表除反偏外，还有可能损坏。

例如，若选择电压量程为 50V、电流量程为 0.25A，按如下步骤操作：

a）将电压线圈的“·”端和电流线圈的“·”端短接。

b）从 D34W 型功率表的“·”端和 50V 量程选择端引出两根导线，将电压线圈并联接入被测电路。

c）利用活动连接片选择电流量程为 0.25A 后，将电流线圈的输入输出接线柱通过导线串接到电路里。

功率表量程选择示例如图 B.10 所示。

2）读数：与其他仪表不同，功率表的表盘上并不标明瓦特数，而只标明分格数。所以从表盘上不能直接读出所测的功率值，而需经过公式计算得到：

$$P = C\alpha \qquad (1)$$

式中，α 为仪表指针偏转的格数；C 为每分格所代表的瓦特数。

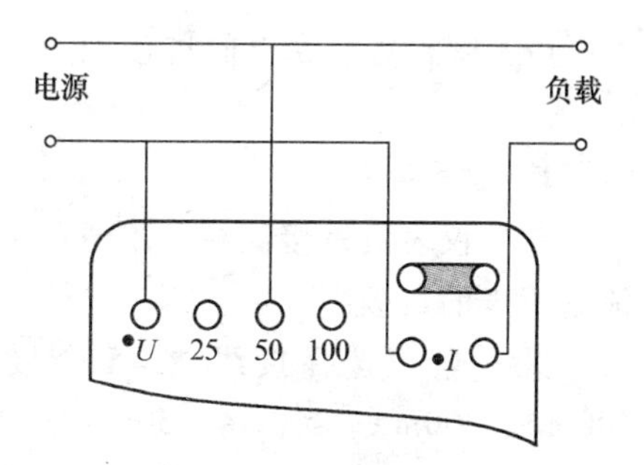

图 B.10　功率表量程选择示例

当选用不同的电压、电流量程时，C 值（瓦格）是不相同的，可通过公式计算：

C = 电压量程 × 电流量程 × $\cos\varphi$/表盘满刻度数

式中，$\cos\varphi$ 为功率表的功率因数。

对于 D34W 型功率表，$\cos\varphi$ 等于 0.2，标在表盘上，属于低功率因数功率表，表盘满刻度数为 125；对于 D51 型功率表，$\cos\varphi$ 等于 1，属于高功率因数功率表，在表盘上没有标出，表盘满刻度数为 75。

将计算得出的 C 值带入式（1），即可求出被测功率。

把功率表的额定功率记为 P_N，额定电压记为 U_N，额定电流记为 I_N，额定功率因数记为 $\cos\varphi_N$，则对于高功率因数功率表，$P_N = U_N I_N$；对于低功率因数功率表，$P_N = U_N I_N \cos\varphi_N$。

把被测负载的功率记为 P，端电压记为 U，电流记为 I，功率因数记为 $\cos\varphi$。则对于高功率因数功率表，只要保证了 $U_N \geqslant U$，$I_N \geqslant I$，就自然而然地满足 $P_N \geqslant P$；但对于低功率因数功率表，满足 $U_N \geqslant U$，$I_N \geqslant I$，却不一定满足 $P_N \geqslant P$。因为 $P_N = U_N I_N \cos\varphi_N$，$P = UI\cos\varphi$，通常 $\cos\varphi_N < \cos\varphi$，特别是测量电阻性负载的功率时，更可能出现 $P_N < P$ 的情况（指针偏转超过满刻度）。此时就要把电压量程或电流量程再加大，也可同时加大电压量程和电流量程，从而提高 P_N 使指针偏转不超过满刻度。

3. 注意事项

1）功率表在使用过程中应水平放置。

2）仪表指针不在零位时，可利用面板上零位调节器调整。

3）电流线圈必须串联在电路中，否则即有可能烧毁仪表。

4）测量时，应将电压线圈的“·”端和电流线圈的“·”端短接在一起。

5）如遇仪表指针反向偏转，应改变仪表面板上的“+”、“-”换向开关极性，切忌互换电压接线。

6）由于功率表在使用过程中，可能出现电压及电流值均没有超过量程，而功率表指针却已超出满偏的情况；也可能出现虽然功率表指针没有达到满偏，而电压或电流值却已超出量程的情况。上述两种情况都会造成仪表的损坏。因此，通常需同时接入电压表和电流表进行监控。

B.6　电流表

B.6.1　C65 型直流毫安表

C65 型直流毫安表面板如图 B.11 所示，用于测量直流电路中的电流，准确度等级为 0.5 级。

1. 面板介绍

①　仪表负极接线柱：下方标有负号，为直流毫安表的负极。

②　量程选择接线柱：5 个接线柱分别为 400mA、200mA、100mA、50mA 及 25mA 量程选择端，测量时，根据需要选择某一量程端作为直流毫安表的正极，将仪表串接在电路里。

③　表盘：显示测得的电流值。表盘的标度尺被均匀地分为 100 个分格。所选量程端标明的数值为满量程所代表的电流值，再除以 100 就是每分格所代表的电流值。例如，当选择 100mA 量程时，满刻度所代表的电流值即为 100mA，每分格所代表的电流值就是 1mA，该值乘以指针偏转格数，即为电流表所测得的电流值。

④　熔断器座：里边放有 0.5A 的熔丝管，对电流线圈起保护作用，防止过电流烧坏仪表。按箭头所指方向旋转熔断器座，可以取出熔丝管进行更换。

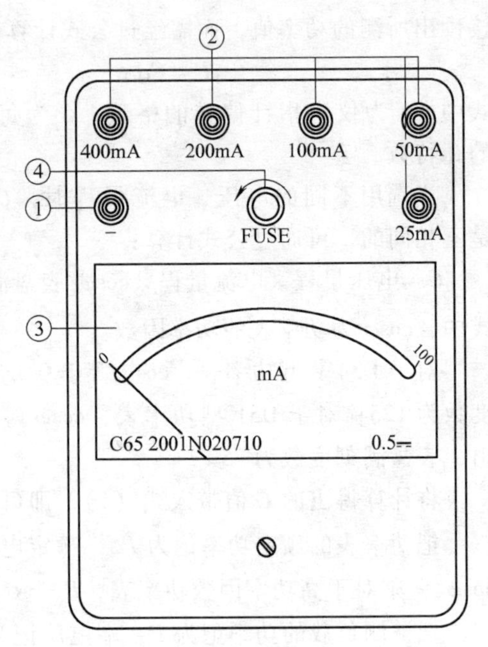

图 B.11　C65 型直流毫安表面板

2. 使用说明

电流表在使用时必须串联在电路中，否则极易烧毁仪表。

需要测量多个支路电流时，通常将电流表与电流插座、电流插头配合使用。电流插头具有两根导线，将电流表的正极与插头的红色导线相接，负极与插头的黑色导线相接。串联于电路中的电流插座，其功能类似于开关，不用时，内部的两个弹簧片互相接触，整个插座为短路状态。将接有电流表的电流插头插入插座时，插座的两个弹簧片被分开，电流表通过电流插头与电流插座的两个弹簧片相接，即可将电流表串接于电路中。

利用电流插头和插座配合电流表使用时，需要判断被测电流的正负取值。电流插座有红黑两个接线柱，设定电流参考方向为由红接线柱指向黑接线柱，电流表与电流插头按前述方法接线，测量时若电流表指针正偏，则被测电流方向与参考方向一致，测量数据取正号；若电流表指针反偏，则被测电流方向与参考方向相反，此时应调换电流插头与电流表接线，再次测量后，电流表指针正偏，但测量数据取负号。

3. 注意事项

1）仪表在使用过程中应水平放置。

2）如仪表指针不在标度尺的零位，应利用表盘上的零位调节器将仪表的指针准确地调到标度尺的零位。

3）接入仪表前应切断电源，按被测量电流的大小选用相应的量程，当不知道被测电流的大小时，应首先选择较大量程。指针偏转到标度尺的2/3以上区域时，读数最准确。如指针偏转很小，应更换为较小量程。

4）仪表应串联在电路中，注意接线的“极性”。

B.6.2 L7/4型交流毫安表

L7/4型交流毫安表面板如图B.12所示，用于测量交流电路中的电流，其准确度等级为1.0级。

1. 面板介绍

① 公共端：标有“·”。

② 量程选择端：可提供400mA、200mA、100mA及50mA量程选择。

③ 表盘：显示被测的交流电流值。表盘上标明的刻度值为0～100，根据所选量程确定每分格所代表的电流值。例如，选择量程为200mA，则每分格所代表的电流值为2mA，再乘以指针偏转格数，即为被测的交流电流值。对于交流毫安表，选择不同的量程，电流线圈对应不同的电阻和电感值，其数值标志在表盘上。

④ 熔断器座：里边放有0.5A的熔丝管，对电流线圈起保护作用，防止过电流烧坏仪表，按箭头所指方向旋转熔断器座，可以取出熔丝管进行更换。

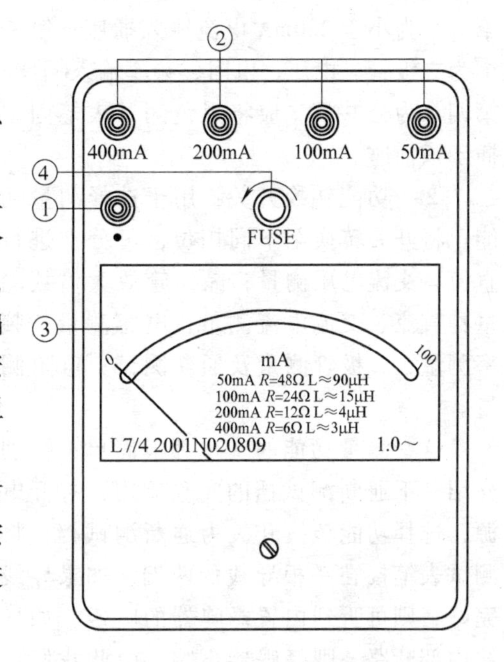

图B.12　L7/4型交流毫安表面板

2. 使用说明

电流表在使用时必须串联在电路中，否则极易烧毁仪表。

需要测量多个支路电流时，通常将电流表与电流插座、电流插头配合使用。方法可参考B6.1，但交流电流表不需考虑被测电流方向。

3. 注意事项

1）仪表在使用过程中应水平放置。

2）如仪表指针不在标度尺的零位，应利用表盘上的零位调节器将仪表的指针准确调到标度尺的零位。

3）接入仪表前应切断电源，按被测量电流的大小选用相应量程，当不知道被测电流的大小时，应首先选择较大量程。指针偏转到标度尺的2/3以上区域时，读数最准确，如指针偏转很小，应切断电源，再更换为较小量程。

4）仪表应串接在电路中，接线时不分正负极性。

B. 7　UNI-T 56 数字万用表

1. 面板介绍

UNI-T 56 数字万用表面板如图 B. 13 所示，包括显示屏、电源开关、数据保持开关、功能转换开关、电容测试座、晶体管测试座及输入插座。

①　输入插座：在进行实验数据测试时，首先应选择正确的输入插座插入测试表笔。

左边起第一个为 20A 电流输入插座；第二个为小于 200mA 电流输入插座；第三个为二极管、电压、电阻、频率输入插座；第四个为公共端，应将黑色测试表笔固定插于该插座。

②　功能转换开关：用于选择测量功能。将开关转换至不同挡位，可分别进行直流、交流电压测量；晶体管放大倍数测量；直流、交流电流测量；电容测量；频率测量；二极管测量及通断测试；电阻测量。

这些测量功能的实现都很简单，特别介绍一下通断测试挡的实验应用：打开电源，选择功能转换开关为通断测试档，将测试表笔接在一根导线的两端，如果导线完好，则可听到内置蜂鸣器的响声，如导线内部断路，则蜂鸣器不响。由此我们可快速检查实验导线的通断情况及实验电路的通断故障。

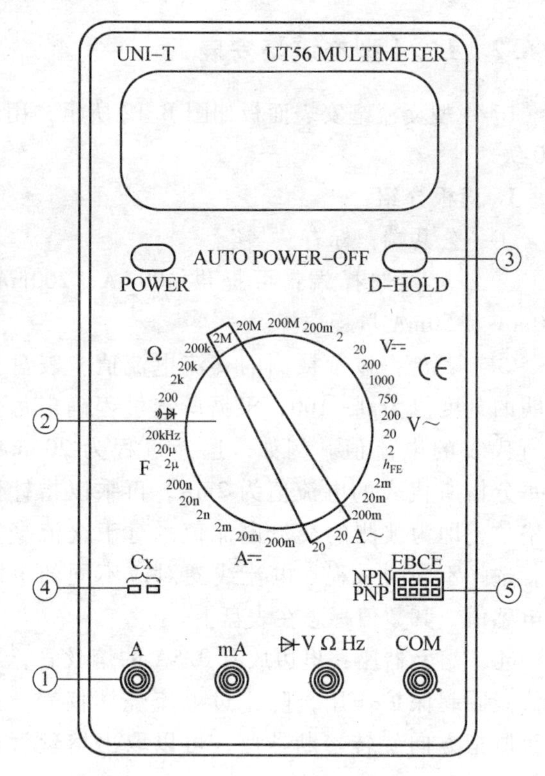

图 B. 13　UNI-T 56 数字万用表面板

③　HOLD 键：按下此键，抓取并保持当前测量值，显示屏左下角显示 H，再次按下退出保持状态。

④　电容测试插座：选择功能转换开关为电容测试档，将待测电容插入该插座，即可从显示屏获取被测电容值。

⑤　晶体管测试插座：选择功能转换开关为 h_{FE} 测试档，将待测晶体管插入该插座，即可测得被测晶体管的放大倍数。

2. 注意事项

1）测量前选择适当的功能，严禁在功能开关处于电阻测量及二极管通断测试档位时，将电压源接入。

2）当电流测量功能选中时，禁止去测量电压。

3）测量电流时，应将测试表笔串联接入待测电路。

4）选择适当的量程，如果不知被测范围，应先选择最大量程并逐渐下调。如果显示器只显示 1，表示过量程，功能开关应置于更高量程。

5）严禁量程开关在电压测量或电流测量过程中改变档位，以防损坏仪表。

6）在切换功能前将测试表笔从测试点移开。

7）仪表设有电源自动切断功能，当持续工作约 30min 左右，电源自动切断，仪表进入睡眠状态。若要重启电源，需重复按动电源开关两次。

8）测量完毕应及时关断电源。

B.8 Fluke 434-Ⅱ三相电能质量分析仪

三相电能质量分析仪是一种功能广泛的测量仪表，实验室中可被用于进行三相和单相电路的电压、电流、功率等的数据测量，也可进行谐波、电压、电流的波形测量，电压和电流之间的相角测量等。

1. 面板介绍

Fluke 434-Ⅱ三相电能质量分析仪面板如图 B.14 所示。

① 电源开关

② 实时记录键

③ 菜单键

④ 示波器模式选择键

⑤ 功能键

⑥ 设置键

⑦ 内存操作键

⑧ 保存屏幕键

⑨ 回车键

⑩ 显示屏亮度调节

图 B.14 Fluke 434-Ⅱ三相电能质量分析仪面板

分析仪上方为测试线提供输入接口，如图 B.15 所示。

① 电压测试线连接端，包括 A（L1）、B（L2）、C（L3）、N、地 5 个输入端口。连接电压测试线时请注意相序。

② 电流钳夹连接端，包括 A（L1）、B（L2）、C（L3）、N 对地 4 个 BNC 输入端口。电流钳夹上标有箭头，接线时请注意电流方向。

A（L1）是所有测量的基准相位。对于单相测量，电流输入端口应使用 A（L1）和地端，电压输入端口应使用 A（L1）和 N（中性线）端。

2. 使用说明

要获得正确的测量结果，必须保证分析仪与电路连接正确，并对分析仪的测量模式、参数等进行正确设置。下面我们对分析仪在实验中常用的功能进行简单说明。

（1）分析仪的设置

1）打开电源开关，分析仪开机界面如图 B.16 所示。该屏幕显示了分析仪的基本参数。其中包括日期，时间、接线配置、标称频率、标称电压、使用的电能质量极限值组以及要使用的电压和电流探头的类型等。

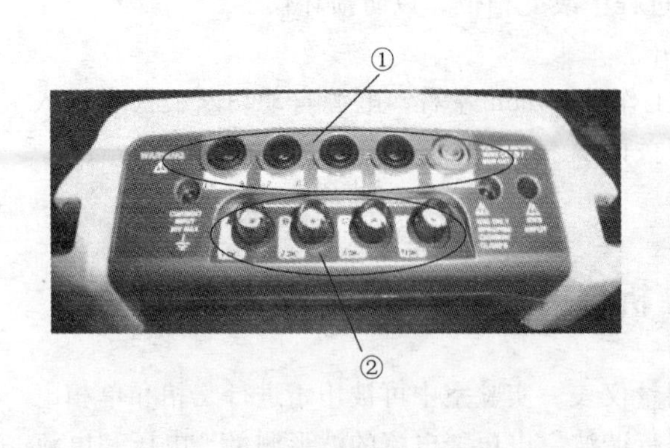

图 B.15 Fluke 434-Ⅱ三相电能质量分析仪上面板

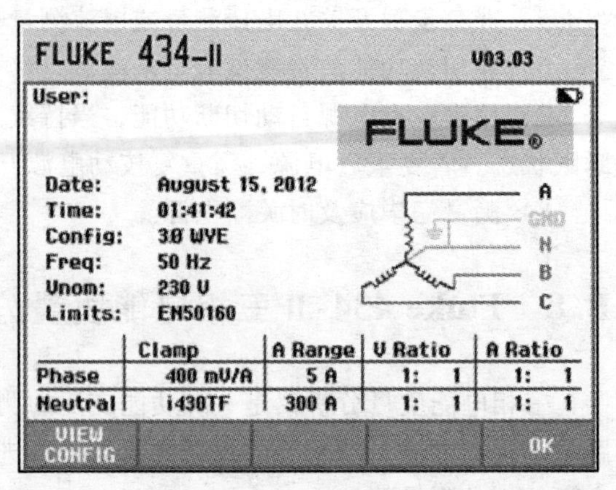

图 B.16 分析仪开机界面

2）选择 VIEW CONFIG（功能键 F1）打开设置界面。

3）选择 SETUP（设置），屏幕显示如图 B.17 所示。

其中：

· USER PREFerences，用于实现操作用户参数选择，包括语言调整、相位识别、相位颜色、RS-232 波特率、自动关闭屏幕（以节省电源）、自定义用户名、重置为出厂默认设置、演示模式开启/关闭、显示对比度、格式化 SD 存储卡。

· VERSION & CALibration，显示版本和校准，打开一个只读菜单，显示型号、序列号、校准编号和校准日期。

· SETUP WIZARD，设置向导，指导您进行一般性的设置，帮助确保测量的正确性。

· MANUAL SETUP，手动设置，丰富多样的菜单允许用户按照特定的要求对许多功能进行自定义设置。大多数功能都进行了预设，默认设置通常可以提供良好的显示效果。实验中使用 MANUAL SETUP 进行接线方式的设置，应根据不同的被测电路选择合适的接线方式。

4）按 MANUAL SETUP（功能键 F4），屏幕显示如图 B.18 所示。

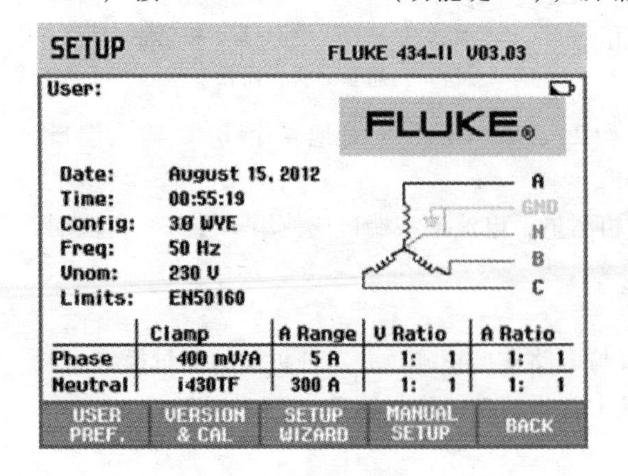

图 B.17 分析仪设置界面

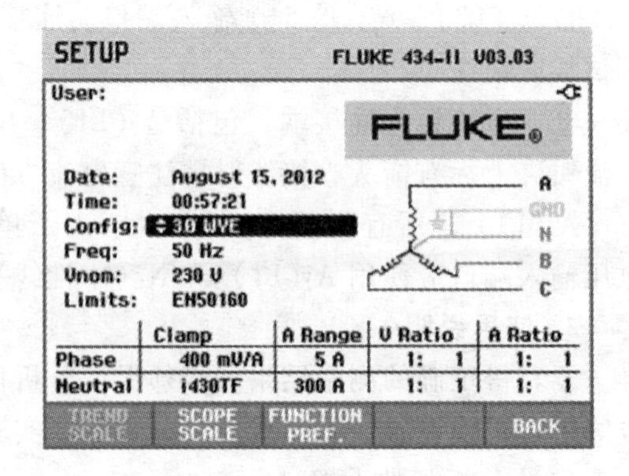

图 B.18 MANUAL SETUP 界面

光标是一条垂直直线，可以定位在波形上。通过箭头键来操作缩放（Zoom）和光标（Cursor）。当光标（Cursor）启动时，光标处的波形值显示在屏幕的表头部位。缩放（Zoom），让您能够垂直扩大或缩小显示来查看详细内容或将整个图形适合屏幕区域显示。

可利用波形（Waveform）和相量（Phasor）模式检查电压导线和电流钳夹是否正确连接。

（4）功率和电能的测量

按面板的 MENU（菜单）键，屏幕显示见图 B.21，选择功率和电能，按 OK（功能键 F5），屏幕显示如图 B.25 所示。

其中包括有效或有功功率（W），视在功率（VA），无功功率（var），谐波功率（VA），不平衡无功功率（VA Unb），基波有效功率（W fund），基波视在功率（VA fund），功率因数（PF），位移功率因数（DPF 或 cos），有功能量（W·h），视在能量（VA·h），无功能量（varh），正向能量（W·h，kW·h forw），反向能量（W·h，kW·h rev）。

如果界面显示功率或功率因数为负，如图 B.26 所示，请检查电压测试线相序是否正确及电流钳夹方向是否正确。

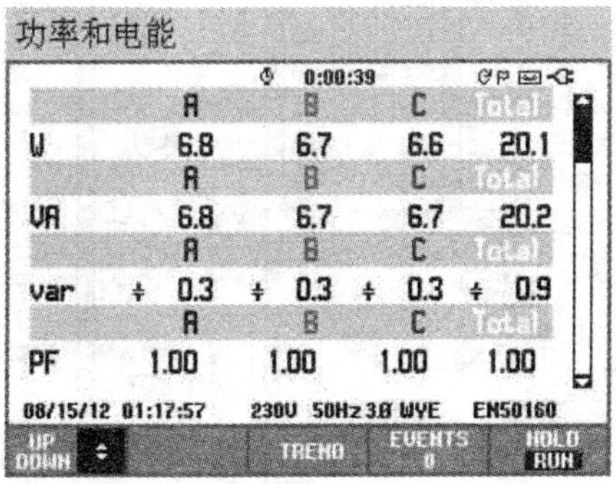

图 B.25　功率和电能的测量

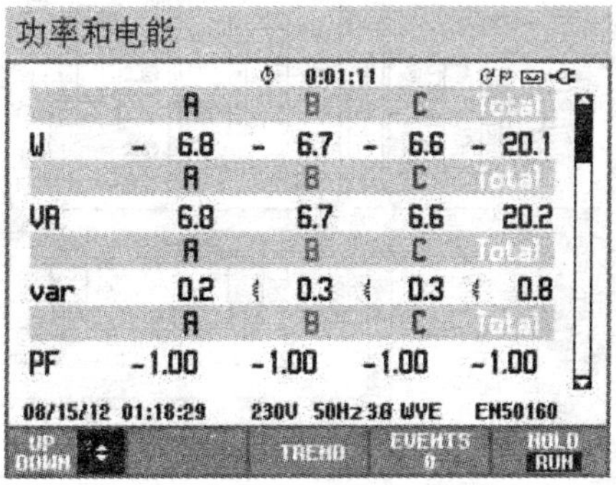

图 B.26　测量数据为负值

3. 注意事项

1）接线时请注意电压测试线相序及电流钳夹方向的正确性。

2）分析仪设置模式必须与电路的实际连接方式相符，方能测出正确的实验数据。

B.9　EEL-69 模拟、数字电子技术实验箱

EEL-69 模拟、数字电子技术实验箱是由哈尔滨工业大学电工学教研室与杭州求是科教设备有限公司共同开发研制的教学设备，它为开设模拟、数字电路课程提供了实验环境，实验箱配备上单级晶体管放大电路实验板、集成运算放大器等电路实验板能实现多个模拟电子技术、数字电子技术等实验课题，并能满足小型数字系统设计电路实验的要求，为学生做创新实验、开发实验提供了一个良好的实验平台。

1. 实验箱主板介绍

EEL-69 模拟、数字电子技术实验箱的主板如图 B.27 所示。面板主要由数字电子技术实验区域与模拟电子技术实验区域组成。为便于说明将面板区域分为 A ~ M 共 7 个区，分区图如图 B.28 所示。各区功能简述如下：

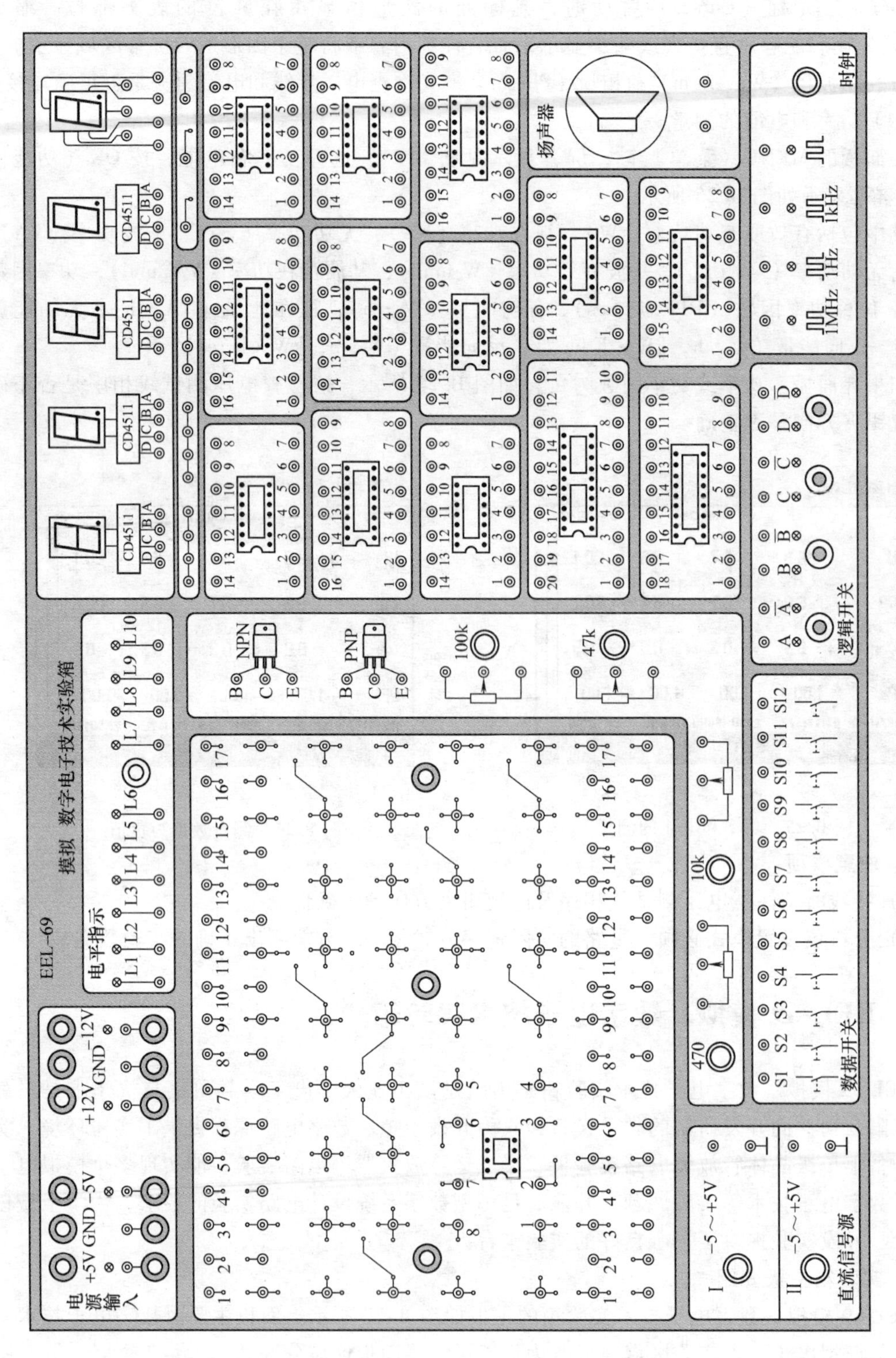

图 B.27 EEL-69 模拟、数字电子技术实验箱的主板

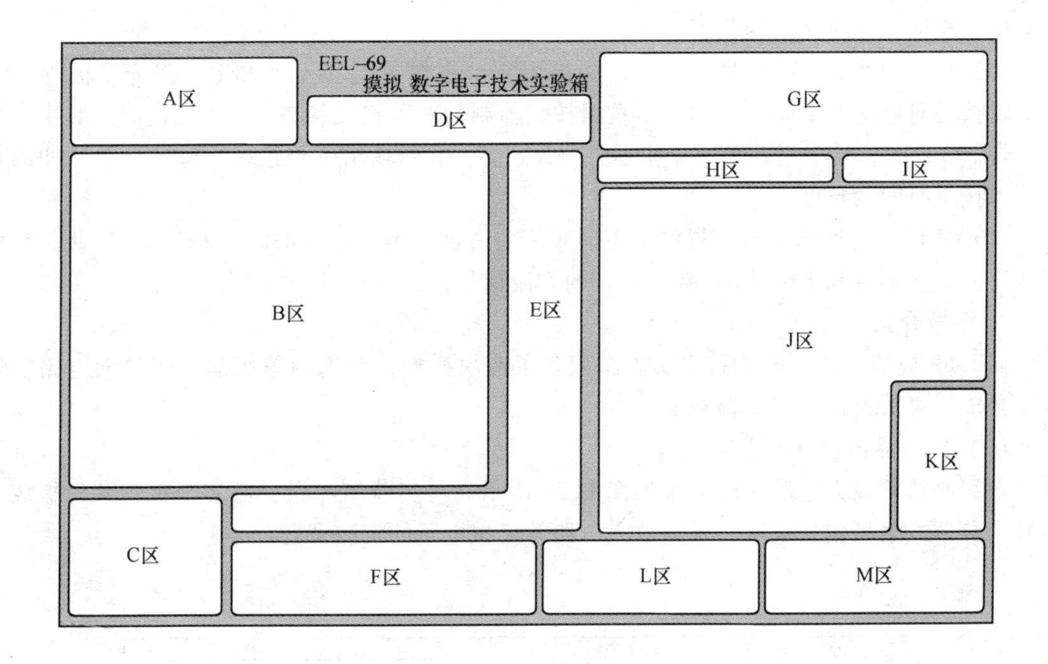

图 B. 28　EEL-69 模拟、数字电子技术实验箱板面分区图

1）A 区：外接电源输入区。提供正负 5V 和正负 12V 的两路直流电源插孔。为两路电源分别提供了 3 排插线孔，并配有相应的指示灯。上电指示灯亮。两路直流电源的地是互相独立的。

2）B 区：接线区，也是模拟电子实验区。设有可供扩展电路使用的接插柱，以满足不同线路的连接。另外，B 区也是插入不同实验子板的区域。

3）C 区：直流信号源区。提供了两路（-5 ~ +5V）连续可调的直流电压信号。两路直流信号源共地，并与 A 区的正负 12V 电源的地共地。

4）D 区：电平指示区。提供了 10 个 LED（发光二极管）。发光二极管既可以做输入信号指示，也可以做输出信号显示。发光二极管将指示对应位置输入信号的高低电平。高电平指示灯亮，低电平指示灯灭。

5）E 区：提供了 4 个可调电位器（分别为 420Ω、10kΩ、47kΩ 和 100kΩ）和两个大功率晶体管（NPN 和 PNP）。

6）F 区：电平信号输入区。提供了 12 个数据开关。开关向上，指示灯亮，向下，指示灯灭。灯亮输出为高电平，灯灭输出为低电平。

7）G 区：数码管显示区。提供了 5 位共阴极数码管显示，其中右边的一位可显示任意七段字型。左边的 4 位数码管，与 CD4511 译码驱动器相连。DCBA 是 BCD 码译驱动器的输入端，D 是高位。

8）H 区和 I 区：接线插孔。

9）J 区：集成芯片插孔区。提供了 7 个 14 引脚、4 个 16 引脚、1 个 18 引脚和 1 个 20 引脚的芯片插座。

10）K 区：发声区。提供了一个扬声器。

11）L 区：手动脉冲信号输入区。提供了 4 个逻辑按键和 8 个 LED（发光二极管）。1 个逻辑按键对应两个 LED，分别指示逻辑按键控制的两种相反状态。按下按键时，其中一个指示灯（A）亮，松手后，另一个指示灯（$\overline{\mathrm{A}}$）亮，表示输出一个正极性脉冲，单脉冲的宽度等于按下时间的长度。

12）M 区：时钟脉冲区。提供了不同频率的方波信号，有 1MHz、1Hz、1kHz 共 3 个固定频率的方波信号和 1～10kHz 频率可调的方波信号。

2. 插板介绍

EEL-69 模拟、数字电子技术实验箱配备了两块插板，分别为单级晶体管放大电路实验板、集成运算放大器应用实验板。

（1）单级晶体管放大电路实验板

单级晶体管放大电路实验插板如图 B. 29 所示。与实验箱配合，可实现单管共射极放大电路、分压式射极偏置电路、反馈放大电路等模拟电子的实验课题。

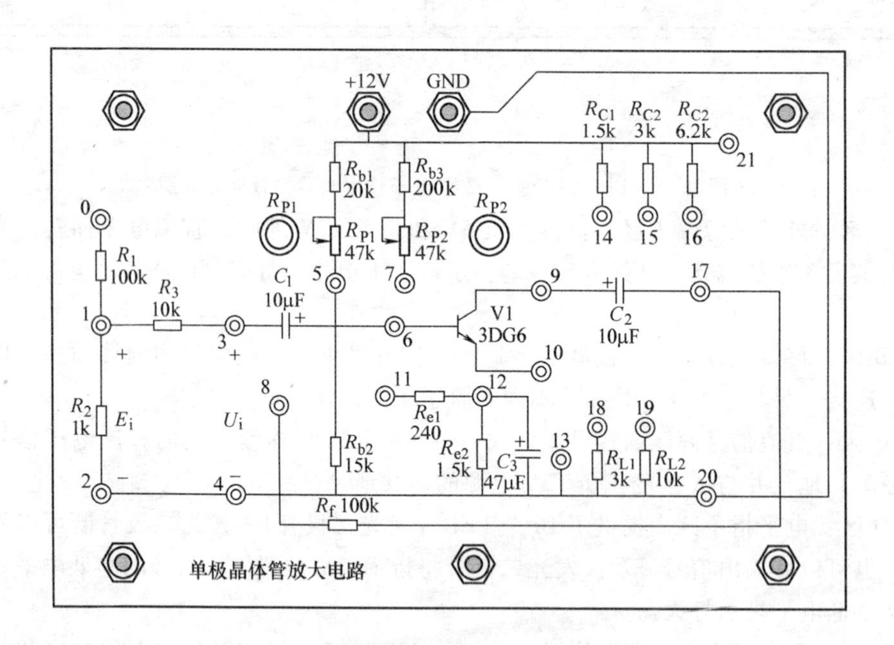

图 B. 29　单级晶体管放大电路实验插板

（2）集成运算放大器应用实验板

集成运算放大器应用实验插板如图 B. 30 所示。集成运算放大器应用实验板上提供了多种固定的实验元器件如不同参数值的电阻、电容、稳压管、二极管等元件，还有 3 个 8 引脚芯片的插座。所有这些器件均装于面板上，有利于增加学生感性认识。实验子板与实验箱配合，可实现各种模拟集成电路的实验课题。

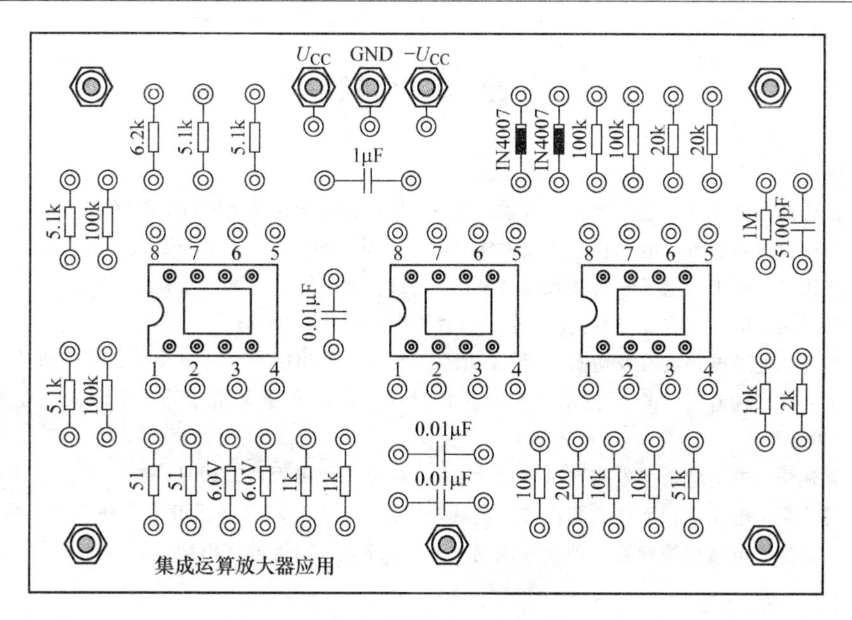

图 B.30　集成运算放大器应用实验插板

参考文献

[1] 田化梅，李玲远．电路测试与电工基础实验［M］．北京：科学出版社，2006.

[2] 张廷锋，李春茂．电工学实验教程［M］．北京：清华大学出版社，2006.

[3] 李燕民，温照方．电工和电子技术实验教程［M］．北京：北京理工大学出版社，2006.

[4] 戴伟华．电工与电子学实践教程［M］．北京：北京邮电大学出版社，2006.

[5] 韩明武．电工学实验［M］．北京：高等教育出版社，2004.

[6] 路勇．电子电路实验及仿真［M］．北京：清华大学出版社，北方交通大学出版社，2004.

[7] 王立欣，杨春玲．电子技术实验与课程设计［M］．3 版．哈尔滨：哈尔滨工业大学出版社，2009.

[8] 吴建强．电工学新技术实践［M］．北京：机械工业出版社，2004.

[9] 吴建强．电工学：下册．现代传动及其控制技术［M］．2 版．北京：机械工业出版社，2008.

[10] 吴建强．可编程控制器原理及其应用［M］．北京：高等教育出版社，2004.